艺术设计职业教育系列丛书

Photoshop CS6 中文教程

顾海清 杨璐 主编

化学工业出版社
·北京·

本书以通俗易懂的语言、翔实生动的实例，全面介绍了Photoshop CS6图像处理的相关知识。全书共分11章，涵盖了初识Photoshop CS6工作环境，文件处理基础操作，选区的创建和编辑，图像的绘制、修改与润饰，图像颜色的调整与校正，文字的应用和编辑，图层的应用和编辑，路径的绘制和编辑，通道和蒙版的使用，滤镜的运用，动作与动画的创建和编辑等内容。除第1章以外，每章都由基础知识和实例两部分组成，让读者在学习软件基础知识点后可将知识应用到实际操作中，加强对软件的理解和掌握。通过对各实例的操作，读者可以快速上手，熟悉软件功能和艺术设计思路。

本书主要面向Photoshop图像处理的初中级用户，可供广大Photoshop爱好者以及从事平面设计、广告设计等相关行业人员学习和参考使用，尤其适合高等职业院校、中等职业学校及社会培训机构相关设计专业作为教材使用。

图书在版编目（CIP）数据

Photoshop CS6中文教程/顾海清，杨璐主编. —北京：化学工业出版社，2017.9

ISBN 978-7-122-30232-8

Ⅰ.①P… Ⅱ.①顾…②杨… Ⅲ.①图像处理软件-教材 Ⅳ.①TP391.413

中国版本图书馆CIP数据核字（2017）第167518号

责任编辑：李彦玲　　文字编辑：吴开亮
责任校对：吴　静　　装帧设计：王晓宇

出版发行：化学工业出版社（北京市东城区青年湖南街13号　邮政编码100011）
印　　装：北京新华印刷有限公司
787mm×1092mm　1/16　印张$12\frac{1}{2}$　字数371千字　2017年9月北京第1版第1次印刷

购书咨询：010-64518888（传真：010-64519686）　售后服务：010-64518899
网　　址：http://www.cip.com.cn
凡购买本书，如有缺损质量问题，本社销售中心负责调换。

定　　价：49.80元

前言

Foreword

Photoshop是Adobe公司旗下最为出名的图像处理软件之一，以其强大的图像处理功能，成为平面设计师、摄影师、图像处理爱好者们必不可少的应用软件。Photoshop CS6在结合了之前版本中的各种功能的同时，对软件功能也有进一步的提升和新增，使Photoshop更能满足不同用户对图像处理的需求。

Photoshop是一个实践性和操作性很强的软件，用户在学习此软件时必须在练中学、学中练，这样才能掌握具体的软件操作知识。由于此软件还是一个与艺术联系较紧密的软件，因此要想掌握此软件并最终进入与艺术相关的设计领域，还需要提高自己的审美修养，学会在欣赏优秀作品中汲取设计精华。

本书从软件基础入手，合理安排知识结构，由浅入深，循序渐进，通过图文并茂的方式全面地讲解了Photoshop的各项功能，并结合每章知识点，具体应用到各实例操作中，真正做到理论与实践相结合。

本书特色：

（1）知识点精准全面

本书提炼了Photoshop CS6的重要知识点，站在初学者的角度，从软件的基础知识出发，结合各种编辑工具、菜单命令、面板等功能，让读者逐步掌握软件的各种知识。

（2）实例丰富，联系紧密

在介绍了软件知识点后，紧密结合每章中的重要知识点，提供了多个精美实例，让读者通过大量的实例演练，快速消化前面所学的知识点。所举实例不仅注重技术性，更注重实用性与艺术性，使读者通过学习，不仅能够举一反三，达到事半功倍的学习效果，还可以欣赏到优秀的设计作品。

（3）图文并茂，形式新颖

便于自学突出教学性，在介绍每章知识点和具体操作步骤的过程中，均配有对应的插图。这种图文并茂的方法，使读者在学习过程中能够直观、清晰地看到操作的过程以及效果，便于读者理解和掌握。

辽宁省艺术设计职教集团是由数十家中高职院校，联合相关专业的行业协会、企业共同组建的，形成了中高职衔接、教学实践、对口就业有机结合的创新机制。本系列丛书是由集团的各单位，在以职业岗位为依托、以培养具备优秀职业能力的社会需求人才为目标的前提下，共同编写完成的。

本书由顾海清任第一主编，负责全书的统稿，杨璐任第二主编。其中第1章、第2章、第3章由顾海清和杨虹编写，第4章、第5章由张程程编写，第6章、第7章由宁若茜和杨璐编写，第8章、第9章由李晶晶和杨璐编写，第10章、第11章由张雪婷和顾海清编写。

本书在编写过程中得到了本溪商贸服务学校、辽宁经济职业技术学院、大连金融中专的大力支持，在此表示衷心的谢意。

由于编者水平所限，书中难免有疏漏之处，恳请读者批评指正。

编者

2017年6月

目 录
Contents

第4章 图像的绘制、修改与润饰 026

第5章 图像颜色的调整与校正 044

第6章 文字的应用和编辑 061

第7章 图层的应用和编辑 074

第8章 路径的绘制和编辑 096

第1章 Photoshop CS6基础知识

Photoshop是一个用于图像制作和处理的专业软件，它作为一个大众化的图像软件，受到越来越多人的喜爱。Photoshop CS6相比之前的版本更加智能化。

1.1 认识Photoshop CS6的工作界面

Photoshop CS6的操作界面和以往的Photoshop CS版本的操作界面相差很大，最明显的区别就是更换了操作界面颜色和工具图标按钮。操作界面中包括菜单栏、工具箱、选项栏等，各个区域所包含的内容也大不相同。

1.1.1 工作界面的组成

进入Photoshop CS6看到的第一个界面如图1-1所示，这个界面由菜单栏、工具选项栏、选项卡、工具箱、文档窗口、控制面板和状态栏等组成。

图1-1　工作界面

1.1.2 菜单栏

菜单栏中包含“文件”“编辑”“图像”“图层”“文字”“选择”“滤镜”“视图”“窗口”和“帮助”菜单，在下拉菜单中选择各项命令即可执行此命令，如图1-2所示。

图1-2　菜单栏

1.1.3　工具选项栏

在选择某项工具后，在工具选项栏中会出现相应的工具选项，在工具选项栏中可对工具参数进行相应设置，如图1-3所示。

图1-3　工具选项栏

1.1.4　选项卡

当打开多个图像时，图像会以选项卡的形式在工作界面中显示，选项卡显示图像的名称和格式等基本信息。可以通过单击选项卡或按快捷键“Ctrl+Tab”选择图像文件，如图1-4所示。

图1-4　选项卡

当打开多幅图像屏幕显示不下时，在选项卡的右侧会出现 >> 按钮，单击此按钮可以弹出菜单，菜单中显示了打开的所有文件的名称。文件名前有对号的为当前正在编辑的文件。可以单击文件名选择当前编辑文件，如图1-5所示。

图1-5　选项卡的选择

拖动图像选项卡即可移动图像文件。将图像文件移出选项卡组，可以调整图像文件窗口大小，把鼠标放在图像文件窗口边缘，当鼠标指针变成双箭头时拖动鼠标，可调整图像文件窗口大小。单击窗口右上角的关闭按钮，可以关闭面板。

1.1.5　工具箱

执行“窗口>工具”命令可以隐藏和打开工具箱；单击工具箱上方的双箭头可以双排显示工具箱；再点击一次按钮，恢复工具箱单行显示；在工具箱中，工具下方有小箭头，表示有隐藏工具。单击并长按工具按钮或右键单击工具按钮，可以打开该工具对应的隐藏工具。

图1-6显示了工具箱中全部的隐藏工具。在菜单的左侧为工具的图标和名称，右侧的英文字母为快捷键。

按下“Shift”键并按工具对应的快捷键，可快速切换隐藏的工具。如：“画笔工具”，其快捷键为“B”，按下“Shift”键的同时并按“B”键，可以在“画笔工具”“铅笔工具”“颜色替换工具”和“混合器画笔工具”之间互相切换。

1.1.6 控制面板

控制面板是进行颜色选择、编辑图层、编辑路径、编辑通道和撤销编辑等操作的主要功能面板，是工作界面的一个重要组成部分。根据功能的不同，共分25个控制面板，在“窗口”菜单中可以选择并进行编辑。

单击“窗口>工作区>基本功能（默认）”命令后的面板状态如图1-7所示。

单击右上方的“折叠为图标按钮”，可以折叠面板；单击“展开面板”可展开控制面板。

单击“窗口>图层”命令，可以打开或隐藏面板。

单击“窗口>工作区绘画”命令后，选择“画笔工具”即可激活“画笔”面板。

将光标放在面板名称位置，拖动鼠标可以移动面板，将光标放在“图层”面板名称上拖动鼠标，可以将“图层”面板移出所在面板，也可以将其拖拽至其他面板中。

调整面板的操作类似于调整图像的选项卡的操作，拖动面板的名称位置即可移动面板，也可以调整面板窗口的大小。

快捷键“F5”可以打开或关闭“画笔”面板，快捷键“F6”可以打开或关闭“颜色”面板，快捷键“F7”可以打开或关闭“图层”面板，快捷键“F8”可以打开或关闭“信息”面板，快捷键“Alt+F9”可以打开或关闭“动作”面板。

1.1.7 状态栏

显示文档大小、当前工具等信息，如图1-8所示。

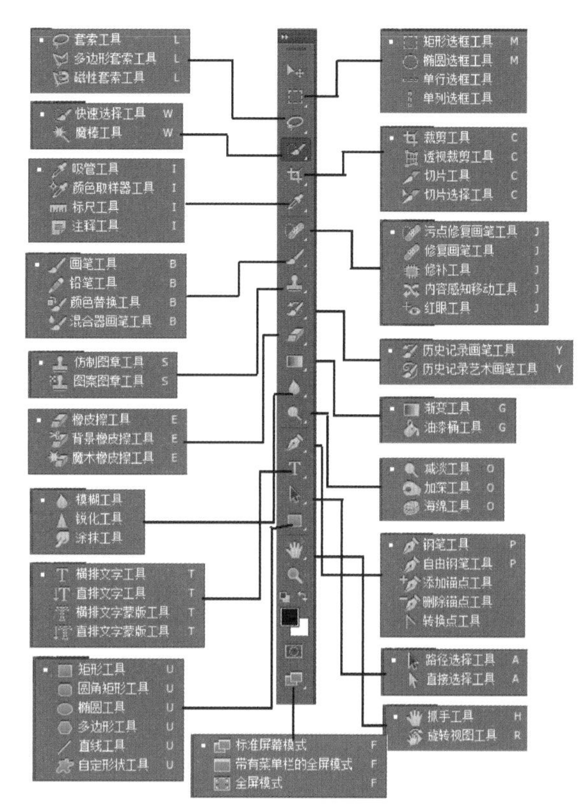

图1-6 工具箱

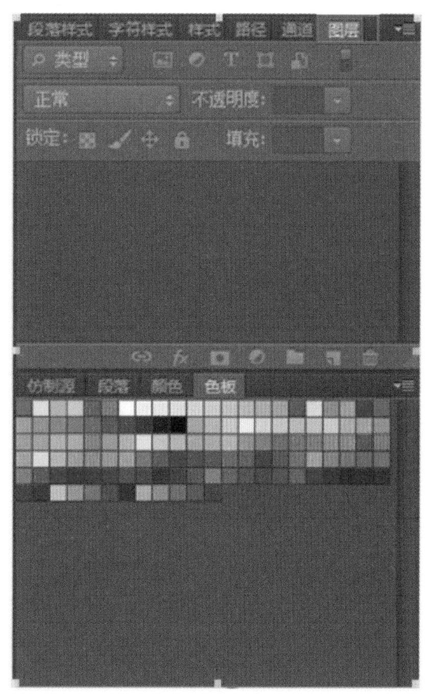

图1-7 控制面板

图1-8 状态栏

1.2 Photoshop CS6简单运用

1.2.1 设置个性化的工作区

在Photoshop CS6中文版中，用户可以根据个人喜好来制定工作界面，其中包括面板的拆分、快捷键的定义及优化设置等。制定工作环境，不仅可以方便地查看图像，还可以提高工作效率。

显示与隐藏工具箱和面板：在Photoshop CS6中文版工作界面中，可以根据个人需要将工具箱和工作面板进行隐藏或显示。在带有工具箱和工作面板的工作界面中按下“Tab”键，可以隐藏工具箱和工作面板。再次按下“Tab”键，又可将隐藏的工具箱和面板显示出来。

隐藏：在菜单栏中单击“窗口”命令，在弹出的下拉菜单中选择相应命令即可显示或隐藏指定的工具箱或工作面板。

切换屏幕模式：在Photoshop CS6中文版工作界面中，可以随时使用不同的屏幕模式来查看制作的图像效果。在菜单栏中单击“视图>屏幕模式”命令，在弹出的子菜单中即可选择相应的选项来设置屏幕模式，如图1-9所示。此外，在工具箱中右键单击“更改屏幕模式”按钮，在弹出的子菜单中也可根据需要选择屏幕模式，如图1-10所示。

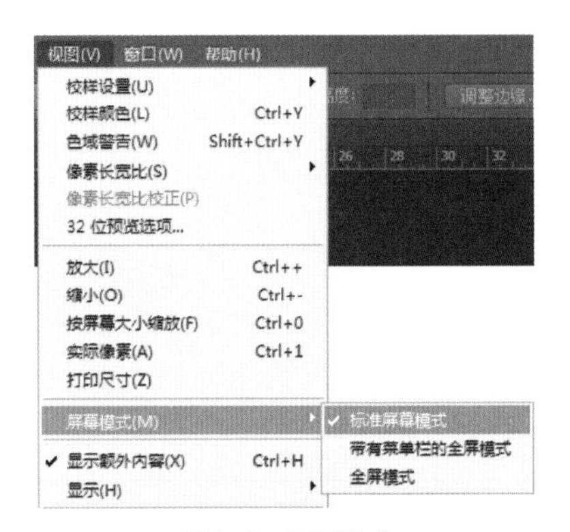

图1-9 屏幕模式

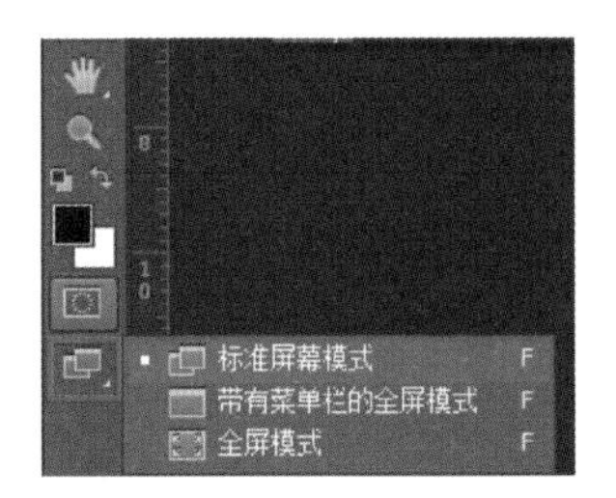

图1-10 屏幕模式

保存当前的工作界面方案：在Photoshop CS6中文版中自定义工作界面后，应及时将其保存，以便日后载入，方便使用。

保存当前工作界面的具体操作方法为：自定义工作界面后，单击“窗口”菜单栏的“工作区>新建工作区”命令，如图1-11所示。在弹出的“新建工作区”对话框的“名称”文本框中输入工作界面名称，这里输入“个性化的工作区”，然后单击“存储”按钮，即可保存当前工作界面，如图1-12所示。

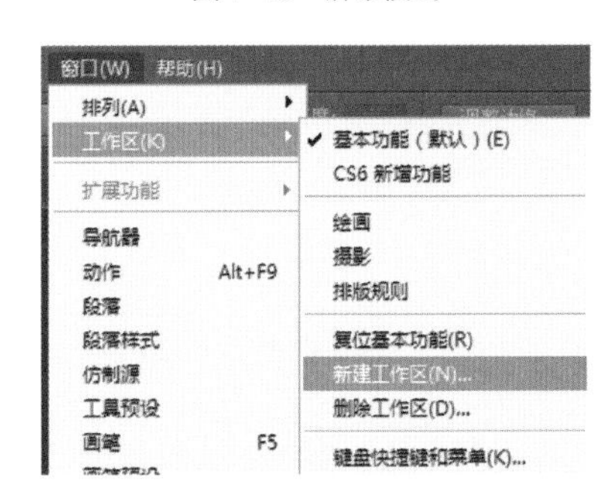

图1-11 “新建工作区”菜单

如果需要使用默认工作界面，在菜单栏选择“窗口>工作区>基本功能（默认）”命令，即可快速恢复至默认状态。

设置暂存盘：在默认状态下，Photoshop CS6中文版将使用系统盘作为暂存盘，用来暂时存储图像处理时的数据。用户在进行大尺寸或复杂图形的处理时，系统可能会提示“暂存盘已满，Photoshop不能进行其他操作”，这时就需要重新设置暂存盘。

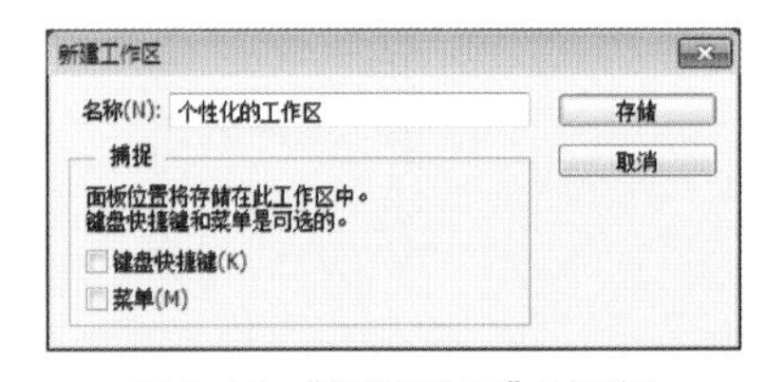

图1-12 “新建工作区”对话框

在菜单栏中选择“编辑>首选项>性能”命令。弹出“首选项”对话框，在“暂存盘”栏，勾选“D:\”复选框，将D盘作为暂存盘，然后单击“确定”按钮即可，如图1-13所示。

图1-13 设置暂存盘

Photoshop CS6中文版更改窗口颜色：默认Photoshop CS6中文版工作界面为黑灰色，如果想改变工作界面颜色，可选择“编辑>首选项>界面”，弹出“首选项”对话框，在这里可以选择切换主界面颜色。

1.2.2 标尺、参考线和网格

在Photoshop CS6中文版处理图像时，通常都会应用到一些辅助功能。标尺和标尺工具统称为标尺，前者主要用于整个图像画布的测量和精确操作，而后者用于测量图像中的具体部分，操作上更加灵活。

标尺：在Photoshop CS6中文版中，标尺位于图像工作区的左侧和顶端位置，是衡量画布大小最直观的工具，当移动光标时，标尺内的标记将显示光标的位置；结合标尺和参考线的使用可以准确、精密地标示出操作的范围。

在Photoshop CS6中文版菜单栏选择“视图>标尺”命令，或按键盘“Ctrl+R”快捷键，可显示和关闭标尺，如图1-14所示。

Photoshop CS6中文版标尺具有多种单位以适应不同大小的图像操作，默认标尺单位为厘米，在标尺上单击鼠标右键，在弹出的快捷菜单中可更改标尺单位，如图1-15所示。

指定标尺的原点：在垂直和水平标尺的相交位置处，有一个含有虚线的矩形小框，双击该小框将垂直和水平标尺的0刻度对齐到画布的边缘，如图1-16所示。

可以从该矩形小框沿对角线向画布内拖动，确定垂直和水平标尺原点的新位置，标尺的原点也确定了网格的原点，如图1-17所示。

图1-14　标尺

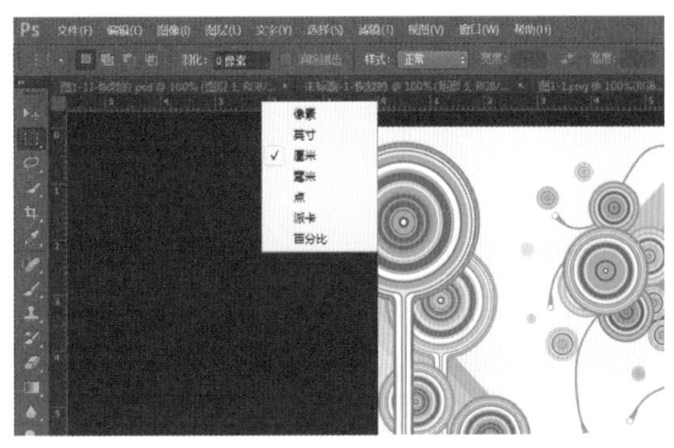

图1-15　更改标尺单位

图1-16　标尺原点

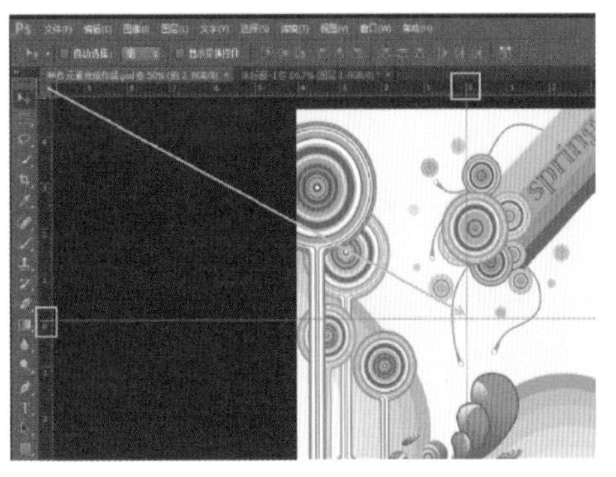

图1-17　移动标尺原点

网格：网格适应于对称布置图像中，在默认情况下网格显示为不被打印的线条，也可以显示为点。

在Photoshop CS6中文版菜单栏选择“视图>显示>网格”命令，或快捷键“Ctrl+”在视图中显示网格，如图1-18所示。默认的情况下，在Photoshop CS6中文版视图菜单中勾选了“对齐”和“对齐到命令”，这使创建的形状、路径等可以自动对齐到参考线和网格中，也可以使创建的参考线自动对齐到网格中，如图1-19所示。

在Photoshop CS6中文版菜单栏选择“视图>显示额外内容”命令，取消显示额外内容命令的勾选，可以隐藏当前创建的选区边缘、目标路径、参考线、网格、图层边缘、切片和批注；再次执行该

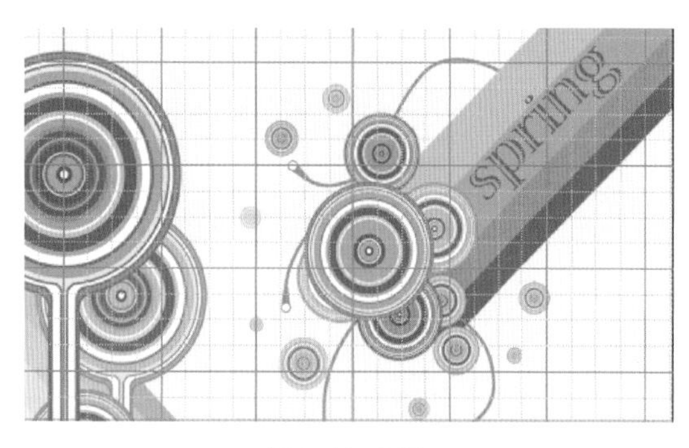

图1-18　网格

命令重新显示额外内容，如图1-20所示。参考线、网格、目标路径、选区边缘、切片、文本边界、文本基线和文本选区都是不会打印出来的额外内容。

使用对齐命令有助于精确放置选区边缘、裁剪选框、切片、形状和路径；通过勾选对齐命令启用或停用对齐功能，还可以通过对齐到命令指定与之对齐的不同对象。然后在菜单栏选择“视图>显示”，下拉菜单中选择一个项目，在该命令前出现一个“√”，即为显示；再次选择某一个命令，可以隐藏不显示相应的项目。如图1-21所示。

图1-19　对齐

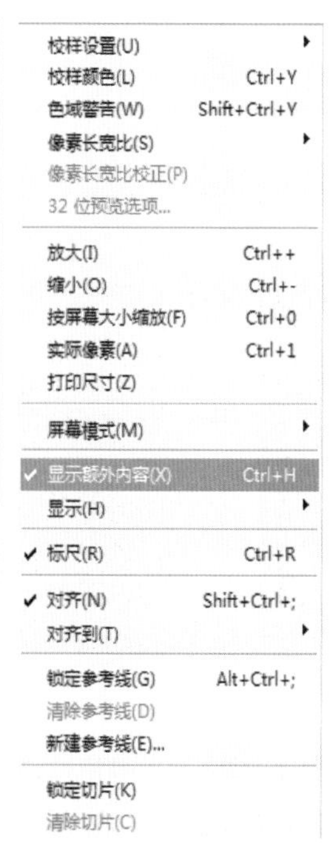

图1-20　显示额外内容

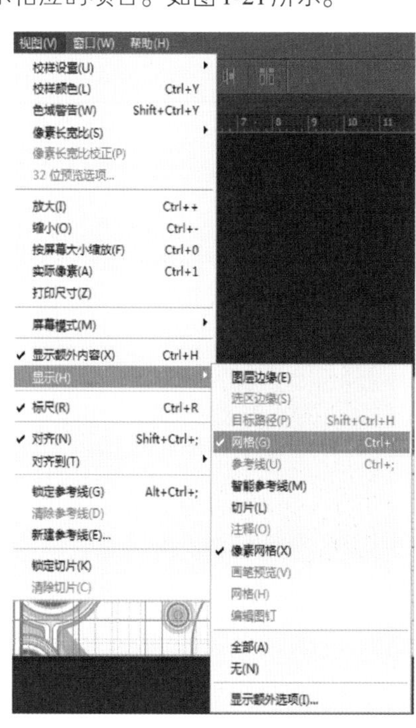

图1-21　对齐

1.3　图像处理的必备基础知识

1.3.1　像素和分辨率

像素是构成图像的最基本元素，它实际上是一个个独立的小方格，每个像素都能记录它所在的位置和颜色信息。图1-22中每一个小方格就是一个像素点，它记载着图像的各种信息。

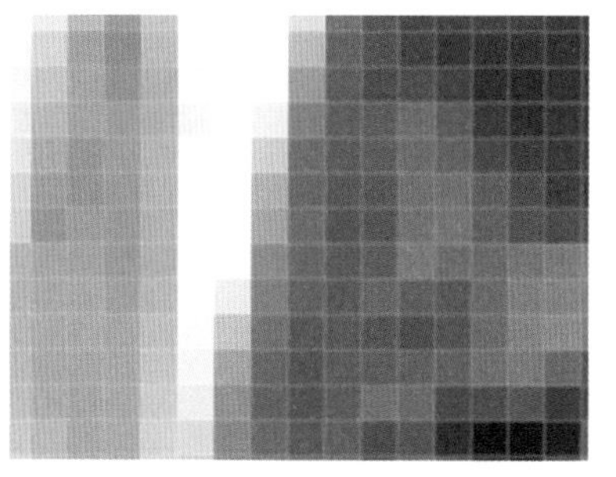

图1-22　像素点

分辨率是指单位长度上［通常是1英寸（1英寸=2.54cm）］像素点的多少。单位长度像素越多，分辨率越高，图像就相对比较清晰。分辨率有多种类型，可以分为位图图像分辨率、显示器分辨率和打印机分辨率等。针对不同的输出要求对分辨率的大小也不一样，如常用的屏幕分辨率为72像素/英寸，而普通印刷的分辨率为300像素/英寸。

图像分辨率是指图像中每个单位长度所包含的像素的数目，常以“像素/英寸”（ppi）为单位表示。分辨率越高，图像文件所占用的磁盘空间就越大，编辑和处理图像文件所需花费的时间也就越长。在分辨率不变的情况下改变图像尺寸，则文件大小将发生变化，尺寸大则保存的文件大。若改变分辨率，则文件大小也会相应改变，如图1-23所示。

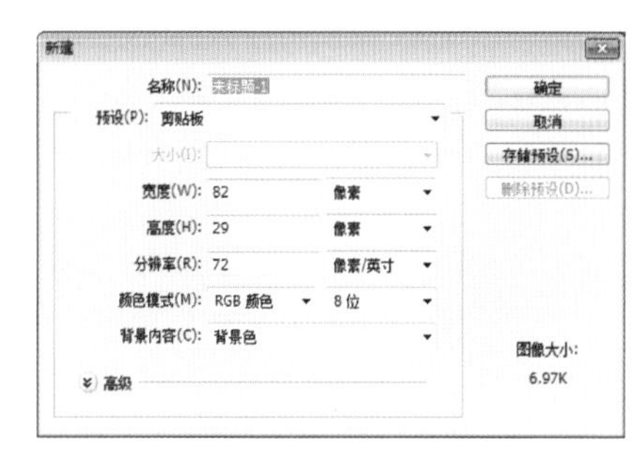

图1-23　图像分辨率

显示器分辨率是指显示器上每个单位长度显示的点的数目，常用“点/英寸”（dpi）为单位表示。当图像分辨率高于显示器分辨率时，图像在显示器屏幕上显示的尺寸会比指定的打印尺寸大，如图1-24所示。

图1-24　显示器分辨率

打印分辨率是指激光打印机或绘图仪等输出设备在输出图像时每英寸所产生的油墨点数。想要产生较好的输出效果，就要使用与图像分辨率成正比的打印分辨率。

1.3.2　颜色模式

将图像中像素按一定规则组织起来的方法，称为颜色模式。颜色模式是图像在屏幕上显示的重要前提，同一个文件格式可以支持一种或多种颜色模式。常用的颜色模式有RGB/CMYK、HSB、Lab、灰度模式、索引模式、位图模式、双色调模式、多通道模式等。选择“图像”菜单下的“模式”命令，在弹出的子菜单中即可选择颜色模式进行转换，如图1-25所示。

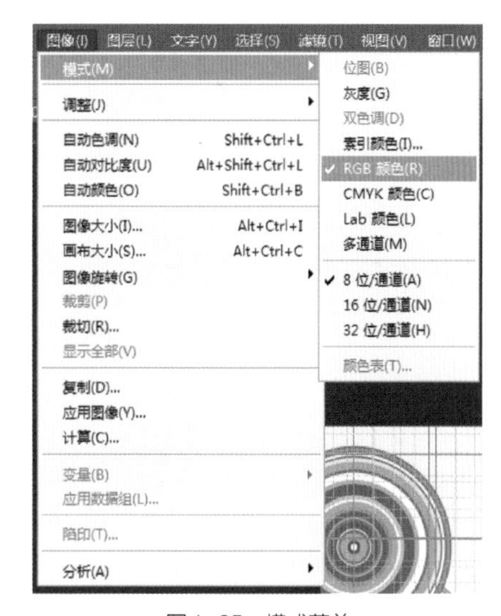

图1-25　模式菜单

① RGB模式：是最佳的编辑图像模式，也是Photoshop默认的颜色模式。自然界中所有的颜色都可以用红（Red）、绿（Green）、蓝（Blue）3种颜色波长的不同组合而生成，通常称其为三原色或三基色。每种颜色都有从0（黑色）～255（白）共256个亮度级，所以3种颜色叠加即产生1670多万种色彩，即真彩色，如图1-26所示。

② CMYK模式：是印刷时使用的一种颜色模式，由青（Cyan）、洋红（Magenta）、黄（Yellow）和黑（Black）4种颜色组成。为了避免和RGB三原色中的蓝色（Blue）发生混淆，CMYK中的黑色用K来表示。在CMYK模式下处理图像，部分PS滤镜无法使用，所以一般在处理图像时采用RGB模式，而到印刷阶段再将图像的颜色模式转换为CMYK模式，如图1-27所示。

CMYK模式与RGB模式的不同之处在于，它不是靠增加光线而是靠减去光线来表现颜色的。因为和显示器相比，打印纸不能产生光源，更不会发射光线，它只能吸收和反射光线。通过对这4种颜色的组合，可以

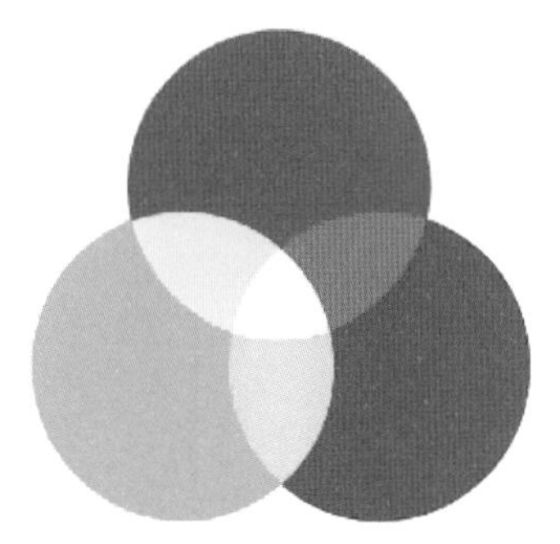

图1-26　RGB模式

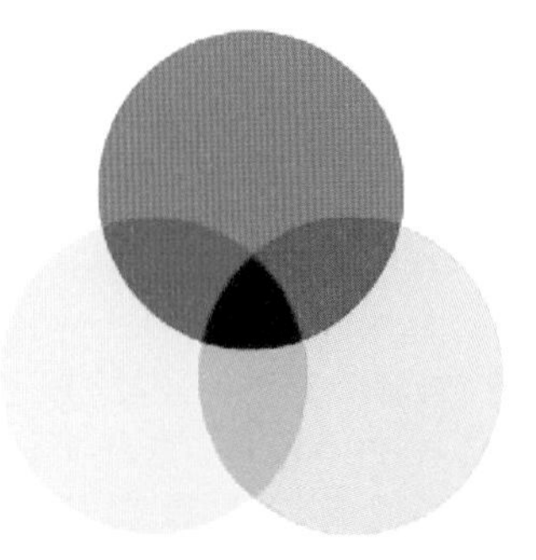

图1-27　CMYK模式

产生可见光谱中的绝大部分颜色。

③ HSB模式：H表示色相（Hue），S表示饱和度（Saturation），B表示亮度（Brightness）。HSB模式是基于人眼对色彩的观察来定义的，由色相、饱和度和亮度表现颜色。色相，指颜色主波长的属性，用于表示所有颜色的外貌属性，取值范围为0～360；饱和度，指色相中灰色成分所占的比例，表示色彩的纯度，取值范围为0%～100%（黑、白和灰没有饱和度。饱和度最大时，每一个色相具有最纯的色光）；亮度，指色彩的明亮度，取值范围为0%～100%（0%表示黑色，100%表示白色），如图1-28所示。

④ Lab模式：是国际照明委员会发布的颜色模式，由RGB三原色转换而来，是RGB模式转换为HSB模式和CMYK模式的桥梁，同时弥补了RGB和CMYK两种模式的不足。该颜色模式由一个发光串（Luminarrce）和两个颜色轴（*a*和*b*）组成，是一种具有“独立于设备”特征的颜色模式，即在任何显示器或打印机上使用，Lab颜色都不会发生改变。如图1-29所示。

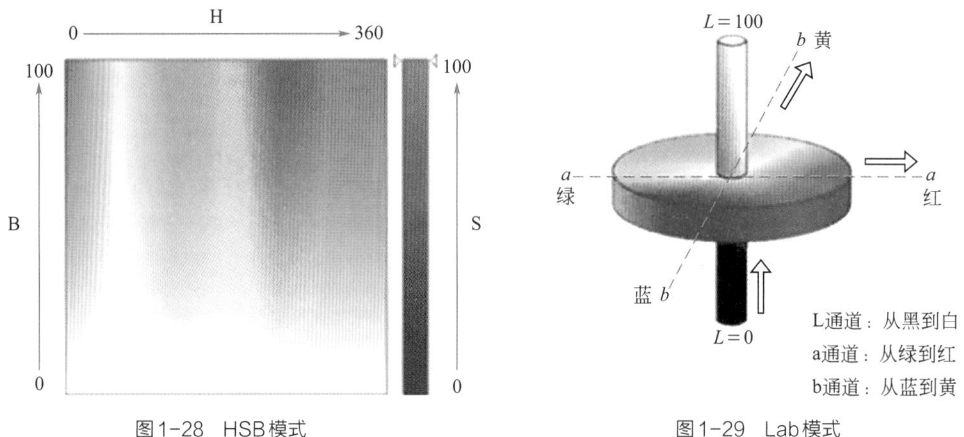

图1-28 HSB模式

图1-29 Lab模式

⑤ 灰度模式：灰度模式中只存在灰度，最多可达256级灰度，当一个彩色文件被转换为灰度模式时Photoshop会将图像中的色相及饱和度等有关色彩的信息消除，只留下亮度。灰度值可以用黑色油墨覆盖的百分比来表示，0%代表白色，100%代表黑色，而颜色调色板中的*K*值用于衡量黑色油墨的量。

⑥ 索引模式：又称映射颜色。在这种模式下，只能存储一个8位色彩深度的文件，即图像中最多含有256种颜色，而且这些颜色都是预先定义好的。一幅图像的所有颜色都在它的图像索引文件中定义，即将所有色彩都存放到颜色查找对照表中。因此当打开图像文件时，Photoshop将从对照表中找出最终的色彩值。若原图不能用256种颜色表现，那么Photoshop将会从可用颜色中选择出最相近的颜色来模拟显示。使用索引模式不但可以有效地缩减图像文件的大小，而且能够适度保持图像文件的色彩品质，适合制作放置于网页上的图像文件或多媒体动画。

⑦ 多通道模式：包含多种灰阶通道，每一个通道均由256级灰阶组成。这种模式适用于有特殊打印需求的图像。当RGB或CMYK模式图像中任何一个通道被删除时，即转变成多通道模式。

1.3.3 图像文件格式

文件格式是指数据保存的结构和方式，一个文件的格式通常用扩展名来区分，扩展名是在用户保存文件时，根据用户所选择的文件类型自动生成的。Photoshop提供了多种图像文件格式，用户在保存、导入或导出文件时，可根据需要选择不同的文件格式。Photoshop主要支持的文件格式有如下几种，如图1-30所示。

① PSD格式：是Photoshop自身生成的文件格式，是唯一能支持全部图像颜色模式的格式。以PSD格式保存的图像可以包含图层、通道、颜色模式、调节图层和文本图层。

② JPEG格式：主要用于图像预览及超文本文档，如HTML文档等。该格式支持RGB、CMYK及

灰度等颜色模式。使用JPEG格式保存的图像经过压缩，可使图像文件变小，但会丢失掉部分肉眼不易察觉的色彩。

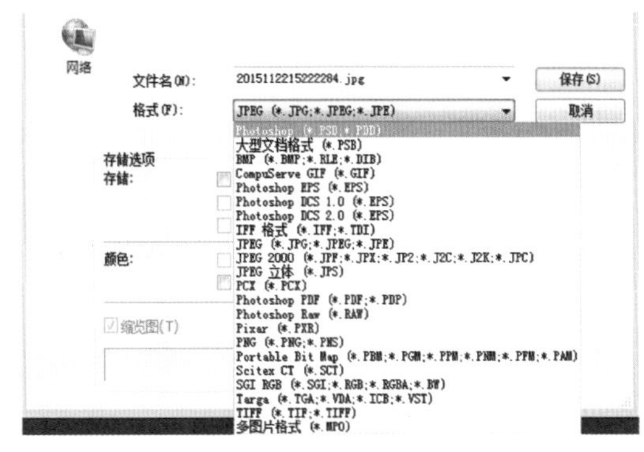

图1-30　图像文件格式

③ GIF格式：可进行LZW压缩，支持黑白、灰度和索引等颜色模式，而且以该格式保存的文件尺寸较小，所以网页中插入的图片通常使用该格式。

④ BMP格式：是一种标准的点阵式图像文件格式，支持RGB、索引和灰度模式，但不支持Alpha通道。另外，以BMP格式保存的文件通常比较大。

⑤ TIFF格式：可在多个图像软件之间进行数据交换，应用相当广泛。该格式支持RGB、CMYK、Lab和灰度等颜色模式，而且在RGB、CMYK和灰度等模式中还支持Alpha通道。

1.3.4　位图与矢量图

计算机图像的基本类型是数字图像，它是以数字方式记录处理和保存的图像文件。根据图像生成方式的不同，可以将图像划分为位图和矢量图两种类型。

① 位图：也叫栅格图、像素图或点阵图，当位图放大到一定程度时，可以看到位图是由一个个小方格组成的，这些小方格就是像素。像素是位图图像中最小的组成元素，位图的大小和质量由像素的多少决定，像素越多，图像越清晰，颜色之间的过渡也越平滑，如图1-31所示。位图图像可以通过扫描仪和数码相机获得，也可通过如Photoshop等软件生成。

② 矢量图：是用一系列计算机指令来描述和记录图像的，它由点、线、面等元素组成，记录的是对象的几何形状、线条粗细和色彩属性等。在对它进行放大、旋转等编辑时不会对图像的品质造成损失，如图1-32所示。矢量图只能通过CorelDRAW或Illustrator等软件生成。

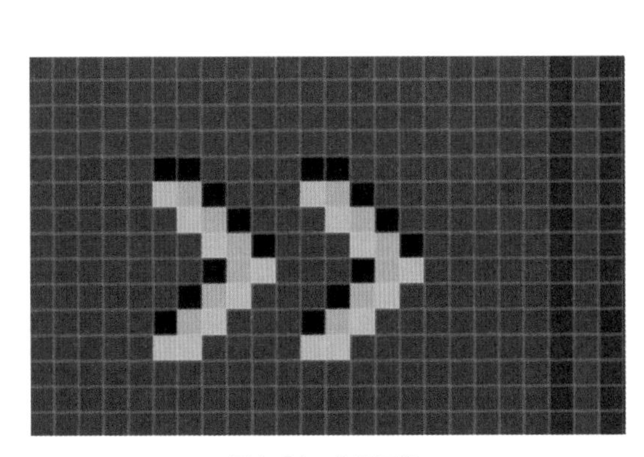
图1-31　位图图像

图1-32　矢量图图像

第2章 文件处理基础操作

认识了全新的Photoshop CS6软件后，下面开始在软件中进行一些基本的操作，包括对文件的打开、新建、置入、存储等。

2.1 图像文件的操作

2.1.1 新建图像文件

Photoshop CS6启动后并未新建一个图像文件，这时用户可根据需要新建一个图像文件，新建图像文件是指新建一个空白图像文件。选择“文件>新建”命令。在打开的对话框中设置新建文件的名称、大小以及分辨率等参数，如图2-1所示。

图2-1 “新建”对话框

① 名称：新文件缺省命名为“未标题-1”，可以在这里给新文件命名。

② 预设：预设指的是预先定义好的一些图像大小。

③ 宽度和高度：右边的单位列表框中选择单位，在文字输入框中输入图像文件宽度和高度。

④ 分辨率：将72像素/英寸作为缺省设置。如果制作图像只用于电脑屏幕显示，图像分辨率只需要用72像素/英寸或96像素/英寸即可；如果制作的图像需要打印输出，那么最好用高分辨率（300像素/英寸）。

⑤ 颜色模式：将RGB颜色作为缺省设置。如果图像文件用于打印输出，可选择RGB模式；如果图像用于印刷，可将色彩模式设置为CMYK模式。

⑥ 背景内容：可以选择“白色”“背景色”或“透明色”任意一种背景方式；以透明色背景内容建立的图像窗口以灰白相间的网格显示，来区别以白色背景内容建立的图像窗口。

以上选项设置好，单击“确定”按钮，就可以新建一个文档。按快捷键“Ctrl+N”键可以快速打开“新建”对话框。

2.1.2 打开图像文件

打开图像文件可以通过“打开”“打开为”和“最近打开文件”命令，操作方法如下：

选择“文件>打开”命令，打开如图2-2所示对话框。在“查找范围”下拉列表框中选择要打开文件所在的路径。选取要打开的图像文件。单击“打开”按钮或在文件列表中双击要打开的文件，图像文件被打开，单击“取消”按钮，则放弃打开文件。选择“文件>最近打开文件”命令，其子菜单里列出了最近打开过的几个文件，可以从这里直接将图像文件打开。

在工作界面空白处双击鼠标左键或按快捷键“Ctrl+O”键，可快速打开“打开”对话框。

2.1.3 置入图像文件

“置入”命令可以将新图像以智能对象的形式添加到已经打开的图像中。当新建或打开文件后，执行“文件>置入”菜单命令，即可将图像置入到画面中。而且对于已经置入的图像，还可以对其进行大小、角度的调整操作。

图2-2 “打开”对话框

打开一张图像，执行“文件>置入”命令，打开“置入”对话框，如图2-3所示。在“置入”对话框中选中需要置入的图像，单击“置入”按钮，置入图像，如图2-4所示。

图2-3 “置入”对话框

图2-4 置入图像

2.1.4 存储图像文件

完成图像的修饰与编辑后，可以将设置后的图像存储于指定的文件夹中，然后将存储好的图像关闭，便于查找和再次使用。在Photoshop CS6中，利用“存储”和“存储为”菜单命令可存储图像。

选择“文件>存储”命令，或选择“文件>存储为”命令，打开如图2-5所示对话框。快捷键按“Ctrl+S”键或按“Shift+Ctrl+S”键都可以打开“存储为”对话框。

① 保存在：在其下拉菜单中选定文件存放的路径，如图2-6所示。

② 文件名：在此文本框中输入要保存的图像文件的名称。

③ 格式：在其下拉列表中选择图像文件的保存格式。默认的PS文件格式为.psd。

④“作为副本”复选框：选中该复选框可以将处理后的文件存储为该文件的副本文件。

图2-5 “存储为”菜单

⑤“Alpha通道”复选框：当被保存的图像文件含有通道时，该复选框才被激活，选中表示存储图像文件中的Alpha通道。

⑥“图层”复选框：当被保存的图像文件含有图层时，该复选框才被激活，用于将图层和文件同时保存。

⑦“注释”复选框：当被保存的图像文件含有用注释工具添加的注释文本时，该复选框才被激活，选中后可保存图像文件中的注释。

⑧“专色”复选框：当被保存的图像文件含有专色通道时，该复选框才被激活，选中后可保存图像文件中的专色通道。

在进行图像制作和处理中，用户可以根据自己工作任务的需要对图像文件进行保存，具体选择哪种储存格式根据具体情况来定。用于Photoshop工作选择.PSD、.PDD、.TIFF。用于Internet图像选择.GIF、.JPEG、.PNG。用于印刷选择.TIFF、.EPS。用于出版物选择.PDF。

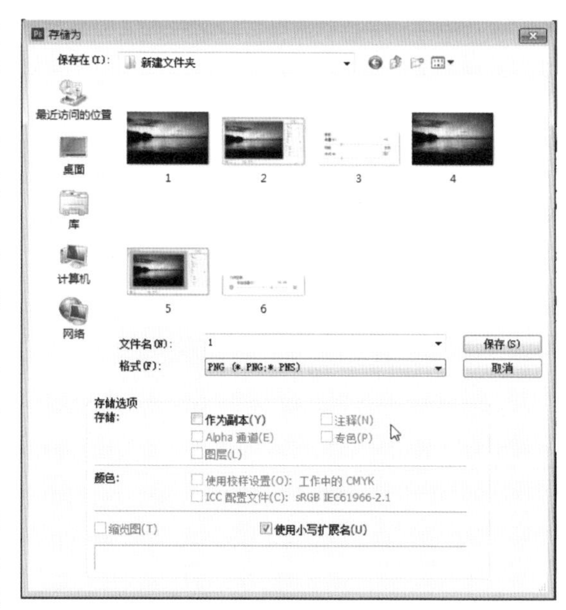

图2-6 “存储为”对话框

2.1.5 关闭图像文件

利用“关闭”菜单命令，则可以关闭存储的文件。选择“文件>关闭”命令，即可关闭当前使用的一个图像文档窗口，而不会关闭其他图像文档窗口。选择“文件>关闭全部”命令，即可关闭全部文档，如图2-7所示。

按“Ctrl+W”键即可关闭当前使用的一个图像文档窗口；按“Alt+Ctrl+W”键即可关闭全部文档。

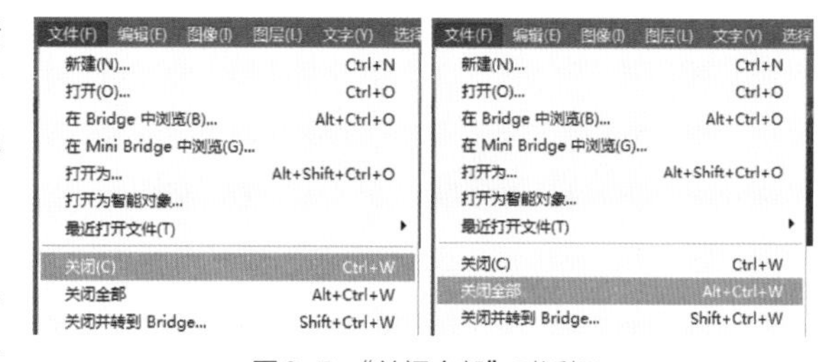

图2-7 “关闭全部”对话框

2.2 图像的视图操作

2.2.1 缩放显示比例

运用“缩放工具”可以在编辑图像的过程中对图像进行任意的放大或缩小设置，通过图像的缩放操作，可以更清楚地查看设置后的图像，便于用户更加准确地了解图像的整体或某个细节部分。

利用“缩放工具”缩放图像时，可以使用选项栏中的“放大”或“缩小”按钮来确认图像的缩放操作。打开一幅图像，选择“缩放工具”，分别放大或缩小图像后的对比效果，如图2-8所示。

图2-8 放大图与缩小图对比

2.2.2 拖动与旋转视图

对图像进行旋转操作即在旋转图像的同时旋转画布，使整个画面中的内容能全部显示出来。执行“图像”菜单“图像旋转”命令，在打开的子菜单中可以选择图像的旋转角度，包括“180度”“90度（顺时针）”“90度（逆时针）”“任意角度”“水平翻转画布”“垂直翻转画布”等，如图2-9所示，执行这些命令能将图像自动旋转。

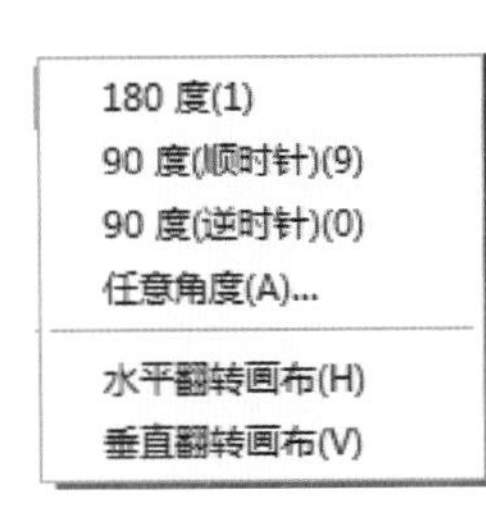

图2-9　原图与旋转180度对比

2.3　调整图像大小与分辨率

2.3.1　修改画布大小

利用“画布大小”命令可扩大或缩小图像的显示和操作区域，当扩大画布区域时，用选择的画布扩展颜色填充扩展的区域，当缩小画布区域时，将超出画布区域的图像裁剪掉。

选择“图像>画布大小”命令，在“画布大小”对话框中输入参数，如图2-10所示。

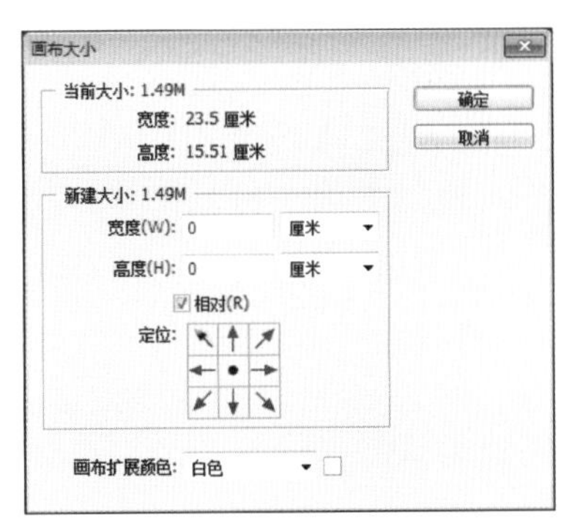

图2-10　“画布大小”对话框

① 宽度和高度：可直接调整画布大小。当输入的值小于原图时，将超出画布区域的图像裁剪掉。

② 相对：勾选“相对”复选框，修改后的画布大小在原图像的基础上添加宽度和高度的尺寸。

③ 定位：用于设置图像裁剪的方向，在定位选项中单击右侧的定位按钮，则设置裁剪范围为左边图像。在定位选项中单击左上角的定位按钮，则设置裁剪范围以右上角为起点。

④ 扩展画布颜色：设置画布扩充的颜色。

2.3.2　修改图像大小

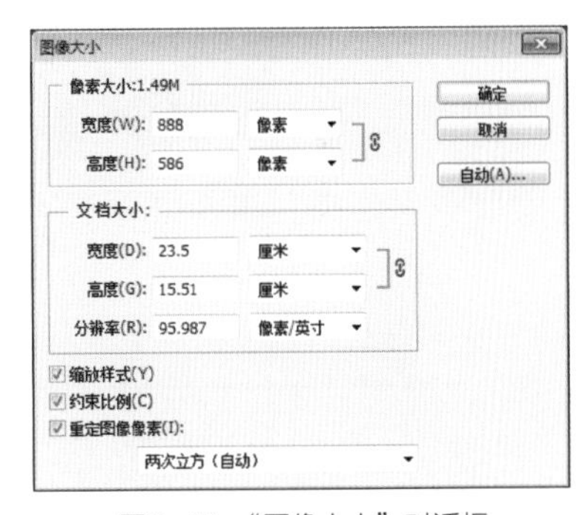

图2-11　“图像大小”对话框

利用“图像大小”命令可以查看并更改图像的大小尺寸、分辨率和打印尺寸。打开一张图像，选择“图像>图像大小”命令，如图2-11所示，即可打开“图像大小”对话框。在“图像大小”对话框中可以方便地看到图像的像素大小，以及图像的宽度和高度。“文档大小”选项中包括图像的宽度、高度和分辨率等信息。

还可以在“图像大小”对话框中更改图像的尺寸。通过观察图2-11可以发现图像像素大小是1.49MB，如果要求图像像素大小小于800KB，在对话框中更改宽度为600，因为勾选了“约束比例”和“重定图像像素”，所以其他参数会自动变化，如图2-12所示，设置完毕后，单击“确定”按钮（也可以通过更改图像的像素大小或分辨率的大小改变图像最终大小）。

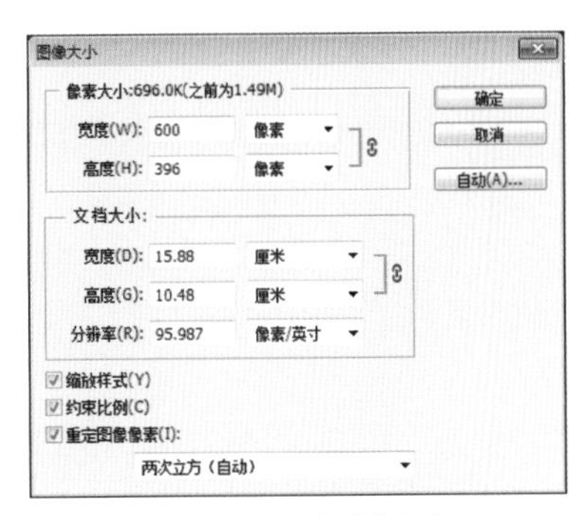

图2-12　更改图像大小

实例1 使用“裁剪”工具重新构图

在图像的处理中常会删除画面中的部分图像，让画面更加整洁，也能更好地突出主体对象。在Photoshop中，使用“剪裁工具”可以裁剪画面中不需要的对象，以调整图像的构图效果。

① 使用快捷键“Ctrl+O”，打开“素材\02\01.JPG”，如图2-13所示。单击工具箱中的“裁剪”工具按钮，在图像中单击并拖拽鼠标，绘制裁剪框如图2-14所示。

图2-13　原图

图2-14　裁剪图

② 单击工具选项栏的“提交当前裁剪操作”按钮完成截图如图2-15所示。选择“图像>调整>自然饱和度”命令，在打开的“自然饱和度”对话框中，输入“自然饱和度”为“35”，“饱和度”为“18”，如图2-16所示。

图2-15　截图

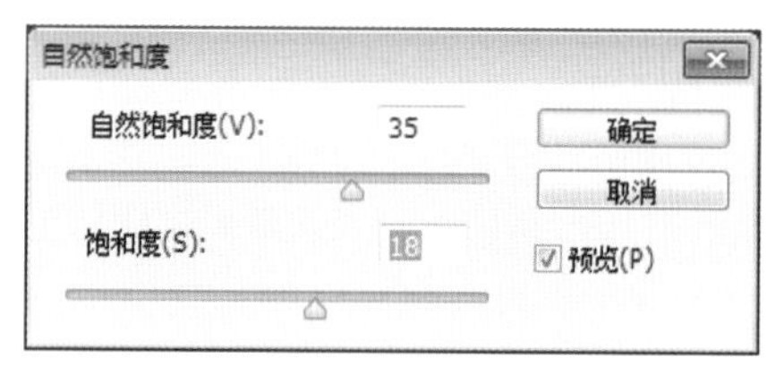

图2-16　参数设置

③ 单击“确定”按钮。最终效果如图2-17所示。

图2-17　最终效果

实例2 使用“置入”命令编辑图像

将图像置入到打开的文件中，通过调整置入图像的大小和位置，可让画面内容更加丰富。在置入图像后，结合工具和菜单命令可以对置入图像做进一步的调整，以适合整个画面效果。

① 选择“文件>打开”命令，打开“素材\02\02.JPG”素材图片，如图2-18所示做背景。选择“文件>置入”命令，打开“置入”对话框，在对话框中单击选择“03.jpg”，单击“置入”按钮，如图2-19所示。

② 选择置入的图像，将鼠标移至角点位置。当光标变为双向箭头时，拖拽鼠标，缩小图像，移动到合适的位置，如图2-20所示。在“图层”面板中选中03图层，然后执行“选择>载入选区”菜单命令载入人物选区，如图2-21所示。

③ 单击“图层”面板右下角的“创建新图层”按钮，新建“图层1”图层，如图2-22所示。执行“编辑>描边”命令，设置宽度为“10px”，颜色为白色，描边图像。如图2-23所示。

④ 在图层面板中选择“03”和“图层1”两个图层，按下快捷键“Ctrl+Alt+E”，盖印选定图层，如图2-24所示。双击盖印后的图层，打开“图层样式”对话框，在对话框中勾选“投影”复选框。设置“不透明度”为37%，“角度”为148，“距离”为1，“大小”为18，如图2-25所示。为图像添加投影效果。

⑤ 复制“图层1（合并）”图层，按下快捷键“Ctrl+T”，调整图像角度，如图2-26所示。

图2-18 背景

图2-19 置入效果

图2-20 调整图像的大小位置

图2-21 载入选区

图2-22 描边

图2-23 新建“图层1”图层

图2-24 盖印图层

图2-25 设置投影

图2-26 最终效果

实例3 使用“拷贝”命令编辑图像

图像的变换操作，可以将不同文件中的图像通过复制合并到一个图像中，也可以将一个文件中的部分图像进行复制，结合移动和变换组合成完整的画面。

① 选择“文件>打开”命令，打开“素材\02\04.JPG”素材图片，如图2-27所示。单击工具箱中的“矩形选框工具”按钮，沿人物绘制选区，如图2-28所示。

② 执行“编辑>拷贝”命令，复制选区内的图像。执行“编辑>粘贴”命令，粘贴拷贝的图像。单击“移动工具”按钮，移动粘贴后的图像。按下“Ctrl+T”，打开自由变换工具，调整图像大小，如图2-29所示。

③ 新建图层，使用“圆角矩形工具”在人物图像上方绘制一个稍小的白色圆角矩形，如图2-30所示。

④ 按下“Ctrl”键不放，单击“图层”面板中的圆角矩形所在的图层。将该图层中的对象载入到选区中，如图2-31所示。再双击“图层1”图层，打开“图层样式”对话框，勾选“描边”复选框，设置颜色为白色，“大小”为7，单击“确定”按钮，如图2-32所示。

⑤ 执行“编辑>变换>旋转”命令，旋转图像，如图2-33所示。在“图层”面板中选中“图层1”，执行“图层>复制图层”菜单命令，复制图层。并调整图像位置，如图2-34所示。

图2-27　原图

图2-28　绘制选区

图2-29　调整图像

图2-30　绘制圆角矩形

图2-31　载入选区

图2-32　描边

图2-33　旋转

图2-34　最终效果

第3章 选区的创建和编辑

在PS中选区是用于指定各种功能和图像效果的编辑范围，准确地在图像中创建选区是非常必要的。

3.1 规则选区的创建

利用规则选区创建工具，可以通过简单的操作快速地在图像中创建几何形状的选区，包括矩形、圆形、单行和单列选区等。用鼠标左键按住工具箱中的相应工具按钮不放（或者单击鼠标右键），在弹出的工具条中可查看其他子工具，如图3-1所示。

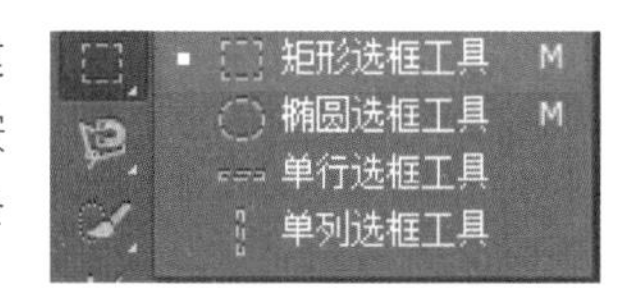

图3-1 选框工具组

3.1.1 矩形选框工具

利用“矩形选框工具”可以在图像中创建矩形选区，将鼠标移到图像内，在需要获取选区的位置按住鼠标左键拖动，绘制出一个矩形选区，如图3-2所示。按住“Ctrl”键不放，拖动选区内部，可以将选区内图像移动，图像原来的位置将用白色或透明色填充，如图3-3所示。按住“Ctrl+Alt”键用鼠标拖动选区内容，可以将选区内图像复制，如图3-4所示。

图3-2 绘制矩形选区

图3-3 移动选区

图3-4 复制选区

当用户按住键盘“Alt”键不放时，在图像中按下鼠标左键拖动创建出的矩形选区将是从中心向外选取的选区。按住“Shift”键，在图像中按住鼠标左键拖动绘出一个正方形选区。当用户想从正方形中心向外选取正方形区域时，按住“Shift+Alt”键不放，然后在图像中按下鼠标左键拖动即可进行绘制。

单击任意选框工具，将显示相应的工具选项栏，如图3-5所示。

图3-5 矩形选框工具选项栏

① 快捷工具按钮：单击此按钮可以打开工具箱的快捷菜单，如图3-6所示。

② 图标按钮：这4个按钮分别表示创建新选区、增加选区、减少选区以及交叉选区。新选区按钮：如果图像中已有选区，在图像中单击可以取消选区。

③ 添加到选区按钮：可以将新绘制的选区与已有选区相加，按住“Shift”键也可以添加选区，如图3-7所示。从选区减去按钮：可以使用新绘制的选区减去已有的选区，如果新绘制的选区范围包含了已有选区，则图像中无选区。按住“Alt”键也可以从选区中减去，如图3-8所示。

④ 选取交叉按钮：可以将新绘制的选区与已有的选区相交，选区结果为相交的部分。如果新绘制的选区与已有选区无相交，则图像中无选区，如图3-9所示。

图3-6　快捷工具按钮

图3-7　添加到选区

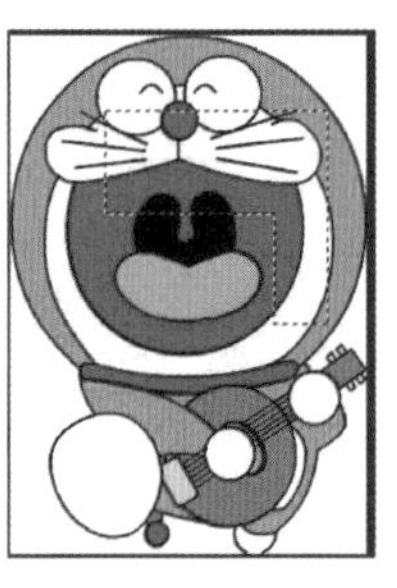

图3-8　从选区减去

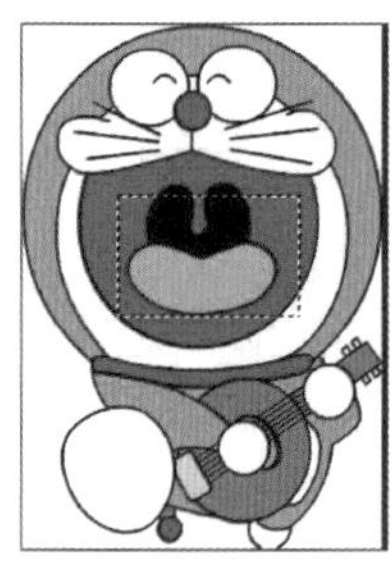

图3-9　选取交叉

⑤ 羽化：此选框用于设置选区的羽化属性。羽化选区可以模糊选区边缘的像素，产生过渡效果。羽化宽度也大，则选区的边缘越模糊，选区的直角部分也将变得圆滑，这种模糊会使选定范围边缘上的一些细节丢失。在羽化后面的文本框中可以输入羽化数值设置选区的羽化功能（取值范围是0 ～ 250px）。

⑥ 样式：此选项用于设置选区的形状，单击右侧的三角按钮，打开下拉列表框，可以选取不同的样式，其中，“正常”选项表示可以创建不同大小和形状的选区；选定“固定长宽比”选项可以设置选区宽度和高度之间的比例，并可在其右侧的“宽度”和“高度”文本框中输入具体的数值；若选择“固定大小”选项，表示将锁定选区的长宽比例及选区大小，并可在右侧的文本框中输入一个数值。样式下拉列表框仅当选择矩形和椭圆形选区工具后可以使用。

3.1.2　椭圆选框工具

利用“椭圆选框工具”可以在图像中创建椭圆形或圆形选区。创建方法与“矩形选框工具”相同。

在工具箱中的选框工具组按钮上单击鼠标右键，在弹出的选框工具组中选择“椭圆选框工具”。在图像中按住鼠标左键拖动绘出一个椭圆选区，如图3-10所示。按住“Ctrl”键不放，拖动选区内部，可以将选区内图像移动，图像原来的位置将白色或透明色填充，如图3-11所示。按住“Ctrl+Alt”键用鼠标拖动选区内容，可以将选区内图像复制，如图3-12所示。

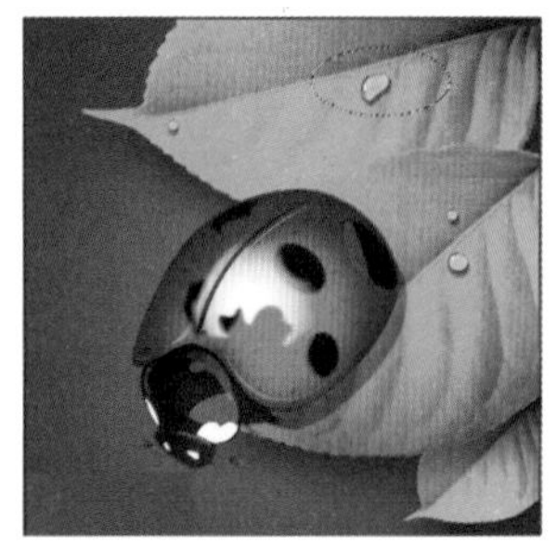

图3-10　绘制椭圆选区

图3-11　移动选区

图3-12　复制选区

椭圆形选框工具选项栏与矩形选框工具选项栏基本相似，但“消除锯齿”选项只有在椭圆选区工具中才能使用。勾选此复选框后，选区边缘的锯齿将消除。

创建一个圆形选区，在绘制过程中按住“Shift”键即可。

3.1.3 单行选框工具

“单行选框工具”可以在图像上选择一条1像素宽的横线选区。选择此工具后，在画面中单击鼠标左键，可以创建水平为1个像素的选区，如图3-13所示。按键盘“Alt+Delete”快捷键，用前景色填充选区，如图3-14所示。选中工具选项栏“添加到选区按钮”同时用鼠标左键创建多条1像素水平红线，如图3-15所示。

图3-13 水平1像素的选区

图3-14 水平1像素的红线

图3-15 多条水平红线

3.1.4 单列选框工具

“单列选框工具”的操作方法同“单行选框工具”。效果图如图3-16所示。

图3-16 效果图

3.2 任意选区的创建

规则选框工具只能创建出简单的规则选区，当需要创建出复杂的、多变的选区时就需要应用不规则选框工具，在Photoshop中提供了套索工具、多边形套索工具、磁性套索工具、快速选择工具以及魔棒工具等不规则选区的创建工具。

套索工具组主要用于创建不规则的图像选择区域，通过用鼠标拖拽不规则选框工具，可以绘制出任意需要的选区。如图3-17所示。

图3-17 套索工具组

3.2.1 套索工具

套索工具可以自由地手工绘制选定范围，使用套索工具可以在图像中创建任意形状的选区。工具箱中单击“套索工具”按钮，按住鼠标左键不放，沿着树木图像的边缘拖动鼠标，绘制完成后，释放鼠标左键，选区范围将自动闭合，如图3-18所示。此时按住“Ctrl+Alt”键不放，用鼠标拖动选区内图像，可以将选区内容复制。按“Ctrl+D”键即可取消选区，如图3-19所示。

套索工具选项栏与矩形选框工具选项栏功能相似，如图3-20所示。

图3-18　绘制选区

图3-19　复制选区

图3-20　套索工具选项栏

3.2.2 多边形套索工具

使用多边形套索工具，可以在图像中手动创建多边形不规则选区。可以比较精确地选择图形，多边形套索工具主要用于选择多边界的折线或者曲线图形。

选择工具箱中的多边形套索工具，在图像中单击鼠标作为绘制区域的起点，在沿着需要创建选区的图像边缘拖动鼠标产生一条线段，在线段的终端再次单击鼠标左键，然后继续沿着图像边缘拖动鼠标绘制另一条线段直到选取所需图像；最后在重合点上单击鼠标，这时选择区域将自动闭合，如图3-21所示。

图3-21　多边形套索选区

如果在绘制选区的过程中想要重新绘制某一线段，则可以按键盘上的“Delete”（退格键），可退回到该线段的起点重新绘制即可。

多边形套索工具选项栏：与矩形选框工具选项栏功能相似，如图3-22所示。

图3-22　多边形套索工具选项栏

3.2.3 磁性套索工具

“磁性套索工具”适用于快速选择边缘与背景反差较大的对象，原图像的反差越大，选取的图像就越准确。多用于人物等边界复杂图像的抠图使用。

在工具箱中选中“磁性套索工具”，然后在图像需要选取的对象的某一处单击，沿对象边缘拖动鼠标即可自动创建带锚点的路径。双击鼠标或在终点与起点重合时单击，就会自动创建闭合的选区，如图3-23所示。

创建选定范围时，按下键盘“[”键将磁性套索宽度减少1像素，按下“]”键磁性套索宽度将增加1像素。

磁性套索工具选项栏“宽度”“对比度”“频率” 等选项，如图3-24所示。

宽度：选项用来检测选区的范围，即以当前光标所在的点为标准，在设置的范围内查找反差最大的边缘，设置的宽度值越小，创建的选区越精确。

对比度：此选项用于设置系统检测边缘的精度，值越大，该工具所能识别的边界对比度也就越高。

频率：此选项用于设定创建关键点的频率（速度），值设置越大，系统创建关键点的速度越快。

图3-23　磁性套索选区

图3-24　磁性套索工具选项栏

：此工具用于使用绘图板压力以更改钢笔宽度。

3.2.4　快速选择工具

快速选择工具类似于笔刷，并且能够调整圆形笔尖大小绘制选区，适合于对不规则选区进行快速选择。在创建选区时，快速选择工具可根据选择对象的范围来调整画笔的大小，从而有利于准确地选取对象。在图像中单击并拖动鼠标即可绘制选区。这是一种基于色彩差别却是用画笔智能查找主体边缘的新颖方法。

选择“快速选择工具”，在图片的空白处按住鼠标左键进行拖动，就可以快速地建立选区，如图3-25所示。

快速选择工具选项栏如图3-26所示。

图3-25　快速选择工具建立选区

图3-26　快速选择工具选项栏

选区方式：三个按钮从左到右分别是新选区、添加选区、减去选区。没有选区时，默认的选择方式是新建；选区建立后，自动改为添加到选区；如果按住“Alt”键，选择方式变为从选区减去。

画笔：初选离边缘较远的较大区域时，画笔尺寸可以大些，以提高选取的效率；但对于小块的主体或修正边缘时则要换成小尺寸的画笔。总的来说，大画笔选择快，但选择粗糙，容易多选；小画笔一次只能选择一小块主体，选择慢，但得到的边缘精度高。更改画笔大小的简单方法是在建立选区后，按“]”键可增大快速选择工具画笔的大小；按“[”键可减小画笔大小。

自动增强：勾选此项后，可减少选区边界的粗糙度和块效应。即“自动增强”使选区向主体边缘进一步流动并做一些边缘调整。一般应勾选此项。

对所有图层取样：当图像中含有多个图层时，选中该复选框，将对所有可见图层的图像起作用，没有选中时，魔棒工具只对当前图层起作用。

3.2.5　魔棒工具

利用“魔棒工具”可在图像中通过简单的单击，选择图片中色彩相似的区域，并可通过选择方式和容差大小等选项来控制选取的范围。此工具适用于颜色较为单一的图像的选择，图像颜色越单一，所选取的对象就会越精确。用鼠标单击需要选取图像中的任意一点，图像中与该点颜色相同或相似的

图3-27　魔棒工具建立选区

颜色区域将会自动被选取，如图3-27所示。如果要加选选择区域，可以按住“Shift”选择工具箱中的魔棒工具。

魔棒工具选项栏如图3-28所示。

① 容差：是影响魔棒工具性能的重要选项，用于控制色彩的范围，数值越大可选的颜色范围就越广。用于设置选取的颜色范围的大小，参数设置范围为0～255。输入的数值越高，选取的颜色范围越大，输入的数值越低，选取的颜色与单击鼠标处图像的颜色越接近，范围也就越小。

② 连续：选中该复选框，可以只选取相邻的图像区域；未选中该复选框时，可将不相邻的区域也添加入选区。

③ 对所有的图层取样：当图像中含有多个图层时，选中该复选框，将对所有可见图层的图像起作用，没有选中时，魔棒工具只对当前图层起作用。

图3-28　魔棒工具选项栏

3.2.6　使用“色彩范围”命令

“色彩范围”命令，可根据图像中的某一颜色区域进行选择创建选区。执行“选择”菜单中的“色彩范围”命令，打开“色彩范围”对话框，如图3-29所示。在对话框中可根据颜色区域进行选择，并通过选项的设置更准确地选择部分图像。

① 选择：单击“选择”右侧的下三角按钮，在打开的下拉列表中可以选择需要的颜色，如图3-30所示。选择“取样颜色”，在图像中创建选区的效果如图3-31所示。

② 颜色容差：通过“颜色容差”可以柔化选区边缘，设置的参数值越大，选择的颜色就越多，选区就越大，如图3-32所示。反之，选区就越小，如图3-33所示。

图3-29　“色彩范围”对话框

图3-30　选择预设范围

图3-31　取样颜色效果

图3-32 容差值大

图3-33 容差值小

③ 吸管工具：对话框中提供了三种吸管工具，分别为“吸管工具”“添加到吸管工具”和“从取样中减去工具”，使用这些工具可以在选取的范围内进行颜色的添加或减去。

④ 选区预览：可以设置选区的预览方式。

3.3 对选区进行编辑

在图像中创建选区后，还可以利用菜单命令对选区做进一步的编辑与设置。Photoshop中对于选区的编辑主要通过“选择”菜单中的命令来完成。使用“选择”菜单中的命令可以完成对选区的选择、修改与存储。

边界(B)...
平滑(S)...
扩展(E)...
收缩(C)...
羽化(F)... Shift+F6

图3-34 “修改”子菜单

3.3.1 修改选区

利用“修改”命令可以对选区进行各种修改操作，包括对选区边界的修改、平滑选区、扩展选区和收缩选区等。创建选区后，执行“选择”菜单“修改”命令，在打开的子菜单下即可选择修改命令进行选区的修改操作，如图3-34所示。

“边界”命令用于设置选区的边界效果，如图3-35所示。“平滑”命令用于对选区进行平滑设置，使选区边缘变得柔和。“扩展”命令用于对选区进行扩展操作，即放大选区。“收缩”命令与“扩展”命令相反，它主要用于对选区进行缩小设置。“羽化”命令用于柔化选区边缘，设置出模糊的效果。

图3-35 边界

3.3.2 存储和载入选区

利用“存储选区”和“载入选区”命令，可以将画面中创建的选区进行存储或载入至新图像中。执行“选择存储选区”命令，可以将创建的选区加以存储，然后执行“选区载入选区”命令，则可以将存储的选区载入新的图像中。

（1）存储选区

在进行选区存储操作时，首先需要在图像中创建一个选区，如图3-36所示。然后执行“选择存储选区”菜单命令，打开“存储选区”对话框，在对话框中指定选区的名称、通道等，单击“确定”按钮存储。

图3-36 存储选区

（2）载入选区

对于选区的载入操作，需在“图层”面板将需要作为选区载入的图层选中，然后执行“选择载入选区”菜单命令，打开“载入选区”对话框，将该图层中的对象以选区方式载入，如图 3-37 所示。

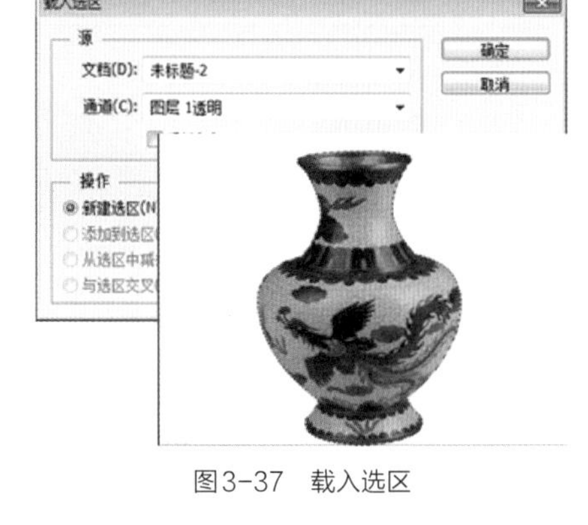

图3-37　载入选区

实例1　制作信纸

在一张简单的图像上，通过进行规则选区的设置，可以将画面中不同区域的图像选中。在 Photoshop 中，利用规则选区工具可以将图像打造为漂亮的信纸。

① 使用快捷键“Ctrl+O”，打开“素材\03\01.JPG”图片做背景，如图 3-38 所示。

② 单击“图层面板”右下角“创建新图层”按钮，新建“图层 1”，如图 3-39 所示。

③ 选择工具箱中的“单行选框工具”，在画面中单击，创建选区。按下“Shift”键不放，连续单击绘制选区效果。设置前景色为 R247、G172、B202，按下快捷键“Alt+Delete”，为选区填充颜色，如图 3-40 所示。

④ 使用橡皮擦工具将多余的线条擦除，如图 3-41 所示。

图3-38　原图

图3-39　图层面板

图3-40　填充颜色

图3-41　最终效果

实例2　制作2寸照片

① 选择“文件”菜单“打开”命令，打开“素材\03\02.JPG”素材图片，如图 3-42 所示。单击“磁性套索工具”将人物抠取下来。如图 3-43 所示。

② 单击“裁剪工具”，在其工具选项栏里选择“大小和分辨率”，如图 3-44 所示。在弹出的对话框中输入宽度为 2.5cm，高度为 3.5cm，分辨率为 300 像素 / 厘米。如图 3-45 所示。

③ 按方向键调整图片至合适位置，如图 3-46 所示。单击属性栏中的“提交当前裁剪操作”按钮。然后在该人物图层底部新建图层，填充背景色。如图 3-47 所示。

④ 下面对寸照进行排版，选择“图像”菜单“画布大小”命令，设置宽度为 0.4cm，高度 0.4cm，勾选“相对”，设置画布扩展颜色为白色，如图 3-48 所示。这样寸照就做好了，如图 3-49 所示。选择“编辑”菜单“定义图案”命令，将图片定义为图案。

⑤ 新建画布，设置宽度为 11.6cm，高度为：7.8cm，分辨率为 300 像素 / 厘米。然后选择“编辑”菜单“填充”命令，选择图案，自定义图案，选择刚才我们保存的图案。如图 3-50 所示。

图3-42　原图

图3-43　抠取人物

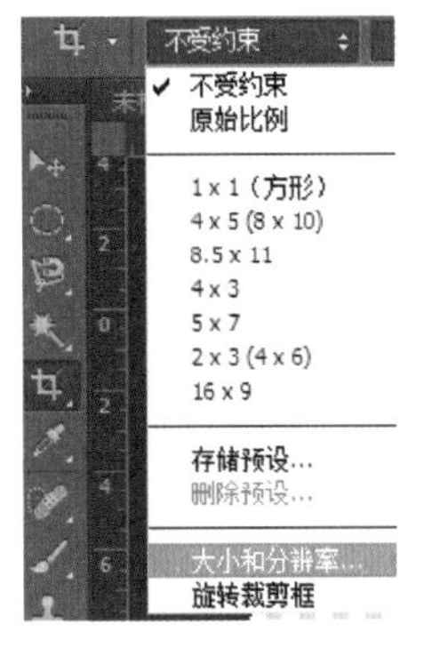

图3-44　菜单

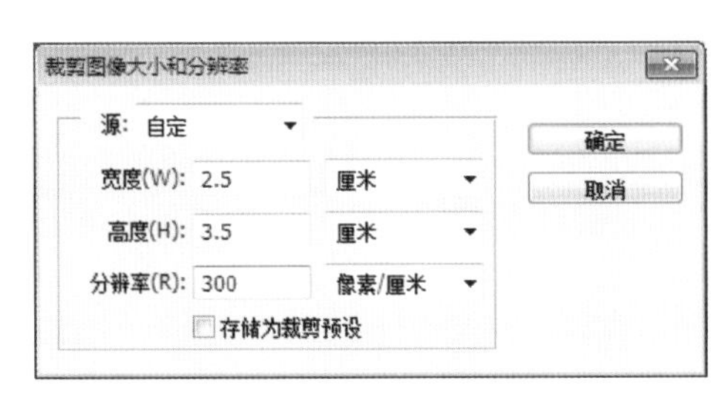

图3-45　对话框设置

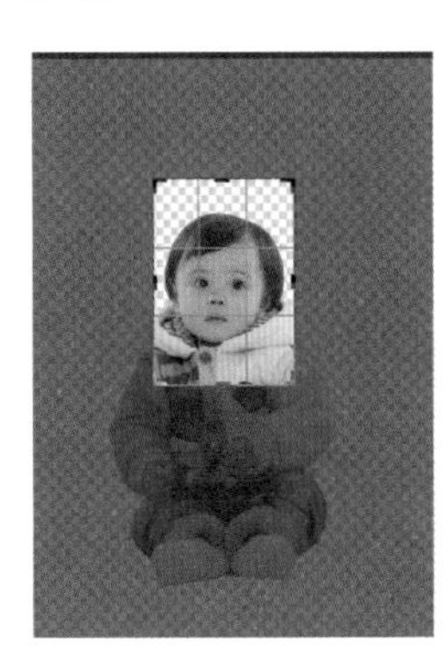

图3-46　裁剪

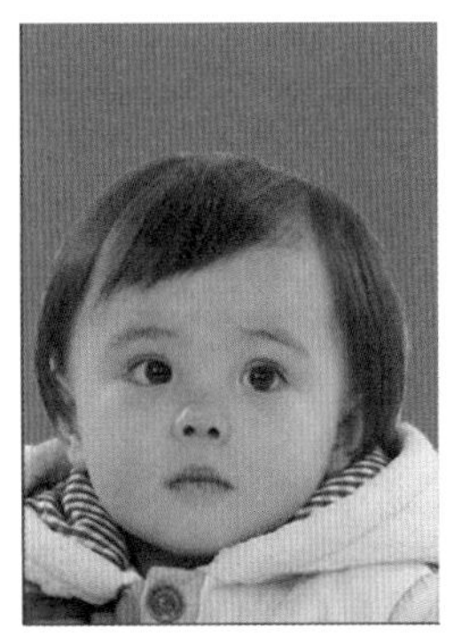

图3-47　填充背景色

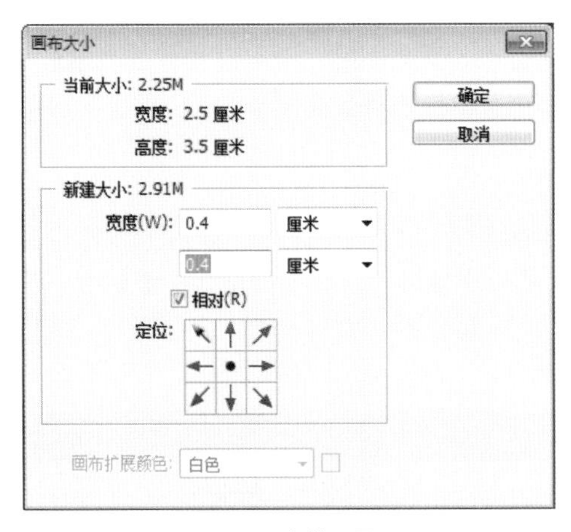

图3-48　参数设置

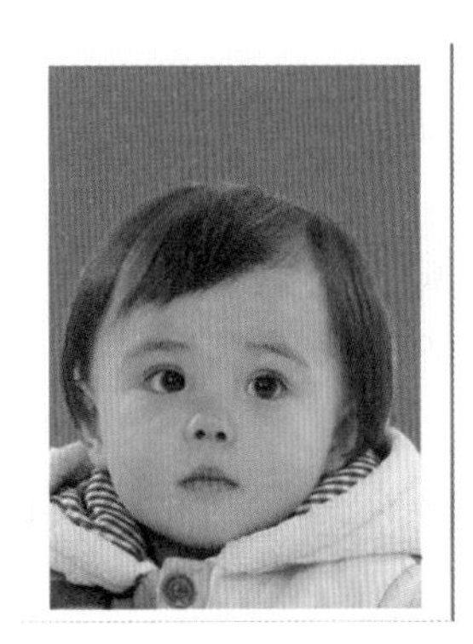

图3-49　寸照

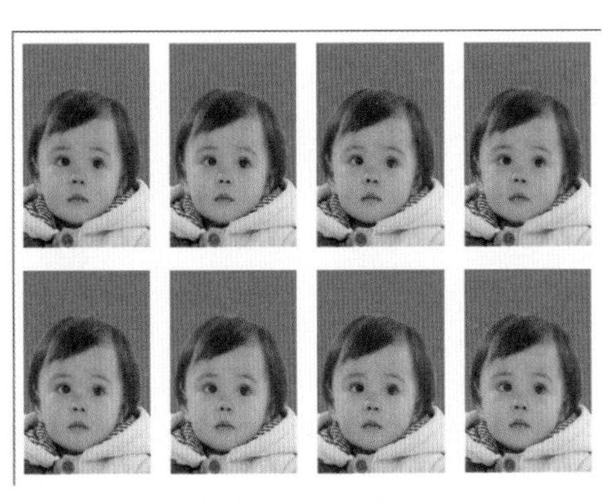

图3-50　最终效果

第4章 图像的绘制、修改与润饰

Photoshop提供了多种图像绘制工具，用户能轻松地完成图像中任意图案的绘制，结合各种色彩的填充让绘制的图案内容更加丰富，增加图像的表现力。Photoshop的图像修改和润饰功能，可以修改有瑕疵的图像并对图像做进一步的润饰处理，让图像效果更加完美。

4.1 图像的绘制

Photoshop不仅具有强大的图像处理功能，还具有较完善的绘图能力。如果要绘制图像，可以选择画笔工具、铅笔工具、颜色替换工具、混合器画笔工具、橡皮擦工具等。通过对常用绘画工具的设置，可以绘制出丰富多样的画面效果。

4.1.1 “画笔”工具的使用

画笔工具是绘画工具中最为常用的工具之一。单击工具箱中画笔工具按钮或按快捷键“Shift+B”可以选择画笔工具。通过设置画笔大小、硬度、不透明度、流量等属性，可以调节出所需的画笔效果。

单击工具箱中画笔工具按钮，即可通过工具选项栏对画笔的属性进行设置，如图4-1所示。

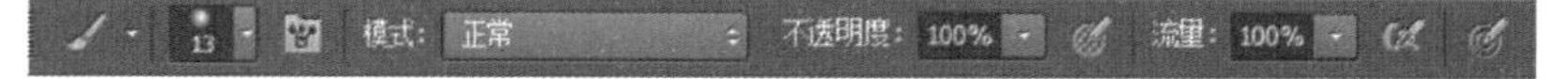

图4-1 画笔工具选项栏

① 单击打开“画笔预设”选取器，可以对画笔笔尖进行设置，如图4-2所示。

② 单击打开“切换画笔面板”按钮，打开画笔预设面板，如图4-3所示。笔刷的“大小”设置笔尖的粗细，数值越大，笔尖越粗。“圆度”是一个百分比值，代表椭圆直径的长短比例，取值为100%时，是正圆。“间距”是每两个笔尖点的圆心距离，间距值越大，笔尖点之间的距离也越大。形状动态、散步、湿边等属性在后面的实例中将具体介绍。

③“模式”模式：正常，在弹出的下拉菜单中可选择不同的混合模式，即画笔的色彩与下面图像的混合模式。

④“不透明度”不透明度：100%，可设定画笔的“不透明度”，取值范围在0%～100%，取值越大，画笔颜色的不透明度越高，

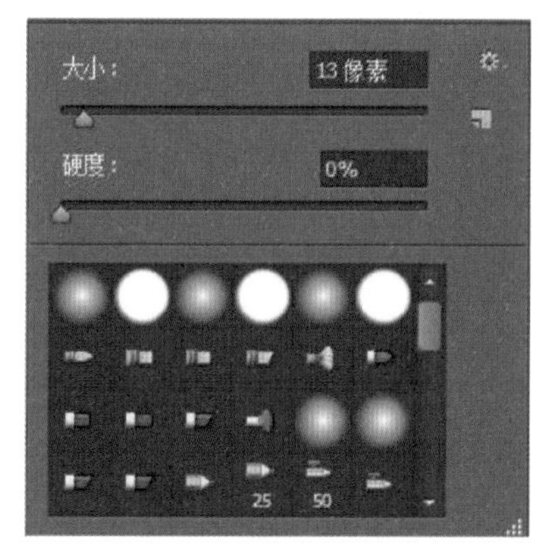

图4-2 画笔笔尖设置面板

取值0%时，画笔是完全透明的。

⑤“绘图板压力控制不透明度”，用于使用绘图板压力以更改钢笔宽度。

⑥“流量”，此选项设置与不透明度有些类似，指画笔颜色的喷出浓度，不同之处在于不透明度是指整体颜色的浓度，而喷出量是指画笔颜色的浓度。

⑦“启用喷枪模式”，单击工具选项栏中的图标，图标凹下去表示选中喷枪效果，再次单击图标，表示取消喷枪效果。

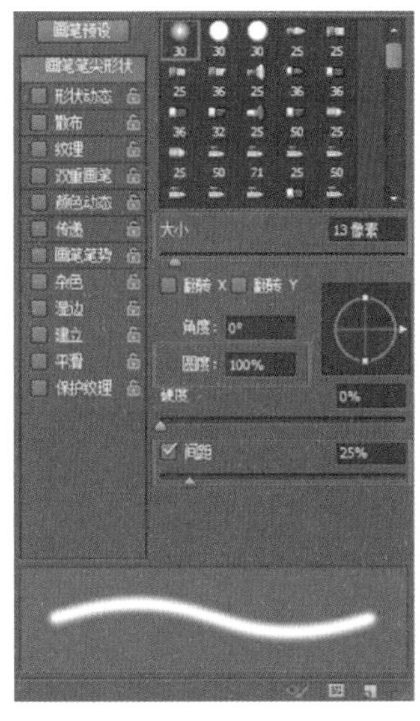

图4-3　画笔预设面板

4.1.2 “铅笔”工具的使用

使用铅笔工具可绘出硬边的线条，如果是斜线，会带有明显的锯齿。绘制的线条颜色为工具箱中的前景色。单击铅笔工具，在其选项栏中可以设置混合模式、不透明度以及颜色、大小等，如图4-4所示。

铅笔工具属性大部分设置方法与画笔工具相同，不再介绍。勾选“自动涂抹”按钮，可以交替前景色和背景色涂抹图像。设置工具箱前景色为绿色，背景色为红色。在铅笔工具选项栏设置画笔如图4-5所示。勾选“自动涂抹”，在图像窗口中涂抹，可见开始拖移时使用前景色绿色绘制图像如图4-6所示。继续在绿色上单击鼠标左键涂抹，此时使用的是红色背景色如图4-7所示。依次这样自动涂抹，交替前景色与背景色使用，得到如图4-8所示效果。

图4-4　铅笔工具选项栏

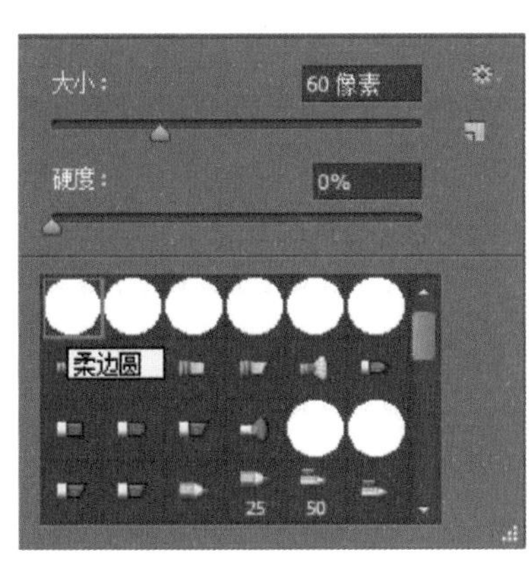

图4-5　铅笔预设面板

图4-6　自动涂抹效果1

图4-7　自动涂抹效果2

图4-8　自动涂抹效果3

4.1.3 “颜色替换”工具

颜色替换工具，使用前景色对图像中特定的颜色区域进行涂抹，可以替换指定颜色。单击颜色替换工具，在其选项栏中可以设置模式、取样方式、限制、容差等属性，如图4-9所示。

图4-9　颜色替换工具选项栏

①模式：通过设置“模式”选项可以设置新色与替换色间的混合模式。选择“模式-颜色”可以设置纯粹的颜色；选择“模式-饱和度”可以设置色相浓淡；选择“模式-明度”可以

设置色相亮暗；选择“模式-颜色”由以上三者组成。

② 取样方式：设置要替换颜色的取样方式。一次：第1次单击鼠标时的颜色即为要被替换的颜色。连续：随鼠标拖动动态取样，不断以鼠标所在位置颜色作为被替换颜色。背景色板：将当前的“背景”色替换为当前PS的“前景”色。要替换图像背景，需先将图像背景指定为画笔当前的背景。

③ 限制 限制：连续：设置替换颜色的限制方式。连续：替换鼠标邻近区域的颜色；不连续：只替换鼠标位置的颜色；查找边缘：替换指定颜色的相连区域，并保留邻近色的边缘。

④ 容差：值在1～100之间。设置较低的百分比可以替换与所点像素非常相似的颜色；而增加百分比可以替换范围更广的颜色。

⑤ 消除锯齿：被替换区域具有平滑的边缘。

4.1.4 “橡皮擦”工具

橡皮擦工具主要用来擦除图像中不需要的部分。单击橡皮擦工具，在其选项栏中设置其画笔属性，包括画笔大小、不透明度、画笔模式和流量，如图4-10所示。

选择橡皮擦工具在图像中涂抹，可以先在选项栏设置相关的参数以更好地控制擦除效果。如果图像为背景图层，没有新建图层的时候，擦除的部分默认是背景颜色或透明的，如图4-11所示。如果其下方有图层则显示下方图层的图像，如图4-12所示。

模式：画笔 不透明度：100% 流量：100% 抹到历史记录

图4-10　橡皮擦选项栏

图4-11　擦除背景图层效果

图4-12　擦除一般图层效果

在橡皮擦工具组中还有另外两个工具：背景橡皮擦工具主要用于对两种颜色区别比较明显的图像进行背景颜色擦除，画笔中心的十字形状显示的颜色将被擦除，而不会擦除其他颜色；魔术橡皮擦工具，主要用来快速擦除同色系区域的图像，色彩相似度越高，擦除效果越好。

4.2 使用颜色

4.2.1 设置前景色和背景色

在Photoshop CS6中，拾色器工具主要是用来设置图形或图像处理颜色的。拾色器工具由4个部分组成：“设置前景色”“设置背景色”“切换前景色和背景色”和“默认前景色和背景色”，如图4-13所示。用画笔、填充等工具使用的颜色都是前景色，在背景图层上用橡皮擦出来的就是背景色。

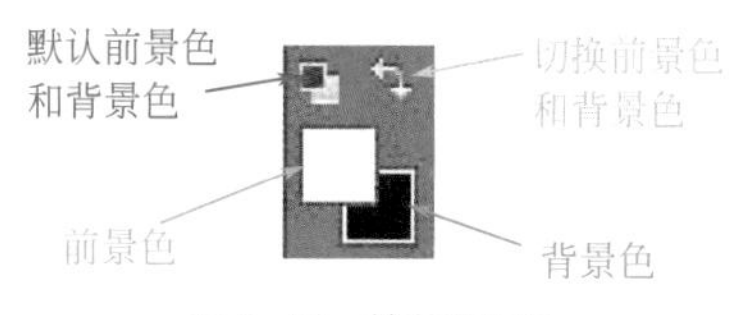

图4-13　拾色器工具

（1）设置前景色

新建文件，大小为400×300像素，背景色为白色。单击“前景色”按钮，弹出拾色器（前景色）窗口，设置蓝色（#0000ff），如图4-14所示，单击“确定”。选择油漆桶工具在画布上单击，即填充前景色，背景图层显示蓝色。

（2）设置背景色

在使用绘图工具绘制图形时，背景色则是指图形在背景图层被擦除后所显示的颜色。在Photoshop CS6中设置背景色的方法与前景色的方法相同，单击“背景色”按钮，弹出拾色器（背景色）窗口，设置颜色即可。

按“Alt+Delete”键可以用前景色填充选区；按“Ctrl+Delete”键则用背景色填充选区。按“D”键将前景色和背景色恢复为默认颜色，即前景色为黑色，背景色为白色。按“X”键可交换前景色和背景色。

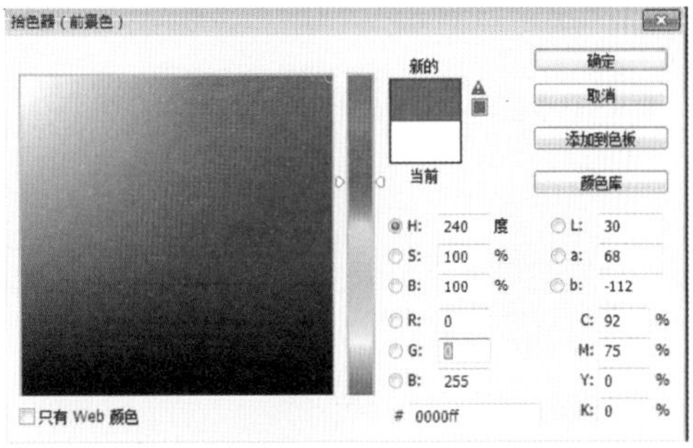

图4-14 拾色器（前景色）

4.2.2 使用“吸管”工具

使用吸管工具，可以从图像中吸取某一点的颜色，或者以拾取点周围的平均色进行颜色取样，从而改变前景色。打开“光盘\素材\04\04”素材图片，单击吸管工具，在花瓣部分单击鼠标左键，前景色随吸管发生改变，如图4-15所示。

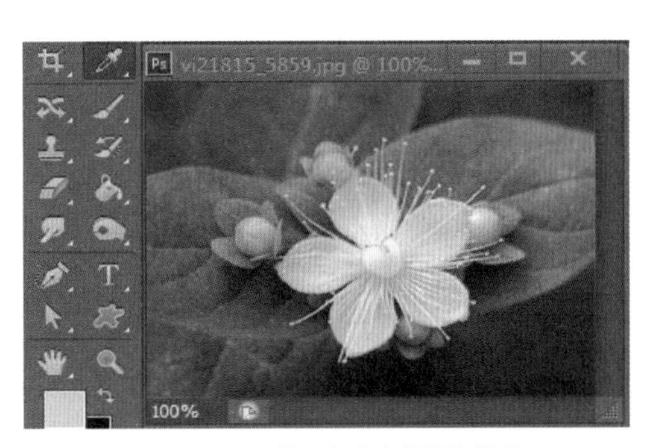

图4-15 吸管取色改变前景色效果

吸管工具选项栏如图4-16所示。

图4-16 吸管工具属性栏

① 取样大小：单击选项栏中的“取样大小”选项按钮，可弹出下拉菜单，在其中包括“取样点、3×3平均、5×5平均、11×11平均、51×51平均、101×101平均”吸取颜色范围可选择。例如选择“5×5平均”，单击鼠标，即可吸取5×5像素大小的区域内的平均颜色值。

② 样本：包括“当前图层、当前和下方图层、所有图层”等，主要是针对图像文件有多个图层时，如何精确吸色。

③ 显示取样环：当勾选此项时，在图像中单击取样点时出现取样环。圆环上半部分所指为当前取样点（叶子）颜色。下半部分为上一次取样点（花瓣）颜色，如图4-17所示。

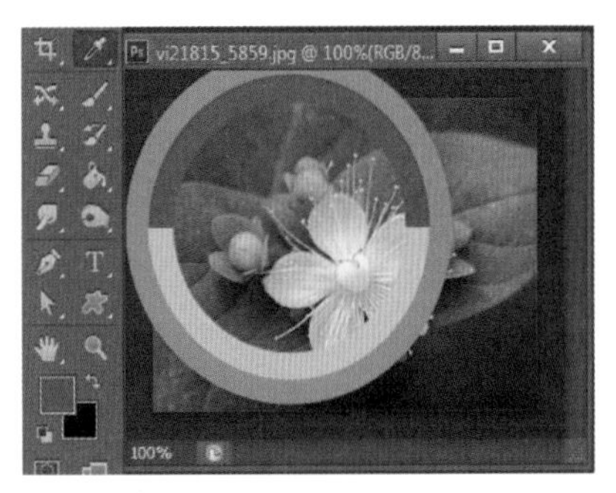

图4-17 显示取样环效果

使用吸管工具可以快速准确地取样颜色，方便我们填色或编辑颜色，在实际应用中比较直接快捷。

4.2.3 使用“渐变”工具

渐变工具用来填充渐变色，如果不创建选区，渐变工具将作用于整个图像。按住鼠标左键拖拽，形成一条直线，直线的长度和方向决定了渐变填充的区域和方向。拖拽鼠标的同时按住“Shift”键，填充的方向可以是水平、竖直或45°。其选项栏如图4-18所示。

图4-18 渐变工具选项栏

点按可编辑渐变，用于选择和编辑渐变色。单击此按钮，弹出“渐变编辑器”对话框，可以设置渐变颜色或存储渐变样式，如图4-19所示。

① 渐变类型：渐变类型包括线性渐变、径向渐变、角度渐变、对称渐变和菱形渐变5种渐变类型，填充效果如图4-20所示。

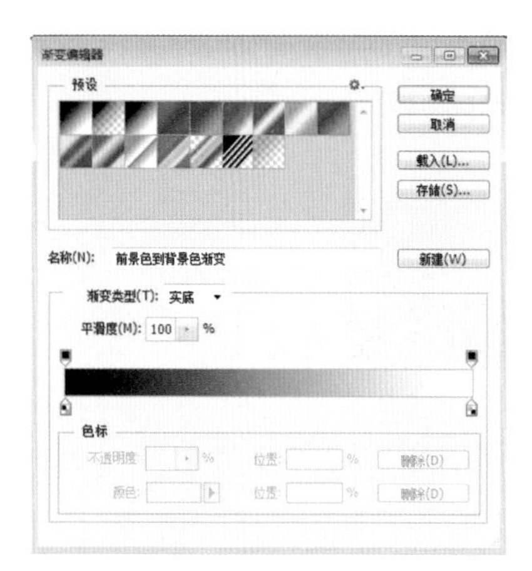

图4-19　渐变编辑器

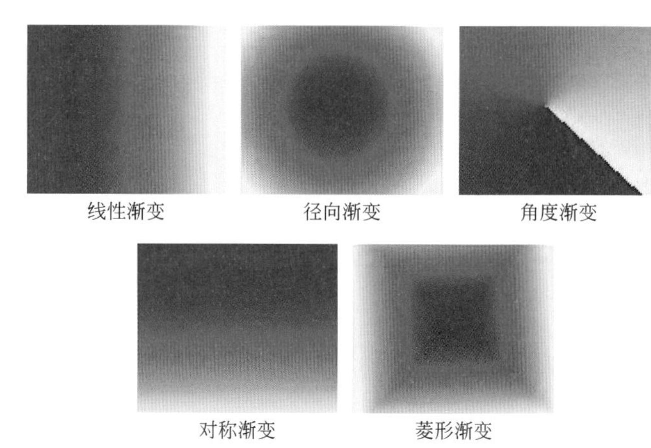

图4-20　渐变类型效果

② 模式：用来设置应用渐变时的混合模式。

③ 不透明度：用来设置渐变效果的不透明度。

④ 反向：改变渐变条中的颜色顺序，得到反向的渐变效果。

⑤ 仿色：该选项用来控制色彩的显示，选中它可以使色彩过渡更加平滑。

⑥ 透明区域：勾选该项，可创建透明渐变；取消勾选则只能创建实色渐变。

4.3　图像的修改

使用污点修复画笔工具、修补工具、仿制图章工具等工具来灵活修复图像，可以使图像中的杂点被快速地修复，而不影响图像的原貌。每个工具修复的对象和特点各有不同，实际操作时要根据修复图像的不同特点选择不同的修复工具，灵活运用，熟练操作，达到较好的修复效果。

4.3.1 “污点修复画笔”工具

污点修复画笔工具可以快速移去照片中的污点和其他不理想部分。它使用图像或图案中的样本像素进行绘画，并将样本像素的纹理、光照、透明度和阴影与所修复的像素相匹配。污点修复画笔工具不需要指定样本点。当在要修复区域建立选区时，样本会采取选区外部四周的像素进行修复。当直接在要修复区域点按时，样本会自动采取附近区域的像素。其选项栏如图4-21所示。

图4-21　污点修复画笔选项栏

模式：属性选项栏的“模式”菜单中选取混合模式。选择“替换”可以在使用柔边画笔时，保留画笔描边的边缘处的杂色、胶片颗粒和纹理。

在工具选项栏中包含三种“类型”的选项：①近似匹配使用选区边缘周围的像素，找到要用作修补的区域。②创建纹理使用选区中的像素创建纹理，如果纹理不起作用，请尝试再次拖过该区域。③内容识别比较附近的图像内容，不留痕迹地填充选区，同时保留让图像栩栩如生的关键细节，如阴影和对象边缘。

如果在选项栏中选择“对所有图层取样”，可从所有可见图层中对数据进行取样。如果取消选择“对所有图层取样”，则只从现用图层中取样。

打开“素材\04\05.JPG”素材图片，在选项栏中选取画笔大小为45像素，比要修复的区域稍大一点的画笔最为适合，单击一次即可覆盖修复区域；匹配类型选择“内容识别”；只从现有图层取样。在图像中需要修复的位置单击按住鼠标左键并拖动鼠标，污点修复画笔工具会自动在图像上进行取样，并将取样的像素与修复的像素相匹配。修复前如图4-22所示，修复后如图4-23所示。

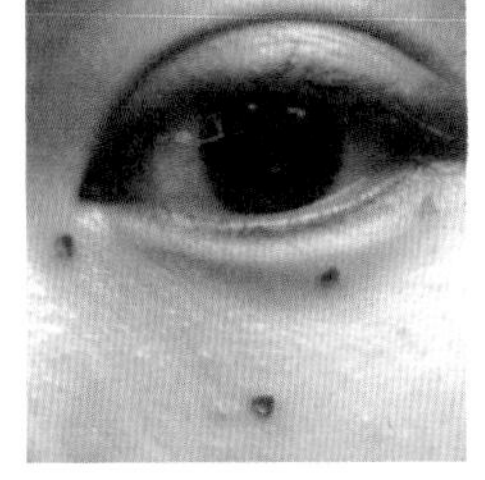

图4-22　修复前

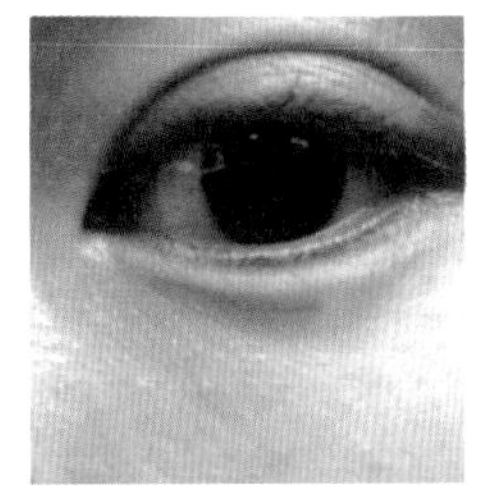

图4-23　修复后

4.3.2 “修复画笔”工具

修复画笔工具的工作方式与污点修复画笔工具类似，可以将样本像素的纹理、光照、透明度和阴影与所修复的像素进行匹配，使两者自然融合。不同的是修复画笔工具必须与“Alt”键配合使用，抓取原图像或图案中的样本像素来进行绘画。修复画笔工具选项栏如图4-24所示。

图4-24　修复画笔选项栏

① 源：选择“取样”后，按住“Alt”键在图像中单击可以取样，松开鼠标后在图像中需要修复的区域涂抹即可；选择“图案”后，可在“图案”面板中选择图案或自定义图案填充图像。

② 对齐勾选此选项，下一次的复制位置会与上次的完全重合。图像不会因为重新复制而出现错位。

打开“素材\04\06.JPG”素材图片，单击修复画笔工具，设置笔刷大小为80像素。选择“取样”后，按住“Alt”键在图像中单击取样，按住鼠标左键并拖动鼠标，即可对翅膀进行修复。如图4-25所示。

按住“Alt”键在图像中单击取样，按住鼠标左键并拖动鼠标，再对身体进行修复。如图4-26所示。修复前效果如图4-27所示，修复后效果如图4-28所示。

图4-25　图像取样修复翅膀

图4-26　图像取样修复身体

图4-27　修复前

图4-28　修复后

污点修复画笔将自动从所修饰区域的周围取样，如果需要修饰大片区域或需要更大程度地控制来源取样，应使用修复画笔而不是污点修复画笔。

4.3.3 “修补”工具

修补工具与修复画笔工具一样，也会将样本像素的纹理、光照等与源像素进行匹配，与修复画笔不同的是，它的操作是基于区域的，将其他区域或图案中的像素来修复选中的区域，因此要事先定义好一个区域，再进行操作。工具选项栏如图4-29所示。

图4-29　修补工具选项栏

在其工具选项栏中的修补项分别有“源”和“目标”两个单选项，“源”是指从目标到修补源；“目标”是指从源修补目标，如果勾选了“透明”选项，在修补时下面的背景就会透出来，有一种纹理叠加的效果，操作时可根据要修补的图形来自由选择。

打开“素材\04\07.JPG”素材图片，单击修补工具，选择“目标”修补选项，定义如图4-30所示的区域，按住鼠标左键并拖动裂痕区域进行修补，效果如图4-31所示。

图4-30　修补工具选择的区域

图4-31　修补效果

4.3.4 “红眼”工具

红眼工具是专门用来消除人物眼睛因拍摄时光线较暗而产生的红眼。其选项栏上“瞳孔大小”选项用于设置修复瞳孔范围的大小。“变暗量”选项用于设置修复范围的颜色的亮度。使用前在选项栏设置好瞳孔大小及变暗数值，然后在瞳孔位置单击鼠标左键一下就可以修复。

选择“文件>打开”命令，打开“素材\04\08.JPG”素材图片。单击红眼工具，设置“瞳孔大小”为50%，“变暗量”为10%，在瞳孔位置单击鼠标左键，原图如图4-32所示，效果如图4-33所示。

通过调整变暗量，瞳孔颜色有很大的不同，值越大瞳孔越黑，值越小瞳孔颜色越灰。

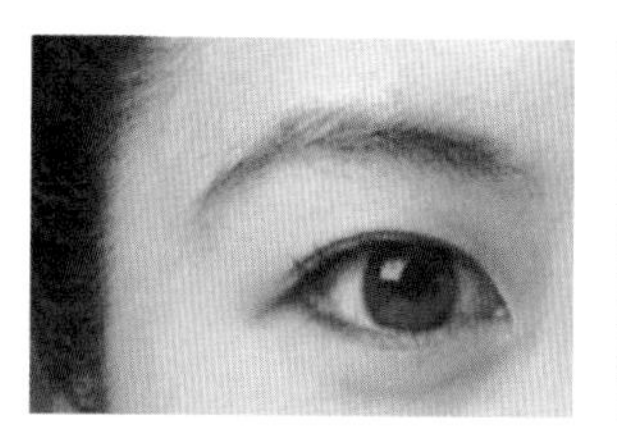

图4-32　原图

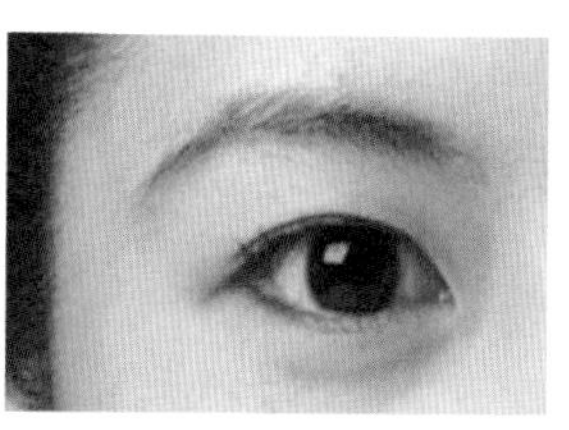

图4-33　效果

4.3.5 “内容感知移动”工具

内容感知移动工具是Photoshop CS6工具箱中新增工具，主要是用来移动图片中主体，并随意放置到合适的位置。移动后的空隙位置，经过PS的计算，完成极其真实的合成效果。

下面是利用内容感知移动工具移动大树的实例，原图如图4-34所示，效果图如图4-35所示。

图4-34　原图

图4-35　效果图

选择“文件>打开”命令，打开“素材\04\09.JPG”素材图片。在工具箱中选择内容感知移动工具，在选项栏上设置“移动”模式，适应选择“中”，图像上鼠标就出现有“X”图形，按住鼠标左键并拖动套索出大树的形状选区，跟套索工具操作方法一样。按住鼠标左键拖动，移到想要放置的位置后松开鼠标。

4.3.6 “仿制图章”工具

仿制图章工具的作用是“复印”，可以将图像的一部分复制到同一图像的另一区域，或者复制到具有相同颜色模式的任何打开的图像中，也可以将一个图层的指定部分复制到另一个图层。定义采样点的方法是按住“Alt”键在图像某一处单击，然后将抽取样本应用其他图像或同一图像的其他部分。

其选项栏设置如图4-36所示。

图4-36　仿制图章工具选项栏

工具选项栏中前几个参数与前面介绍的工具相关参数含义相同。

对齐：勾选该选项可多次复制图像，所复制出来的图像仍是选定点内的图像，若未选中该复选框，则复制出的图像将不再是同一幅图像，而是多幅以基准点为模版的相同图像。

不透明度/流量：可以根据需要设置笔刷的不透明度和流量，使仿制的图像效果更自然。

还要需要注意的是，仿制图章工具是使用笔刷进行绘制的，因此笔刷的属性设置将影响绘制范围及边缘的柔和程度，一般建议使用硬度较小的笔刷，这样复制出来的图像才能与原图像更好地融合。

另外使用Photoshop CS6仿制图章工具复制图像过程中，复制的图像将一直保留在仿制图章上，除非重新取样将原来复制图像覆盖；如果在图像中定义了选区内的图像，复制将仅限于在选区内有效。

打开“素材\04\10.JPG”素材图片，选择仿制图章工具，在图像中如图4-37所示位置按住“Alt”键不放，单击鼠标左键，设置取样点；在需要被复制的小花区域拖动鼠标进行涂抹绘制，效果如图4-38所示。

图4-37　仿制图章取样

图4-38　复制后效果

由此不难看出，仿制工具和修复画笔工具一样，都是与"Alt"键配合使用，利用抓取原图像或图案中的样本像素来进行绘画。采样点的位置并非是一成不变的，采样点的复制为"起始点"，是以此为起点进行复制。如图4-39所示设置采样点，在图像中涂抹，可以实现如图4-40所示的效果。

图4-39 取样

图4-40 效果

4.4 图像的润饰

我们在日常生活中拍摄的照片或使用的图像，经常会遇到偏色、曝光不足、模糊等问题，所以在图像的后期处理过程中，润饰就必不可少了。润饰的工具有很多，这里主要介绍锐化与模糊、加深与减淡等工具的应用。对图像润饰的功力不是一朝一夕练就的，需要我们在掌握工具特点与参数设置的基础上反复实践操作。

4.4.1 锐化与模糊

通过锐化工具和模糊工具可以使图像主体更加清晰明朗突出。我们在摄影照片中经常可以看到一种虚化背景的效果，这种照片一般是使用大光圈的DC来拍摄，但如果遇到主体与背景非常接近也很难达到虚化效果。为了使主体更突出，可以用Photoshop CS6中的锐化工具对主体锐化，模糊工具来对背景进行处理。

（1）模糊工具

模糊工具可以将图片区域变得模糊，与喷枪相类似，若在一个区域停留，则模糊持续产生作用，即它的作用是连续不断的。当模糊在一个区域持续产生作用时，这个区域被模糊的程度就会越来越强。

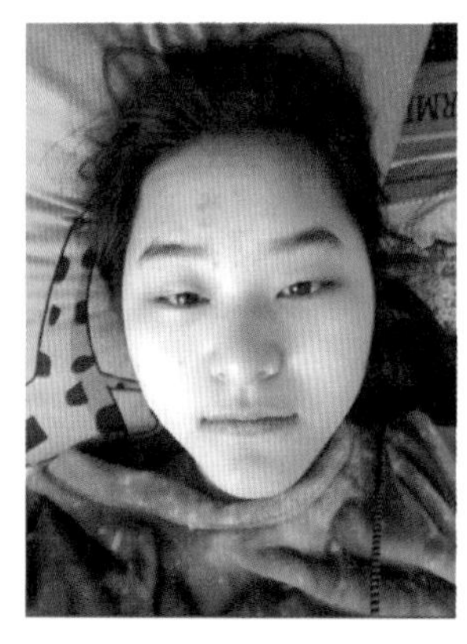

图4-41 素材文件原图

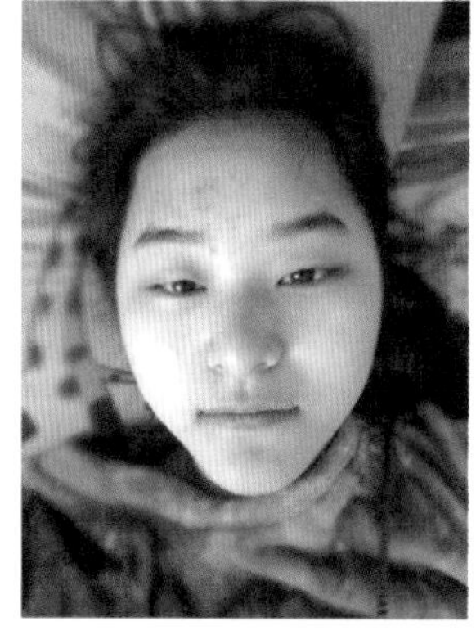

图4-42 模糊背景效果

使用快捷键"Ctrl+O"，打开"素材\04\11.JPG"素材图片，如图4-41所示。在工具箱中选择模糊工具，并在选项栏中设置笔刷大小为100像素，硬度为100%；强度也设置为100%，设置完成后，在画面中脸部之外区域进行涂抹，模糊背景，效果如图4-42所示。

（2）锐化工具

锐化工具的作用和模糊工具相反，它可以使图像的边缘清晰、锐利、增加图像的清晰度，让画面中模糊的部分变得清晰。锐化工具与模糊工具不同的是没有持续作用性，在一个区域停留不会加大锐化程度。

若想强化锐化程度，可反复涂抹同一区域。

在如图4-42所示图片上对脸部进行锐化处理。在工具箱中选择锐化工具，在选项栏中设置笔刷大小为60像素，硬度为0%；强度设置为60%，设置完成后，在画面中眉毛、眼睛、嘴、鼻子和脸部轮廓区域进行涂抹，对比效果如图4-43和如图4-44所示。

使用锐化工具须注意两点，一是过度使用锐化效果，会在作用区域内产生类似马赛克的色斑；二是锐化工具的清晰作用是相对的，它基于图片原有的清晰度，而不能使原本模糊的图片变得更清晰。

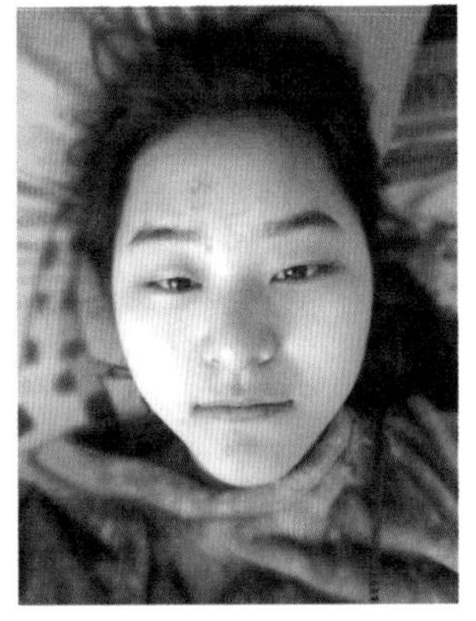

图4-43　模糊背景效果

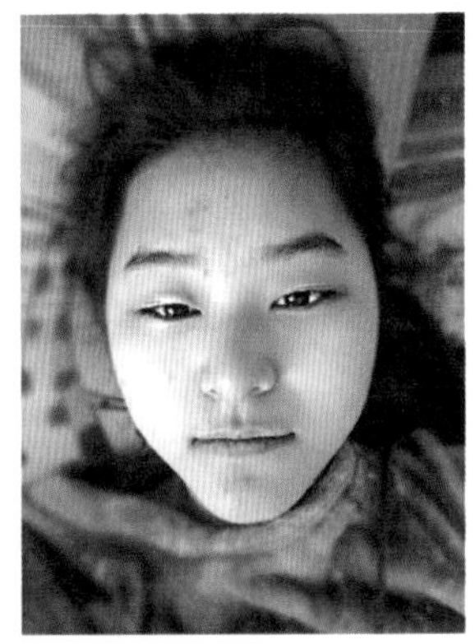

图4-44　锐化效果

4.4.2 加深与减淡

加深与减淡工具用于调节照片特定区域的曝光度，使图像特定区域变亮或变暗，从而能制作出很多带有立体感的作品。

（1）减淡工具

减淡工具的作用是使局部加亮图像，可在工具选项栏上选择为高光、中间调或阴影的范围区域加亮。“中间调”是指更改灰色的中间范围；“阴影”是指更改暗区；“高光”是指更改亮区。通常情况下，我们选择中间调范围，曝光度较低数值进行操作，这样涂亮的部分过渡会较为自然。

（2）加深工具

加深工具的效果与减淡工具相反，是将图像局部变暗，也可以选择针对高光、中间调或阴影区进行调整。

加深及减淡工具中的保护色调功能是指在操作时使画面中的亮部和暗部尽量不受影响或受到较小的影响，并且在可能影响色相时尽量保护色相不要发生改变。

这两个工具曝光度设定越大则效果越明显，如果勾选喷枪方式则在一处停留时具有持续性效果。

4.4.3 “涂抹”工具的使用

涂抹工具是模拟将手指拖过湿油漆时所看到的效果，就像在一幅未干的油画上用手指抹后得到的效果，涂抹工具可拾取单击鼠标开始位置的颜色，并沿拖移的方向展开这种颜色。

在工具选项栏中勾选“对所有图层取样”，可利用所有可见图层中的颜色数据来进行涂抹。如果取消选择该选项，则涂抹工具只使用现用图层中的颜色。在工具属性栏中如果勾选“手指绘画”选项，可使用当前图像中的前景色进行涂抹，就好像用手指先蘸染一些颜料再在画面中抹一样。如果取消选择该选项，涂抹工具会使用当前绘画的起点处指针所指的颜色进行涂抹。

涂抹工具的用途非常广泛，可以虚化背景，突出主体，或改变图像的主体元素，如图4-45所示，修改艺术照。

涂抹工具也经常用于修正物体的轮廓，制作羽毛、发丝、加长眼睫毛等。将笔刷大小调小，再调硬度和强度，手法细腻的绘画轮廓，可以得到意想不到的效果。打开如图4-46所示的图片素材，将笔刷大小设置为10，硬度为0%，强度为50%，再翅膀的轮廓一点一点地涂抹，得到如图4-47所示的效果。

图4-45　涂抹工具模糊背景效果

图4-46　原图

图4-47　涂抹的翅膀效果

4.4.4 “海绵”工具的使用

海绵工具主要用来增加或减少图片的饱和度，在校色的时候经常用到。其选项栏内模式选项中的“降低饱和度”和“饱和”是指设置是加色还是去色，选择“饱和”可增加颜色的饱和度。在灰度中，“饱和”会增加对比度。选择“降低饱和度”可减弱颜色的饱和度。在灰度中，“降低饱和度”会减小对比度。流量是指设置每次描边时的工具强度。在“饱和”模式下，较高的百分比可以增加饱和度。在“降低饱和度”模式下，较高的百分比可以增加去色，流量越大效果越明显。

打开如图4-48所示的图片素材，复制图片，选择海绵工具，选择饱和度模式，在图片上涂抹得到如图4-49所示的效果图。再复制原图片，选择海绵工具，选择降低饱和度模式，在图片上涂抹得到如图4-50所示的效果图。

海绵工具不会造成像素的重新分布，因此“降低饱和度”和“饱和”可以作为互补来使用。

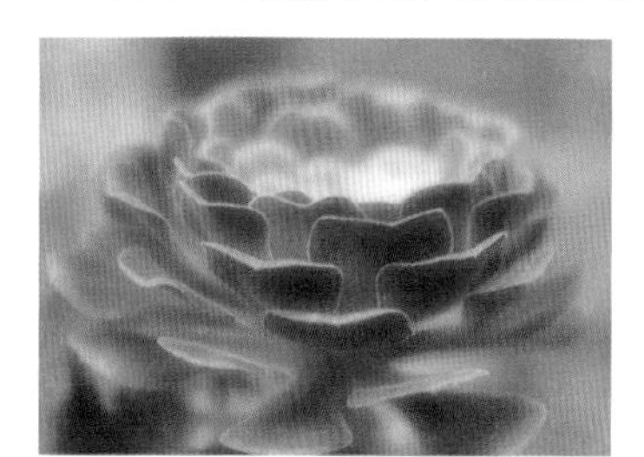

图4-48　原图

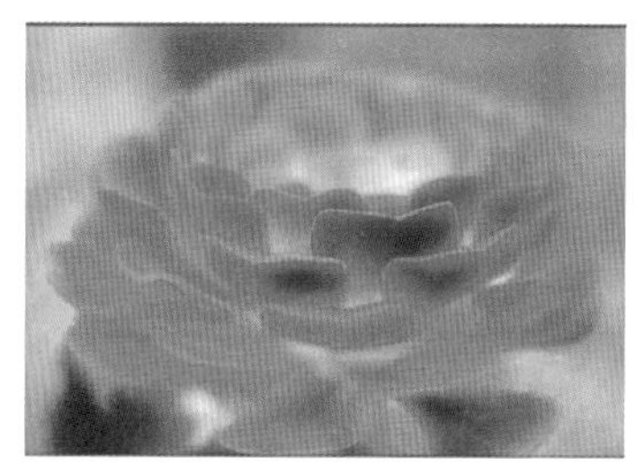

图4-49　增加饱和度效果

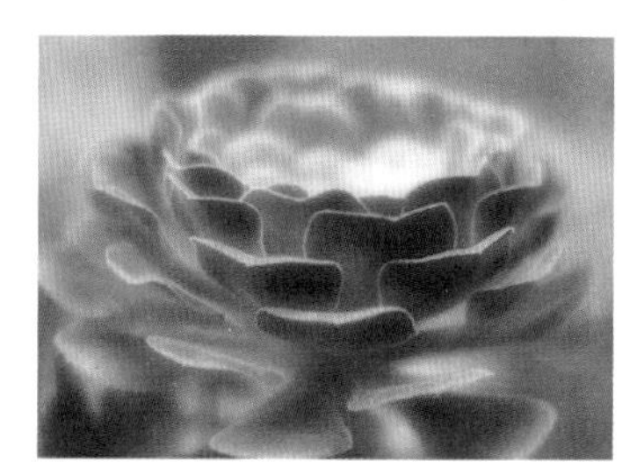

图4-50　降低饱和度效果

实例1　利用画笔工具制作红酒广告

执行“窗口>预设画笔”命令可以对画笔进行合理的设置。在画笔工具中有混合画笔、基本画笔、书法画笔、带阴影画笔、自然画笔等多种多样的画笔形式。结合钢笔工具，新建图层绘制路径，再经过画笔“描边路径”，勾勒出炫彩图案。下面是利用画笔工具制作红酒广告的实例，原图如图4-51所示，效果图如图4-52所示。

图4-51　原图

图4-52　效果图

操作步骤如下：

① 选择“文件>打开”命令，打开“素材\ 04\01.PSD”素材文件。单击背景图层，新建一个图层，命名为“喷溅背景”。单击画笔工具，打开切换画笔面板，选择喷枪水彩大溅滴笔刷，如图4-53所示进行参数设置，设置前景色为红色，然后在图层上绘制，

效果如图4-54所示。

② 在“喷溅背景”图层上方新建一个图层，命名为“大圆背景”，绘制背景的层次。打开切换画笔面板，选择尖角35的笔刷，大小设置为60，硬度为80%，间距为150%，如图4-55所示。前景色设置为红色，图层模式设置为“强光”，在图层上绘制，如图4-56所示。

③ 新建一个图层，命名为“路径描边1”。选择自由钢笔工具，绘制出“2017”字样的路径。单击画笔工具，打开切换画笔面板，选择圆点细硬毛刷，如图4-57所示进行参数设置，设置前景色为黄色。打开路径面板，在绘制的路径上单击鼠标右键并选择“描边路径”，然后用画笔描边，效果如图4-58所示。

④ 新建一个图层，命名为“路径描边2”。打开切换画笔面板，选择湿介质画笔中的粗糙干画笔，设置如图4-59所示进行参数设置，设置前景色为红色。打开路径面板，在绘制的路径上单击鼠标右键并选择“描边路径”，然后用画笔描边，效果如图4-60所示。

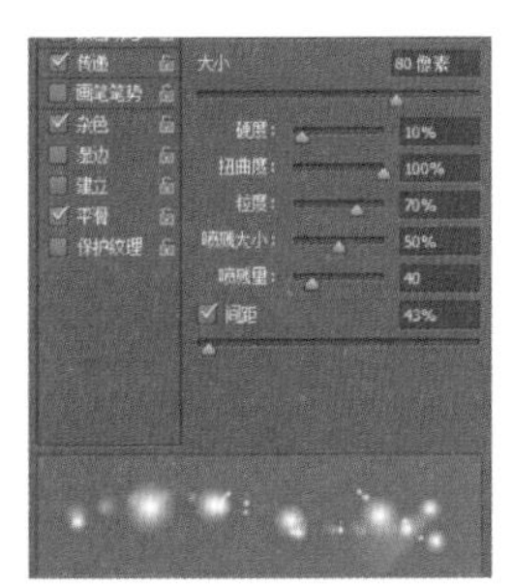

图4-53 水彩大溅滴参数设置

图4-54 喷溅背景图层效果

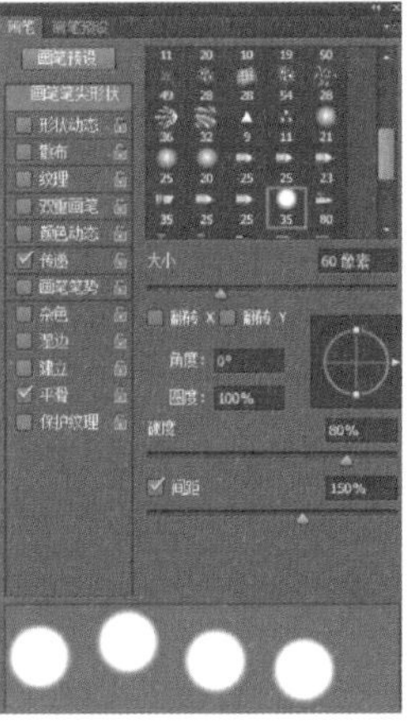

图4-55 尖角笔刷参数设置

图4-56 大圆背景效果图

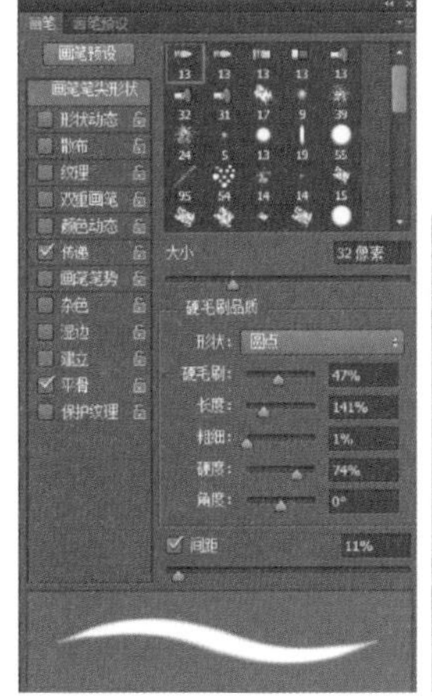

图4-57 圆点细硬毛刷参数设置

图4-58 路径描边1效果

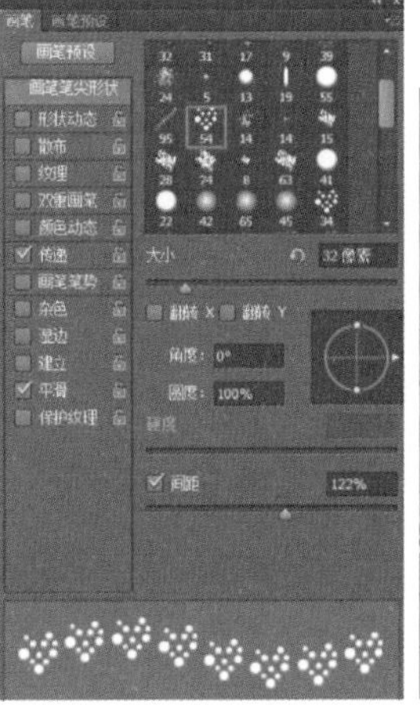

图4-59 粗糙干画笔参数设置

图4-60 路径描边2效果

⑤ 新建一个图层，命名为“亮光”。打开切换画笔面板，选择混合画笔中的“星爆-小”画笔，设置如图4-61所示进行参数设置，设置前景色为白色。在高光部分点缀，完成最终效果。所有图层如图4-62所示。

图4-61 星爆-小画笔参数设置

图4-62 图层最终效果

实例2 利用颜色替换工具替换礼服颜色

颜色替换工具可以在保留图像纹理和阴影的情况下，给图片上色，操作简单，适合新手来学习，下面一起来看替换礼服颜色的实例，原图如图4-63所示，效果如图4-64所示，操作步骤如下。

图4-63 原图

图4-64 效果图

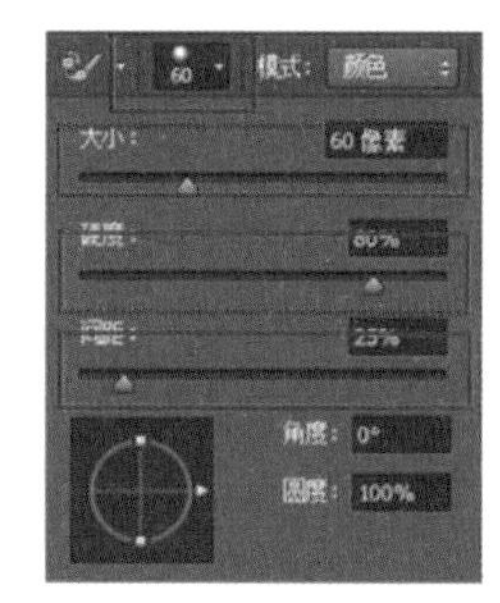

图4-66 颜色替换工具画笔设置

图4-65 复制文件

图4-67 选项栏设置

图4-68 替换颜色过程 图4-69 替换颜色效果图

① 选择“文件>打开”命令，打开“素材\04\02.JPG”素材图片。右击文档窗口，弹出快捷菜单，执行“复制”命令，复制“礼服”文件得到“礼服副本”文件，设置如图4-65所示。

② 选择颜色替换工具，设置画笔大小为60，硬度为80%，间距为25%，如图4-66所示。

③ 选择“颜色”模式，取样一次，限制方式选择“不连续”，容差值设置为“45%”，勾选“消除锯齿”，如图4-67所示。

④ 对红色礼服进行颜色替换涂抹，效果如图4-68所示。最终效果如图4-69所示。

实例3 利用橡皮擦工具完成鱼缸

通过合理使用“橡皮擦”工具、“背景橡皮擦”工具和“魔术橡皮擦”工具完成鱼缸的实例，效果图如图4-70所示。

操作步骤如下：

① 选择“文件>打开”命令，打开“素材\04\03鱼缸”文件夹下4张素材图片。选择“移动”工具，拖动“鱼缸”图片至“背景”文件中，生成图层1。选择魔术橡皮擦工具，在图层1背景单击鼠标，擦除白色背景，效果如图4-71所示。选择橡皮擦工具，设置笔刷大小为80，不透明度为50%，擦除鱼缸主体的白色部分，达到半透明的效果，如图4-72所示。

② 选择魔术橡皮擦工具，在“金鱼”图片背景上单击鼠标，擦除背景，效果如图4-73所示。选择背景橡皮擦工具，设置笔刷大小为100，取样方式为连续，容差为20，指针十字单击擦除鱼尾等细节背景颜色，多次擦除，如图4-74所示。

③ 选择背景橡皮擦工具，设置笔刷大小为90，取样方式为连续，容差为15，对鱼草图片背景进行擦除，效果如图4-75所示。选择魔术橡皮擦工具，容差值设置为60，擦除鱼草图片蓝色背景，如图4-76所示。

④ 选择移动工具，拖动“鱼草”图片至“背景”文件中，生成图层2。选择“移动”工具，拖动“金鱼”图片至“背景”文件中，生成图层3。对3个图层执行“Ctrl+T”命令，调整素材大小，角度。如图4-77所示。

⑤ 选择橡皮擦工具，笔刷大小为100，硬度为50，对各个素材进行擦除，实现最终效果如图4-78所示。

图4-70 效果图

图4-71 擦除背景效果

图4-72 擦出半透明效果

图4-73 颜色替换工具画笔设置

图4-74 属性栏设置

图4-75 替换颜色过程

图4-76 替换颜色效果图

图4-77　替换颜色过程

图4-78　替换颜色效果图

实例4　使用渐变工具绘制花

本实例使用渐变工具填充椭圆选区，绘制出花瓣和花心，得到一朵绚丽的花，实例效果如图4-79所示。

图4-79　实例效果

操作步骤如下：

① 新建文件，大小为400×400像素，背景色为黑色。新建图层1，选择椭圆选框工具，绘制出如图4-80所示的椭圆选区。单击渐变工具，选择线性渐变，将不透明度设置为50%，点按可编辑渐变，在打开的对话框中自定义渐变色，设置从白色-白色透明渐变，如图4-81所示。

② 按住“Shift”键，由上而下拖拽鼠标填充椭圆选区，效果如图4-82所示。按“Ctrl+D”键取消选区。拖动图层1到图层面板的新建按钮，得到图层1副本。执行“编辑>自由变换”菜单命令，拖动中心到花的中心，并旋转花瓣，效果如图4-83所示。

③ 按“Enter”键确认变换。同时按“Ctrl”、“Shift”和“Alt”“T”键，重复执行“自由变换”的“旋转复制”命令，最终得到如图4-84所示的效果。

④ 将所有花瓣的图层合并为一个图层。新建图层2，选择椭圆选框工具，绘制花心椭圆选区。单击“渐变”工具，选择径向渐变，将不透明度设置为100%，点按可编辑渐变，在打开的对话框中自定渐变色，设置从黄色-白色渐变，如图4-85所示。

⑤ 从椭圆中心拖拽鼠标填充椭圆选区。按“Ctrl+D”键取消选区。保存文件。

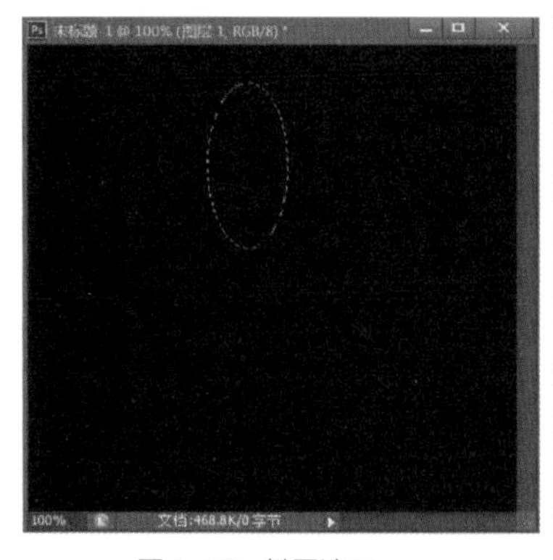

图4-80　椭圆选区

图4-81　白色-白色透明渐变设置

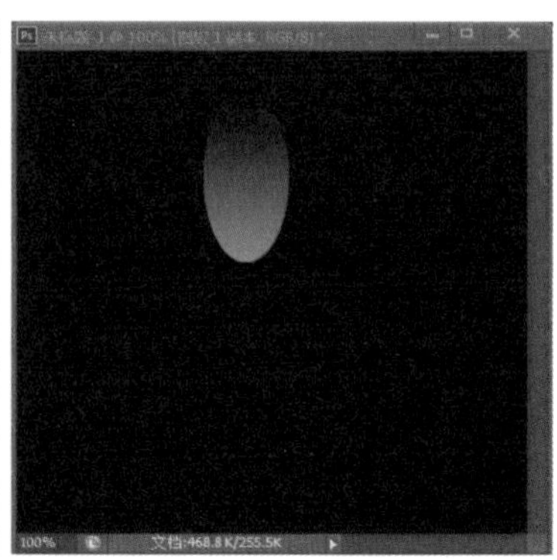

图4-82　渐变填充椭圆效果

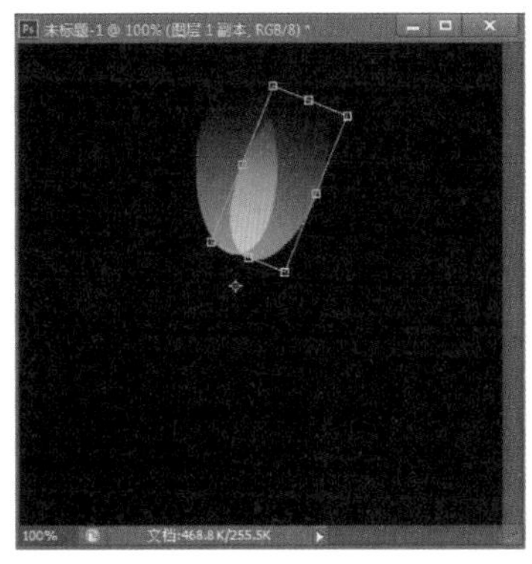

图4-83　变换效果

图4-84　旋转复制效果

图4-85　设置黄色-白色渐变色

实例5　图像的润饰——制作球

本实例通过加深与减淡工具对圆的高光和阴影部分进行调整，从而得到立体的效果，实例效果如图4-86所示。

图4-86　实例效果图

操作步骤如下：

① 新建文件，大小为300×300像素，背景色为白色。新建图层1，选择椭圆选框工具，按住“Shift”绘制出圆选区，并填充颜色（#aaaaaa），如图4-87所示。

图4-87　圆选区填充效果

② 在工具箱中选择减淡工具，在选项栏中设置笔刷大小为130像素，硬度为0%；选择中间调范围选项，曝光度为40%，设置完成后，在圆的左上区域进行涂抹，形成高光效果，如图4-88所示。

③ 在工具箱中选择加深工具，在选项栏中设置笔刷大小为100像素，硬度为0%；选择高光范围选项，曝光度为50%，设置完成后，在圆的右下区域进行涂抹，形成暗光效果，如图4-89所示。

④ 选择背景图层，使用加深工具涂抹出球的阴影部分。图层面板如图4-90所示。

⑤ 修饰细节完成作品，保存文件。

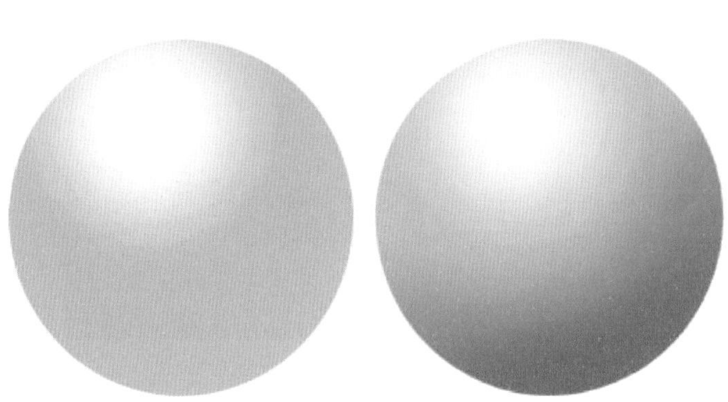

图4-88　减淡效果

图4-89　暗光效果

图4-90　图层效果

综合实例 化妆品广告

① 选择"文件>新建"命令，创建一个新的空白文档，具体参数设置如图4-91所示。在图层面板中将图层1重命名为渐变背景。选择渐变工具，单击选项栏中点按可编辑渐变按钮，弹出渐变编辑器，自定义颜色从"#320441"到"#d139df"的渐变，选择径向渐变，设置完成后，在画布上绘制渐变背景，如图4-92所示。

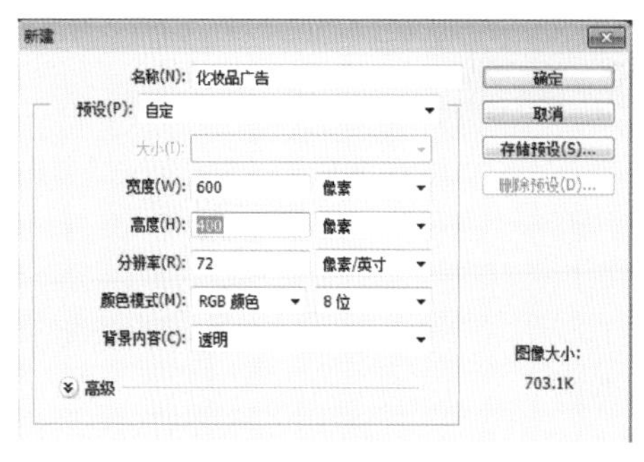

图4-91 新建文件

图4-92 渐变背景

② 选择"文件>打开"命令，打开"素材\ 04\12.JPG"素材图片。双击背景图层，新建图层0。选择背景橡皮擦工具，在选项栏中设置笔刷大小为40像素，取样连续，容差值设置为15%，鼠标十字指针紧贴人脸轮廓进行擦除，操作效果如图4-93所示。选择橡皮擦工具，在选项栏中设置笔刷大小为50像素，选择画笔模式，不透明度为100%，流量也为100%，擦除其他的背景部分，效果如图4-94所示。

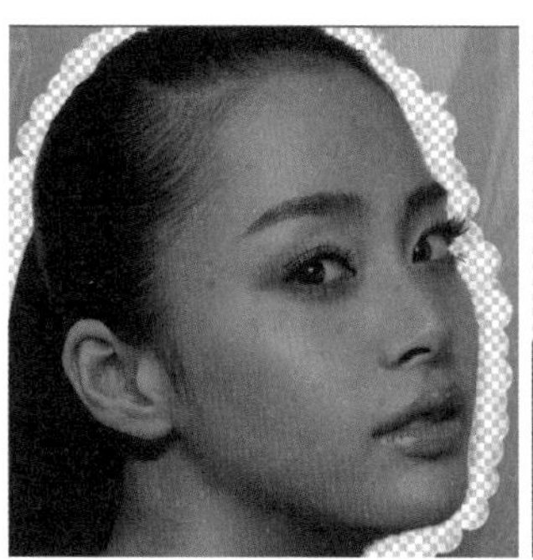

图4-93 背景橡皮擦工具擦除效果

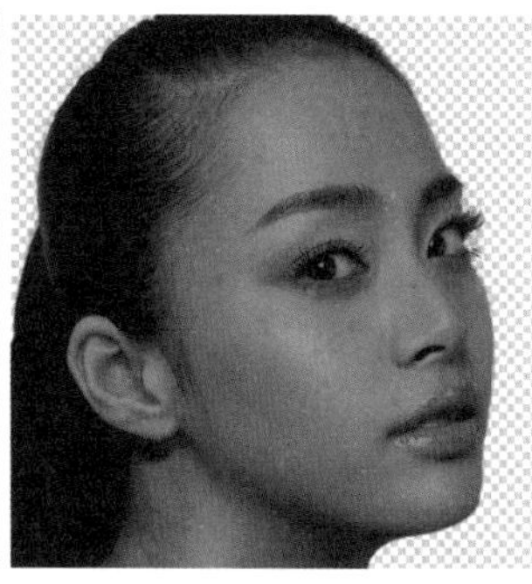

图4-94 橡皮擦工具擦除效果

③ 选择移动工具，拖动图像到化妆品文件中，自动生成图层1，图层重命名为"模特"。选择"编辑>自由变换"命令，变换模特图片大小，按"Enter"键确认变换，移动到合适位置，如图4-95所示。

④ 选择污点修复画笔工具，在选项栏中设置笔刷大小为20像素，类型选择"内容识别"，在模特面部污点区域涂抹，去污后效果如图4-96所示。

图4-95 大小、位置调整的效果

图4-96 面部去污效果

⑤ 选择减淡工具，在选项栏中设置笔刷大小为130像素，范围选择“中间调”，曝光度设置为40%，在模特面部涂抹，美白肤色如图4-97所示。选择加深工具，在选项栏中设置笔刷大小为100像素，范围选择“高光”，曝光度设置为50%，在模特侧脸和脖子合适位置进行加深处理，效果如图4-98所示。

图4-97 减淡效果

图4-98 加深效果

⑥ 选择“文件>打开”命令，打开“光盘\素材\04\13.JPG”化妆品素材图片。选择移动工具，拖动图像到化妆品文件中，自动生成图层1，图层重命名为化妆品。使用快捷键“Ctrl+T”，自由变换图片大小，按“Enter”键确认变换，移动到合适位置，如图4-99所示。

⑦ 选择橡皮擦工具，在选项栏中设置笔刷大小为120像素，硬度设置为0%，选择画笔模式，不透明度为100%，流量也为100%，擦除化妆品图层的白色背景部分，效果如图4-100所示。

图4-99 化妆品变换效果

图4-100 橡皮擦擦除效果

⑧ 选择文字工具，输入文字“24小时呵护肌肤”，设置文字“24”大小为72点，字体为“Impact”，其他文字大小为30点，字体为“楷体”，文字颜色设置为白色，效果如图4-101所示。

⑨ 新建图层，命名为画笔线条。选择画笔工具，打开切换画笔面板，选择M画笔中的20交叉底纹手势笔刷，前景色为白色，按住“Shift”键，在文字下方绘制线条。选择M画笔中的45松散模糊的簇，前景色为白色，在高光部分绘制星点，效果如图4-102所示。

⑩ 最终完成化妆品广告的制作，保存文件。图层面板如图4-103所示。

图4-101 设置文字效果

图4-102 画笔绘画效果

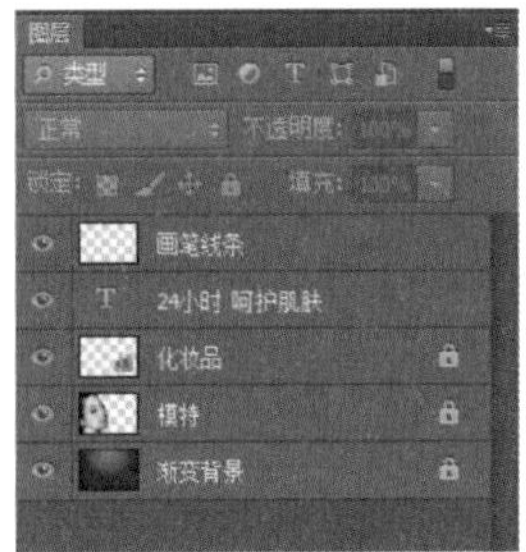

图4-103 图层面板

第5章 图像颜色的调整与校正

Photoshop CS6提供了完善的色彩和色调调整功能，通过它们可以有效地控制色彩和色调，制作出高品质的图像。本章主要介绍图像色彩与色调的基本概念，并结合实例介绍“图像>调整”菜单下的各项命令对图像色彩与色调进行调整的使用方法。

5.1 自动化调整图像

“自动色调”“自动对比度”“自动颜色”都是自动进行图像颜色调整的命令，无须设置调整参数，适合初学者使用。打开“图像”菜单，可以执行三个命令，如图5-1所示。

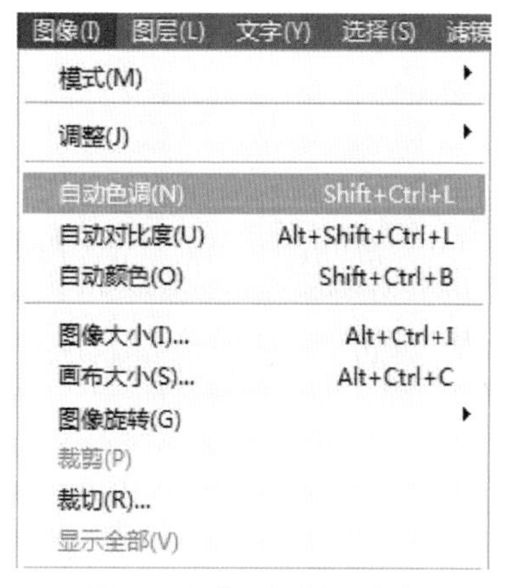

图5-1 图像-自动色调命令

（1）自动色调

“自动色调”命令用于自动调整图像中的暗部和亮部。它对每个颜色通道进行调整，所以可能会移去颜色或引入色偏。

执行“文件>打开”命令，打开“素材\05\01.JPG”素材图片，如图5-2所示。执行“图像>自动色调”命令，或按快捷键“Shift+ Ctrl+L”，对图像进行自动色调调整，效果如图5-3所示。

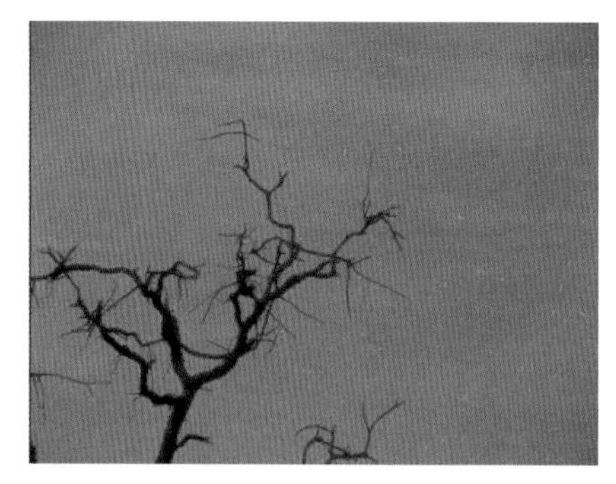

图5-2 原图

图5-3 自动色调调整效果

（2）自动对比度

“自动对比度”命令可以自动调整图像中颜色的对比度。执行“图像>自动对比度”命令，可直接调整照片中最亮、最暗的部分，可以使照片亮的部分看起来更亮，暗的部分更暗。因为“自动对比度”不单独调整通道，所以不会产生偏色现象。也正因为如此，在大多数情况下，颜色对比度的增加效果不如自动色调来得显著。

执行“文件>打开”命令，打开“素材\ 05\02.JPG”素材图片，如图5-4所示。执行“图像>自动对比度”命令，或按快捷键“Alt+ Shift+Ctrl+L”，对图像进行自动对比度调整，效果如图5-5所示。

图5-4　原图

图5-5　自动对比度调整效果

（3）自动颜色

“自动颜色”命令可以通过搜索实际像素来调整图像的色相饱和度，使图像颜色更为鲜艳。除了增加颜色对比度以外，还对一部分高光和暗调区域进行亮度合并。它既有可能修正偏色，也有可能引起偏色。

执行“文件>打开”命令，打开“素材\05\03.JPG”素材图片，如图5-6所示。执行“图像> 自动颜色”命令，或按快捷键“Shift+Ctrl+B”，对图像进行自动颜色调整，效果如图5-7所示。

图5-6　原图

图5-7　自动颜色调整效果

5.2　图像色调调整

图像色调调整主要是对图像进行明暗度和对比度的调整，可以将显得较暗的图像变得亮一些，或是将显得较亮的图像变得暗一些。通过对色调的调整可以表现明快或者阴暗的主题环境。色调的调整主要包括“色阶”“曲线”“亮度/对比度”“曝光度”等，下面就来学习色调调整的方法。

5.2.1　调整图像亮度/对比度

调整亮度和对比度有很多种方法，这些都需要在实践中不断积累经验。这里只介绍最简单的一种。执行“图像>调整>亮度/对比度”命令，弹出对话框如图5-8所示。在打开的“亮度/对比度”对话框中，拖动亮度下面的滑

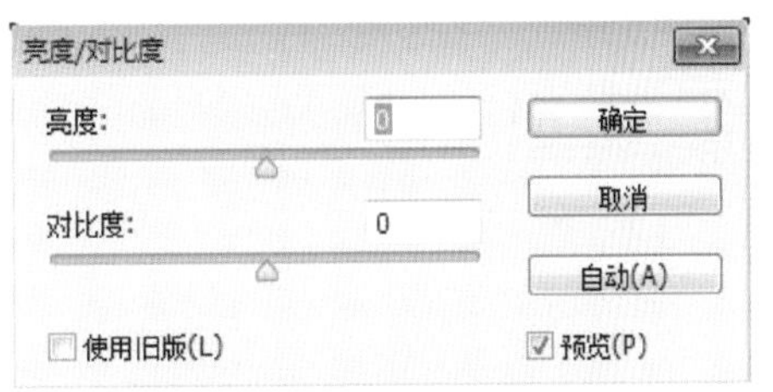

图5-8　“亮度/对比度”对话框

块（或直接在后面的框中输入数值），调整图像的亮度。向右拖动“对比度”下面的滑块，可以增加图像的对比度，反之则降低图像的对比度。勾选“使用旧版”选项，可以将亮度和对比度作用于图像中的每个像素。

按快捷键“Ctrl+O”，打开“素材\05\ 04.JPG”素材图片，如图5-9所示。执行“图像>调整>亮度/对比度”命令，将亮度调到最小值–150，效果如图5-10所示，将亮度调到最大值150，效果如图5-11所示；将对比度调到最小值–50，效果如图5-12所示，将对比度调到最大值100，效果如图5-13所示。

“图像>调整>亮度/对比度”命令不能对单独的通道进行调整，而只能对图像的整体进行调整。

图5-9　原图

图5-10　亮度最小值 - 150效果

图5-11　亮度最大值150效果

图5-12　对比度最小值 - 50效果

图5-13　对比度最大值100效果

5.2.2　色阶的运用

“色阶”命令通过调整图像的暗调、中间调和高光等强度级别，校正图像的色调范围和色彩平衡。当图像偏亮或偏暗时，可使用此命令调整其中较亮和较暗的部分，对于暗色调图像，可将高光设置为一个较低的值，以避免太大的对比度。

执行“图像>调整>色阶”命令，打开“色阶”对话框，如图5-14所示。

（1）直方图

直方图主要是用来检查扫描品质和色调范围，用图形表示图像的每个亮度级别的像素数量，展示像素在图像中的分布情况。它

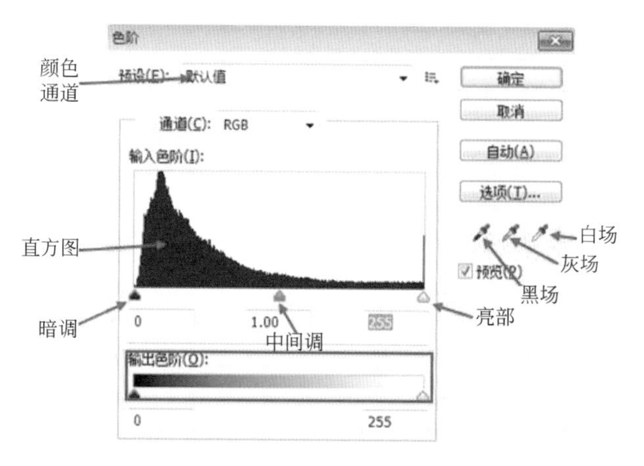

图5-14　“色阶”对话框

显示图像在暗调、中间调和高光中是否包含足够的细节，是对整体亮度和图像情况的整体概括，用户可以参考直方图所显示的信息，进行更好的校正。在直方图中，X轴的方向是绝对亮度范围，左侧的亮度为0，右侧的亮度为255。Y轴方向是在某一亮度级上所有的像素总数量。

（2）输入色阶

输入色阶可以用来增加图像的对比度，在色阶面板中输入对话框中左边的黑色小箭头向右拖动是增大图像中的暗调的对比度，使图像变暗，右边的箭头向左拖动是增大图像中的高光的对比度，使图像变亮，中间的箭头是调整中间色调的对比度，调整它的值可改变图像中间色调的亮度值，但不会对暗部和亮部有太大影响。

（3）输出色阶

输出色阶可降低图像的对比度，其中的黑色三角用来降低图像中暗部的对比度，白三角用来降低图像中亮部的对比度。

（4）在图像中取样设置黑场、灰场和白场

设置黑场：当吸管在图像中点击时，图像中所有像素的亮度值将减去吸管单击处像素的亮度值，比此处亮度值暗的颜色都将变为黑色，使整个图像看起来变暗。白场则反之，图像中所有像素的亮度值将加上吸管单击处像素的亮度值，比此处亮度值暗的颜色都将变为白色，使整个图像看起来变亮。灰场为以吸管所点击的位置的颜色的亮度来调整整幅图像的亮度。

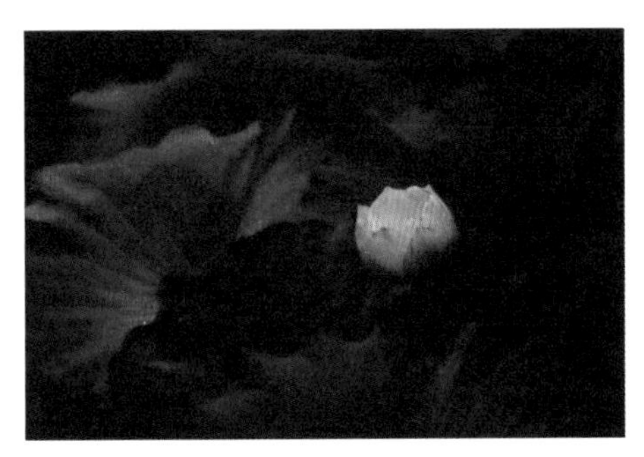

图5-15　打开素材图片

使用快捷键“Ctrl+O”，打开“素材\05\05.JPG”素材图片，如图5-15所示。

执行“图像>调整>色阶”命令，打开“色阶”对话框，如图5-16所示进行设置。图像调整效果如图5-17所示。

图5-17　色阶调整后图像效果

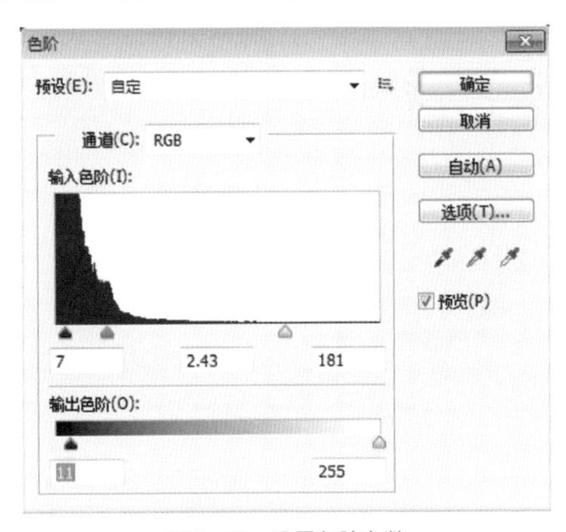

图5-16　设置色阶参数

打开自动颜色校正选项，如图5-18所示，其中有“增强单色对比度”，它是一致修剪颜色通道，在使亮调更亮、暗调更暗的同时，保持整体的颜色关系；“增强每通道对比度”，是分别增强每个单个通道的颜色对比度，单独减少颜色通道并增加对比度，因此这种算法可能会引起一些色偏；“查找深色和浅色”，查找图像中的深色和浅色，在最小化修剪的同时使用它们的像素值将对比度最大化，并用它们做暗调和高光色。

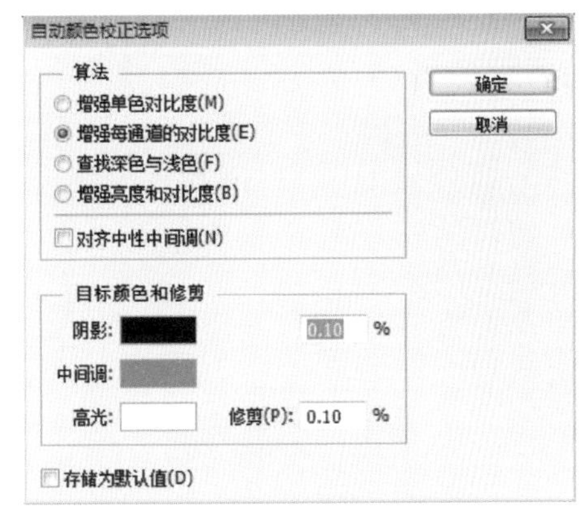

图5-18　“自动颜色校正选项”对话框

另外，如不满意调整的结果，按住键盘上的“Alt”键，此时对话框中的取消按钮会变成复位按钮，单击复位按钮可将图像还原到初始状态。

5.2.3 曲线的运用

“曲线”命令是使用非常广泛的色调控制方式，其功能与“色阶”命令相同，只不过它比“色阶”命令拥有更加细腻、精确的设置。

首先我们来认识曲线。执行“图像>调整>曲线”命令或按快捷键“Ctrl+M”，打开“曲线”对话框，如图5-19所示。

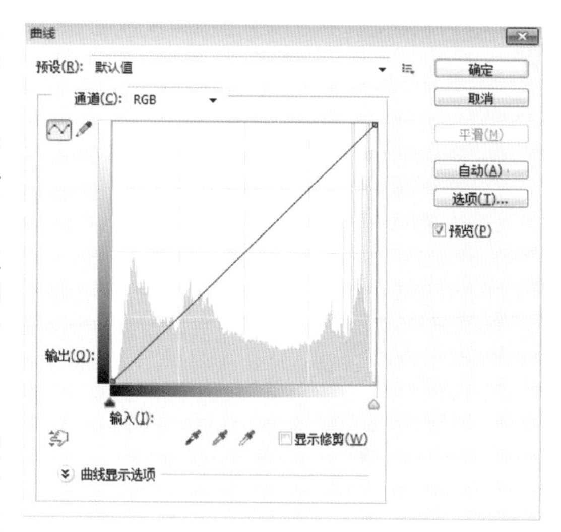

图5-19 “曲线”对话框

“曲线”对话框打开时，色调范围呈现为一条直的对角线。图表的水平轴表示像素（“输入”色阶）原来的强度值；垂直轴表示新的颜色值（“输出”色阶）。

调整曲线的具体方法如下：

当鼠标移动到曲线上的某个位置，此时鼠标变为“+”，单击后在该点生成新的节点，然后拖动节点的位置改变色调，同理添加另一个节点。曲线向左上角弯曲，色调变亮；曲线向右下角弯曲，色调变暗。

在使用曲线调整时，直方图会同步给出调整前后的对比效果，灰色为调整前的亮度色阶分布，黑色为调整后的亮度色阶分布。

当打开曲线对话面板时，如果用鼠标在图像上点击，在曲线上会出现一个空心的小方框，它就是这一点在曲线上的位置，也就是它的亮度。

打开“素材\05\06.JPG”素材图片，如图5-20所示。按快捷键“Ctrl+M”，打开“曲线”对话框，如图5-21所示，调整曲线，图片经曲线调整后效果如图5-22所示。

“曲线”的调整需要经验，上面的例子中，也可以采用曲线进行分通道的调整，通过改变画面的红、绿、蓝等色彩的像素分布，进而改变画面整体色调。也可以在RGB通道中调整画面的明暗及对比度，但注意调整的时候不能一味地加深或提亮，那样会造成因大量像素的丢失而导致画面的细节缺损，其结果就是最亮处一片白或最暗处一片黑而没有变化。

图5-20 原图

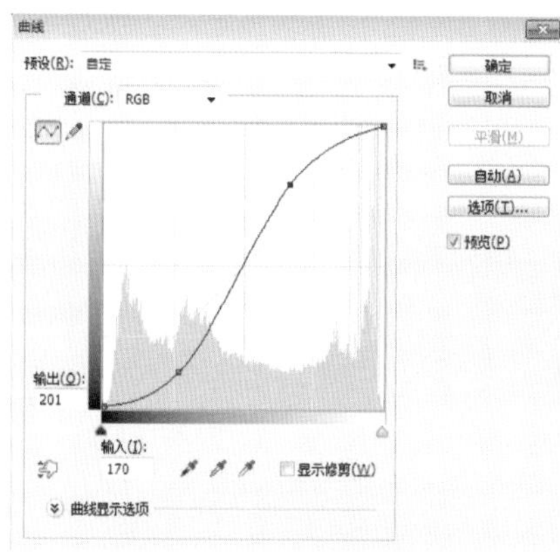

图5-21 “曲线”设置对话框

图5-22 曲线调整后效果图

5.2.4 调整图像曝光度

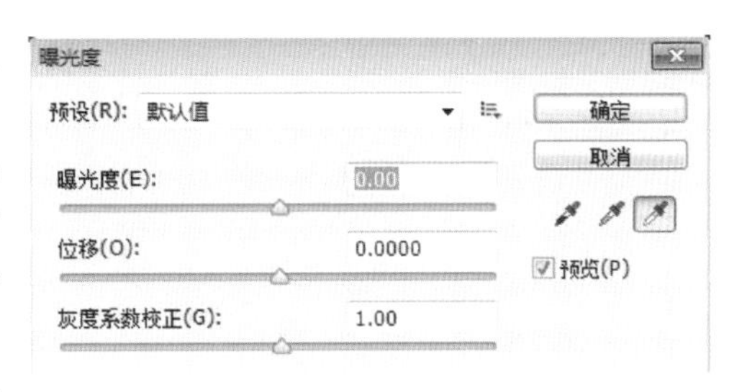

图5-23 “曝光度”对话框

“曝光度”是对于一张照片的曝光程度，简单说就是它接受的光线的多少。接受光线越多，即所谓曝光过度，照片就越发白；曝光度低，照片就越偏暗。“曝光度”命令的原理是模拟数码相机内部的曝光程序对图片进行二次曝光处理，一般用于调整相机拍摄的曝光不足或曝光过度的照片。

执行“图像>调整>曝光度”命令，打开“曝光度”对话框，如图5-23所示。

在“曝光度”选项下方拖动滑块或输入相应数值可以调整图像的高光。正值增加图像曝光度，负值降低图像曝光度。

“位移”选项用于调整图像的阴影，对图像的高光区域影响较小；向右拖动滑块，使图像的阴影变亮。

“灰度系数校正”选项用于调整图像的中间调，对图像的阴影和高光区域影响小；向左拖动滑块，使图像的中间调变亮。

打开“素材\05\07.JPG”素材图片，如图5-24所示。执行“图像>调整>曝光度”命令，打开“曝光度”对话框，将曝光度值设置为+3.8，位移值设置为–0.025，灰度系数校正值设置为1.25，经曝光度调整后图片效果如图5-25所示。

图5-24 原图

图5-25 曝光度调整后效果图

5.2.5 调整图像阴影/高光

阴影是指图像中曝光比较暗的部分，而高光就是曝光过度的部分。在光源直射或者是光源附近的部分都会产生高光，而光线被物体遮挡会在光源的相反位置产生阴影。Photoshop中“阴影/高光”命令可以修复图像中过亮或过暗的区域，从而使图像尽量显示更多的细节；不是简单的使图像变亮或变暗，而是根据图像中的阴影或高光的像素色调增亮或变暗。“阴影/高光”命令允许分别控制图像的阴影或高光，非常适合校正强逆光而形成的剪影的照片，也适合校正由于太接近闪光灯而有些发白的焦点。

执行“图像>调整>阴影/高光”命令，打开其对话框，勾选“显示更多选项”，打开“阴影/高光”对话框的所有选项如图5-26所示。

① 阴影：设置阴影变亮的程度。色调宽度是指控制阴影色调的修改范围。半径用来控制每个像素周围相邻像素的大小。

② 高光：设置高光变暗的程度。色调宽度用来控制高光色调的修改范围。半径控制每个像素周围相邻像素的大小。

调整中颜色校正用来调整图像的已更改区域中微调颜色。中间调对比度调整中间调中的对比度。

修剪黑色（修剪白色）的值越大，生成的图像的对比度越大。

打开“素材\05\08.JPG”素材图片，执行“图像>调整>阴影/高光”命令，调整前如图5-27所示，调整后效果如图5-28所示。

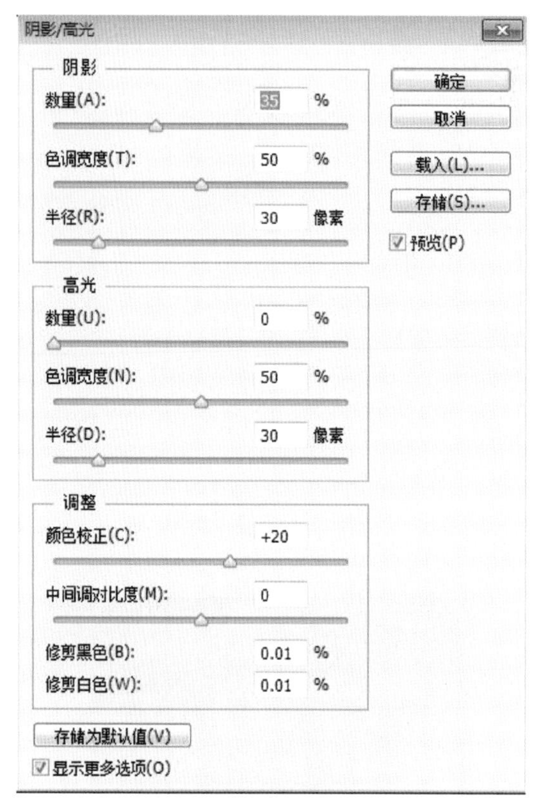

图5-26 “阴影/高光”对话框

图5-27 原图

图5-28 阴影/高光调整后效果

5.3 图像色彩调整

色彩的三个基本要素分别为色相、饱和度和明度。色相是颜色的一种属性，它实质上是色彩的基本颜色，调整色相就是在多种颜色中进行变化，每一种颜色就代表一种色相，色相的调整就是改变它的颜色。饱和度是色彩的纯度，是控制图像色彩的浓淡程度，类似我们电视机中的色彩调节一样，改变的同时下方的色谱也会跟着改变，调至最低的时候图像就变为灰度图像了。对灰度图像改变色相是没有作用的。明度就是亮度，如果将明度调至最低会得到黑色，调至最高会得到白色。对黑色和白色改变色相或饱和度都没有效果。

通常在色调调整之后还要进行色彩调整。在Photoshop CS6中提供了多个图像色彩控制的命令，通过这些命令可以轻松创作出多种色彩效果的图像。但色彩调整的操作都是在原图基础上进行的，所以或多或少都要丢失一些颜色数据。

下面就来学习通过执行“图像>调整”子菜单中色彩调整命令进行操作。

5.3.1 调整图像自然饱和度

执行“自然饱和度”命令可以智能地处理图像中不够饱和的部分和忽略过饱和的颜色，可以使图片更加鲜艳或暗淡。在使用自然饱和度命令调整图像时，会自动保护图像中已饱和的部位，只对其做小部分的调整，而着重调整不饱和的部位，使图像整体的饱和度趋于正常。

执行“图像>调整>自然饱和度”命令，打开其对话框，如图5-29所示。

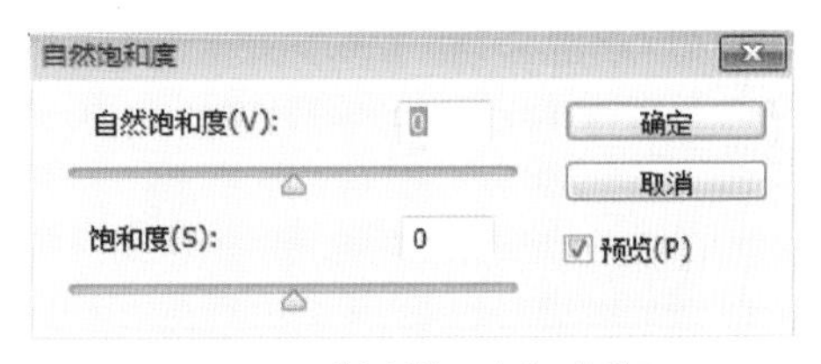

图5-29 “自然饱和度”对话框

“自然饱和度”选项对图像色彩影响不明显，主要针对图像中饱和度过低的区域增强饱和度。可拖动“自然饱和度”下面的滑块或直接输入数值进行设置。数值增大可以增强图像的自然饱和度。

“饱和度”选项对色彩的饱和度起主要作用。拖动“饱和度”下面的滑块或直接输入参数值，增大数值可增强图像的饱和度。

打开一张素材图片，执行“图像>调整>自然饱和度”命令进行调整，调整前如图5-30所示，调整后效果如图5-31所示。

图5-30 原图

图5-31 自然饱和度调整后效果

5.3.2 调整图像色相/饱和度

“色相/饱和度”命令可以调整整个图像或图像中单个颜色成分的色相、饱和度和明度。

执行“图像>调整>色相/饱和度”命令或按快捷键“Ctrl+U”，打开“色相/饱和度”对话框，如图5-32所示。

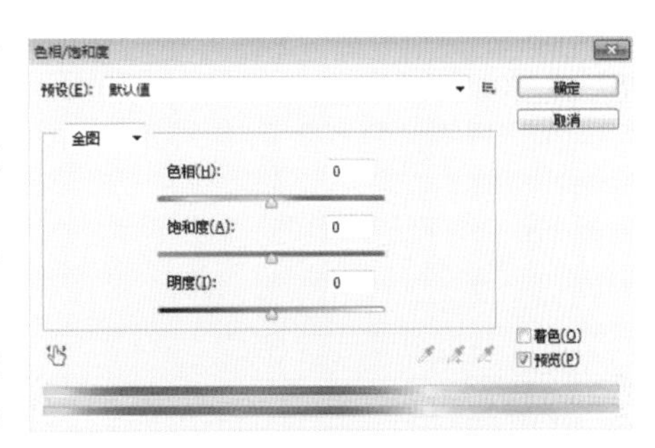

图5-32 “色相/饱和度”对话框

可以拉动滑块分别调整个图像或图像中单个颜色成分的色相、饱和度和明度。勾选对话框中的“着色”选项，可以将画面改为同一种颜色的效果，也就是一种“单色代替彩色”的操作，并保留原先的像素明暗度，使其看起来像双色调图像，在使用时仅仅是点击一下“着色”选项，然后拉动色相改变颜色而已。

5.3.3 色彩平衡的运用

“色彩平衡”命令在彩色图像中通过改变颜色的混合，从而使整体图像的色彩平衡。它在色调平衡选项中将图像分为阴影、中间调和高光3个色调，每个色调可以进行独立的色彩调整。如果要对图像的一部分进行调整，请选择该部分。如果没有选择任何内容，调整将应用于整个图像。

执行“图像>调整>色彩平衡”命令或按快捷键“Ctrl+B”，打开“色彩平衡”对话框，如图5-33所示。

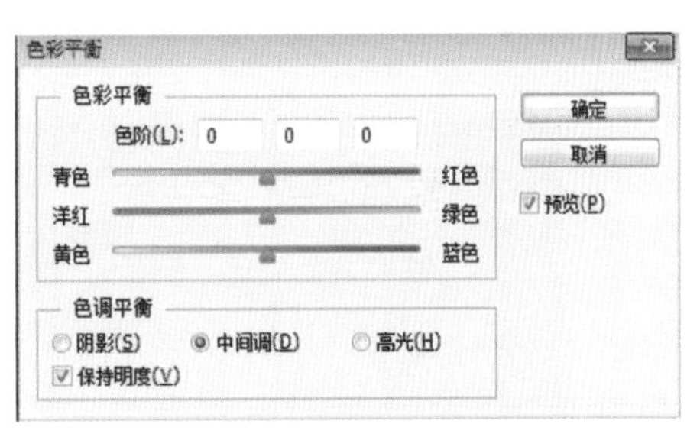

图5-33 “色彩平衡”对话框

从3个色彩平衡滑块中，我们可以选择红对青、绿对洋红、蓝对黄这三对颜色进行调整，属于反转色的两种颜色不可能同时增加或减少。

“色彩平衡”设置框的最下方有一个“保持明度”的选项，它的作用是在三基色增加时降低亮度，在三基色减少时提高亮度，从而抵消三基色增加或减少时带来的亮度改变。

例如对实例1中的素材进行色彩平衡调整，也可以改变图像色彩，设置如图5-34所示，调整后效果如图5-35所示。

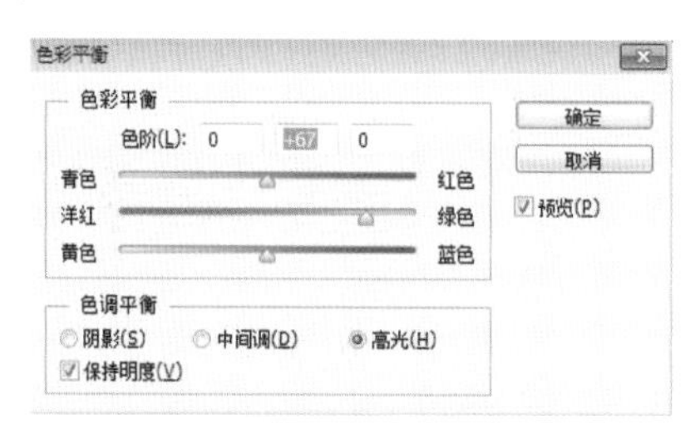

图5-34 色彩平衡参数设置

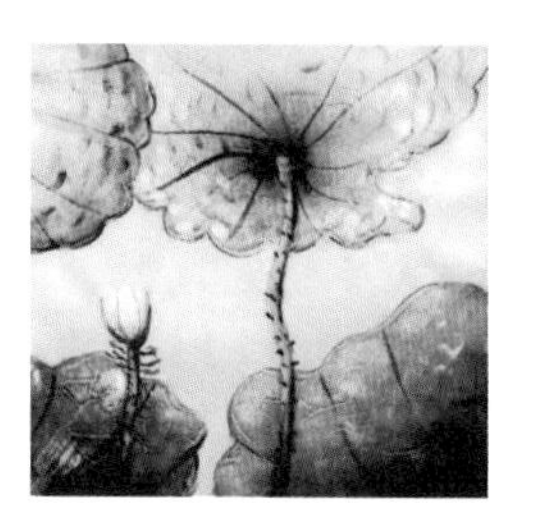

图5-35 色彩效果图

5.3.4 调整图像为黑白颜色

使用Photoshop CS6“黑白”命令将图像中的颜色丢弃，使图像以灰色或单色显示，并且可以根据图像中的颜色范围调整图像的明暗度，另外，通过对图像应用色调可以创建单色的图像效果。

执行“图像>调整>黑白”命令或按快捷键“Alt+Shift+Ctrl+B”，打开“黑白”对话框，如图5-36所示。单击“自动”按钮，可以自动调整图像的明暗。勾选“色调”选项，可以为图像添加颜色。

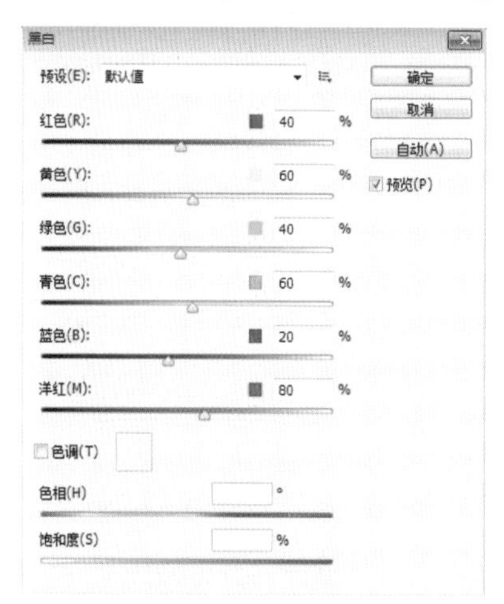

图5-36 “黑白”对话框

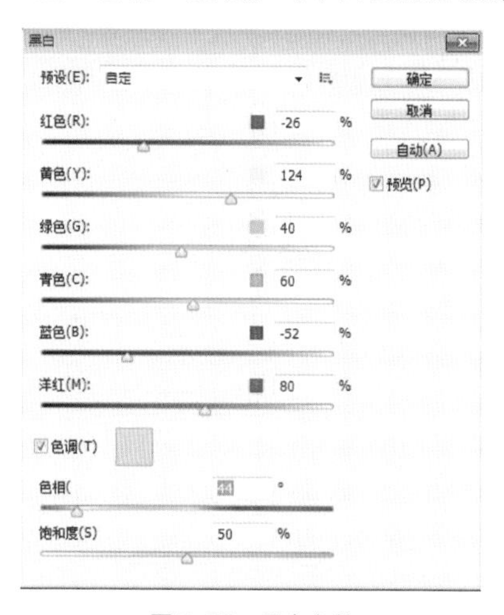

图5-37 黑白参数

使用快捷键“Ctrl+O”，打开“素材\05\11.JPG”素材图片。执行“图像>调整> 黑白”命令，打开“黑白”对话框，勾选“色调”，如图5-37所示设置“黑白”对话框参数，对图片进行黑白设置。素材图片如图5-38所示，最终图像画面效果如图5-39所示。

图5-38 原图

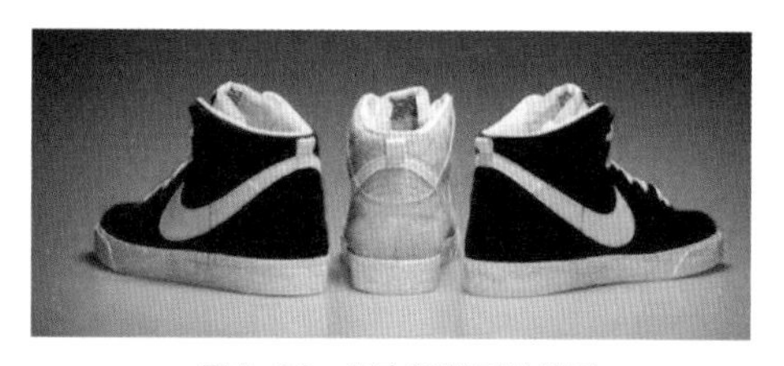

图5-39 黑白调整后效果图

5.3.5 匹配颜色

“匹配颜色”命令用于匹配不同图像之间、多个图层之间或者多个颜色选区之间的颜色，即将源图像的颜色匹配到目标图像上，使目标图像虽然保持原来的画面，却有与源图像相似的色调。使用该命令还可以通过更改亮度和色彩范围来调整图像中的颜色。

执行“文件>打开”命令，打开“素材\05\03.JPG”和“光盘\素材\05\12.JPG”两张素材图片。如图5-40、图5-41所示。

选择03.JPG图像文件为当前图像窗口。执行“图像>调整>匹配颜色”命令，打开“匹配颜色”对话框：在“源”下拉列表中选择“12.JPG”图像文件对图像进行调整。勾选“中和”选项，使图像的颜色和亮度自然过渡。匹配效果如图5-42所示。

图5-40　03.JPG素材图片

图5-41　12.JPG素材图片

图5-42　匹配颜色效果图

5.3.6 替换颜色

“替换颜色”命令允许先选定图像中的某种颜色，然后改变它的色相、饱和度和亮度值。而第4章我们介绍了颜色替换工具，它是使用前景色对图像中特定的颜色进行替换，该工具常用来校正图像中较小区域颜色的图像。“替换颜色”命令应用更广泛，设置较精确。

执行“文件>打开”命令，打开“素材\05\13.JPG”素材图片。

执行“图像>调整>替换颜色”命令，在弹出的“替换颜色”对话框中，用“吸管”吸取图像中要替换的颜色，然后点按可更改结果颜色，移动滑块调整各项参数，具体设置如图5-43所示。原图如图5-44所示，效果图如图5-45所示。

图5-43　“替换颜色”参数设置

图5-44　原图

图5-45　替换颜色效果图

5.3.7 对可选颜色进行调整

“可选颜色”命令的作用是选择某种颜色范围进行有针对性的修改，在不影响其他原色的情况下修改图像中的某种彩色的数量，可以用来校正色彩不平衡问题和调整颜色。“可选颜色”命令可以有选择地对图像某一主色调成分增加或减少印刷颜色的含量，而不影响该印刷色在其他主色调中的表现，从而对颜色进行调整。

打开“素材\05\14.JPG”素材图片。执行“图像>调整>可选颜色”命令，打开“可选颜色”对话框。

在颜色下拉列表中选择“黄色”选项；向左拖动“洋红”选项的滑块，使图像黄色中的洋红色减少；接着向左拖动“黄色”选项的滑块，使图像黄色中的黄色减少，具体设置如图5-46所示。原图如图5-47所示，效果图如图5-48所示。

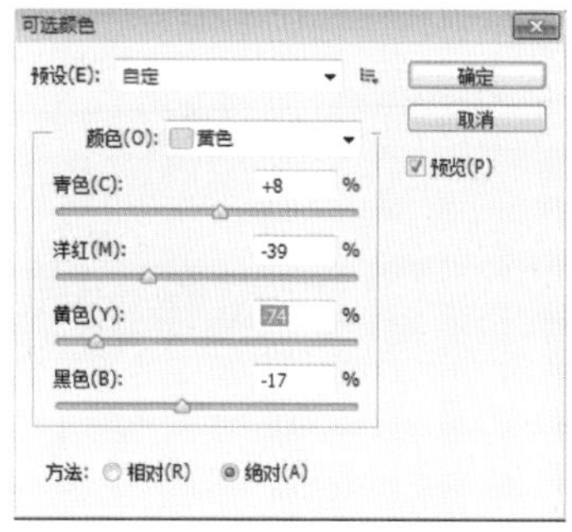

图5-46 “可选颜色”参数设置

图5-47 原图

图5-48 可选颜色调整效果

5.3.8 渐变映射的运用

“渐变映射”命令的主要功能是将图像映射到指定的渐变色上，使图像生成指定渐变色填充的效果。如果指定双色渐变填充，图像中的阴影映射到渐变填充的一个端点颜色，高光映射到另一个端点颜色，而中间调映射到两个端点间的层次。

打开“素材\05\15.JPG”素材图片，如图5-49所示。执行“图像>调整>渐变映射”命令，打开“渐变映射”对话框。单击“渐变条”打开“渐变编辑器”，在预设下选择“黑，白渐变”渐变色，单击“确定”按钮，效果如图5-50所示。再单击“渐变条”打开“渐变编辑器”，在预设下选择“蓝，红，黄渐变”渐变色，单击“确定”按钮，效果如图5-51所示。

图5-49 原图

图5-50 黑白渐变映射效果

图5-51 蓝红黄渐变效果

在上面的操作过程中，我们不难看出，渐变映射命令若设置预设“黑色、白色”渐变，将渐变映射调整到由黑色到白色的基础阶段，这也是一种将图像转灰度图效果的方法。在实际的应用中，更多地用来制作图像单色效果。

5.3.9 照片滤镜的运用

使用“照片滤镜”命令可以模仿在相机镜头前面加彩色滤镜，以便调整通过镜头传输的光的色彩平衡和色温，简单地说就是通过调整曝光照片的程度，使拍出来的照片得到的颜色均匀。“照片滤镜”命令还允许选择预设的颜色，以便给图像应用色相调整。

执行“图像>调整>照片滤镜”命令，打开“照片滤镜”对话框，如图5-52所示。

① 滤镜：制定照片滤镜的种类。

② 颜色：显示所选照片滤镜的颜色。

③ 浓度：指调整颜色的浓度。

④ 保留明度：应用照片滤镜时保持已有的明度和暗度。

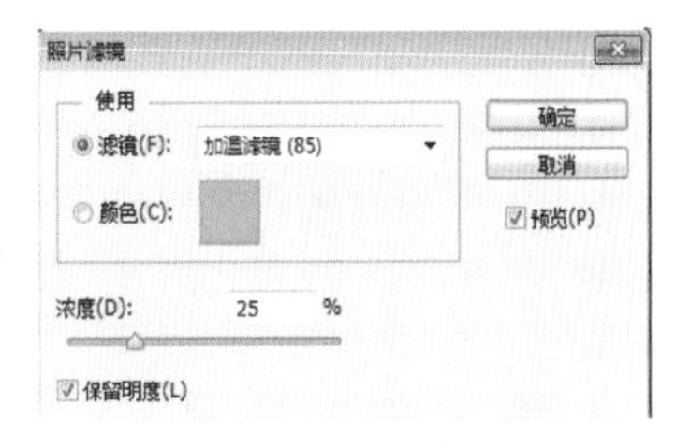

图5-52 “照片滤镜”对话框

打开“素材\05\16.JPG”素材图片，如图5-53所示。执行“图像>调整>照片滤镜”命令，打开“照片滤镜”对话框。单击选择“滤镜”中的“加温滤镜LBA”滤镜，浓度设置100%，勾选“保留明度”，效果如图5-54所示。选择“滤镜”中的“冷却滤镜LBB”滤镜，浓度设置100%，勾选“保留明度”，效果如图5-55所示。

图5-53 打开素材图片

图5-54 加温滤镜LBA

图5-55 冷却滤镜LBB

综合本章所学的内容我们不难得出这样的结论：“亮度/对比度”“照片滤镜”和“变化”是用于快速调整颜色的命令，使用直观便捷；“色阶”和“曲线”命令是最重要、最强大的调整颜色和色调的命令；“自然饱和度”和“色相/饱和度”主要用于调整颜色的纯度；“曝光度”和“阴影/高光”命令可以调整色调；“可选颜色”“匹配颜色”“替换颜色”和“通道混合器”命令可以匹配多幅图像之间的颜色；另外，“反相”“色调分离”“阈值”“去色”和“色调均化”等是特殊的颜色调整命令，它们可以将图像转换为负片效果、黑白图像、分离色彩等，虽然在本章没有具体介绍，但是实际应用也比较多。

实例1 使用色相/饱和度命令改变图像颜色

下面是使用色相/饱和度命令改变图像颜色的实例，原图如图5-56所示，效果图如图5-57所示。操作步骤如下。

① 使用快捷键“Ctrl+O”，打开“素材\05\10.JPG”素材图片，在“图层”面板中复制“背景”图层，得到“背景副本”图层，如图5-56所示。

② 选择“背景副本”图层，按快捷键“Ctrl+U”，打开“色相/饱和度”对话框，勾选“着色”，如图5-58所示设置完成后，画面色彩调换成绿色，如图5-59所示。

③ 隐藏“背景副本”图层，单击“背景”图层，选择磁性套索工具，设置羽化值为4像素，建立花朵的选区，按快捷键“Ctrl+J”，生成图层1。

④ 使用快捷键“Ctrl+U”打开“色相/饱和度”对话框，勾选“着色”，如图5-60所示对花朵进行着色设置，完成效果如图5-61所示。

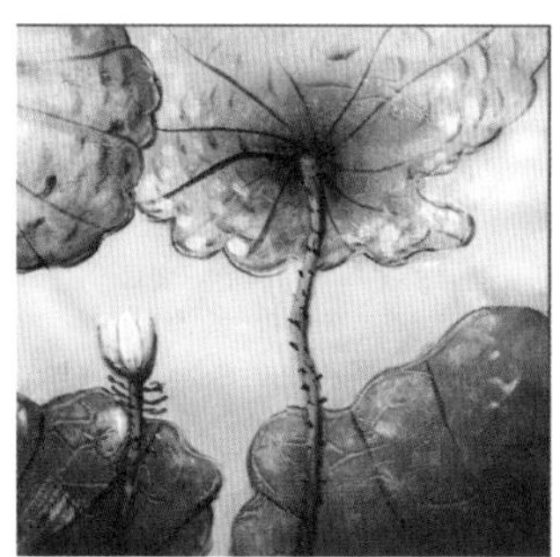
图5-56 原图

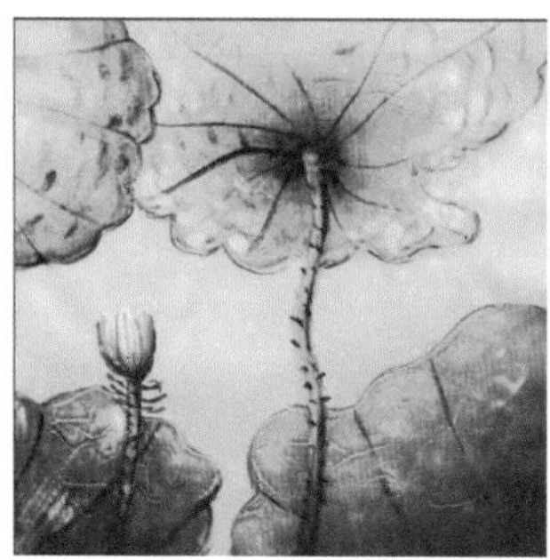
图5-57 实例效果图

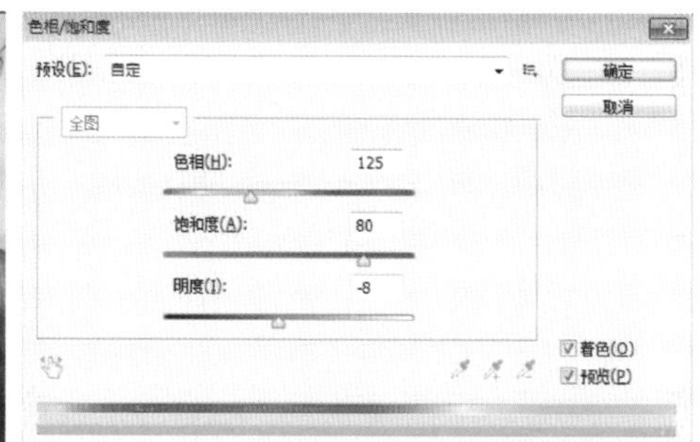

图5-58 “色相/饱和度”参数设置

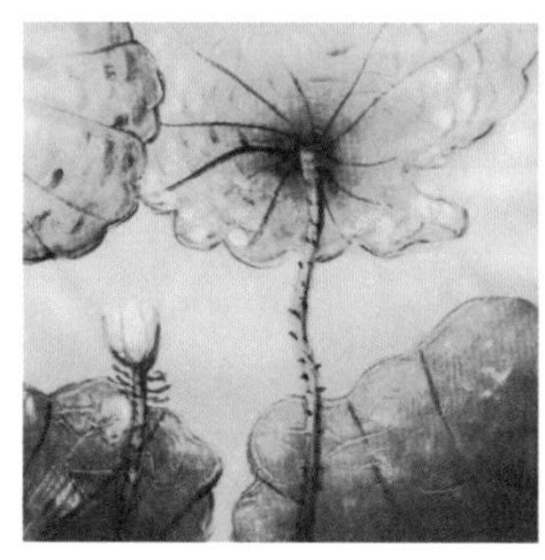
图5-59 着色效果

图5-60 “色相/饱和度”参数设置

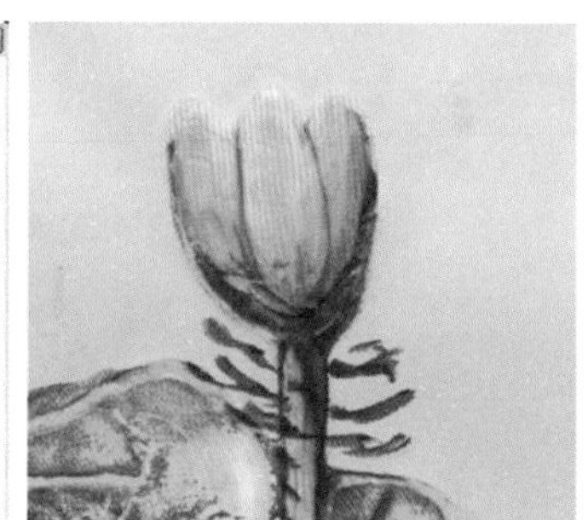
图5-61 着色效果

实例2 黑白照片上色

① 使用快捷键“Ctrl+O”，打开“素材\05\17.JPG”素材图片，复制文件，执行“图像>模式>RGB颜色”命令，将图像模式由灰度转换为RGB颜色模式，如图5-62所示。

② 执行“图像>调整>色阶”命令，打开“色阶”对话框，如图5-63所示设置暗调和亮部，改变图像的明暗对比度。调整后图像效果如图5-64所示。

图5-62 素材图片转换模式

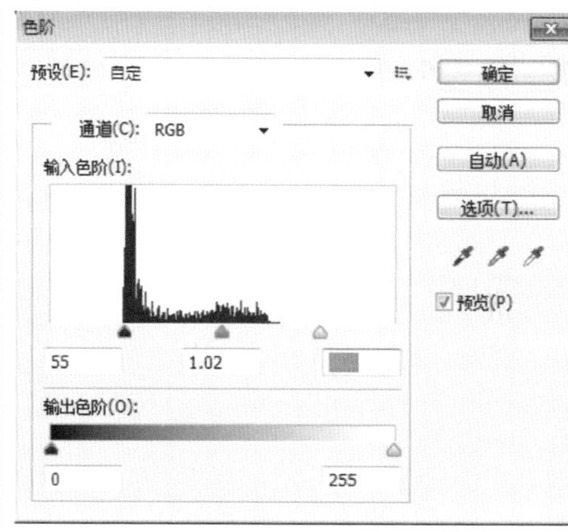

图5-63 “色阶”对话框的设置

图5-64 经色阶调整后的图片效果

③ 使用快捷键“Ctrl+M”打开“曲线”对话框，如图5-65所示对图像进行曲线调整，调整后图像效果如图5-66所示。

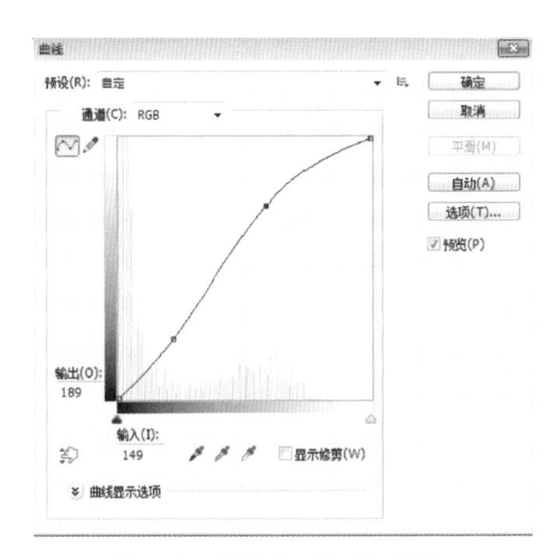

图5-65 “曲线”对话框的设置

图5-66 经曲线调整后的图片效果

④ 选择磁性套索工具，设置选项栏中的“羽化值”为2像素，“宽度”设置为5像素，“对比度”设置为5%，选取衣服建立选区，使用快捷键“Ctrl+J”，将选区内容新建到图层1。执行“图像>调整>色相/饱和度”命令，勾选“着色”，调整参数如图5-67所示，设置衣服颜色如图5-68所示。

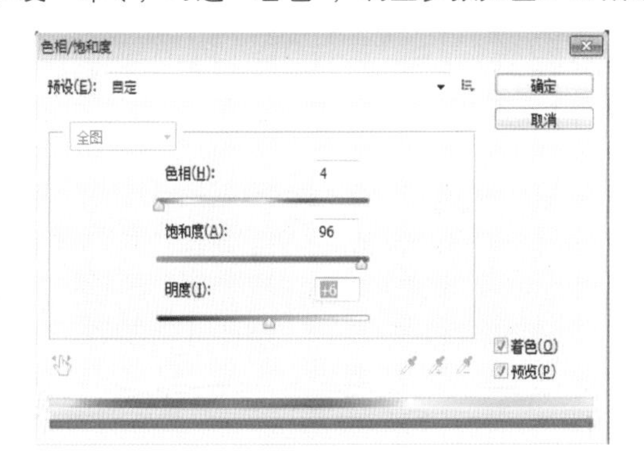

图5-67 “色相/饱和度”设置衣服颜色

图5-68 衣服着色后效果

⑤ 选择“背景”图层。单击磁性套索工具，选项栏中的设置不变，通过选区加减操作，选取皮肤建立选区，按快捷键“Ctrl+J”，将选区内容新建到图层2。执行“图像>调整>色相/饱和度”命令，勾选“着色”，调整参数如图5-69所示，设置皮肤颜色如图5-70所示。

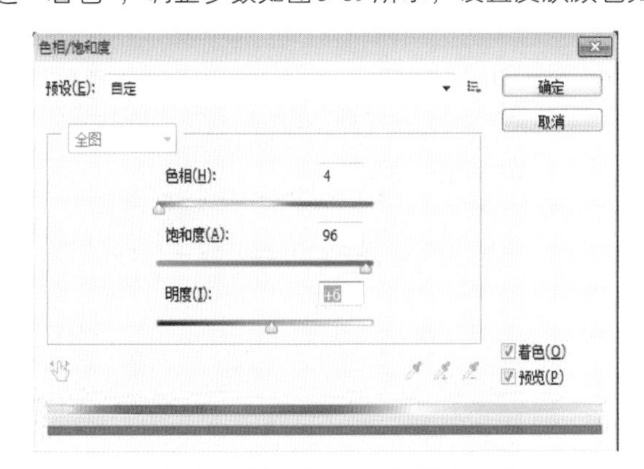

图5-69 “色相/饱和度”设置皮肤颜色

图5-70 肤色设置效果

⑥ 参照上面的做法，选择“背景”图层。单击磁性套索工具，选取耳环建立选区，按快捷键“Ctrl+J”，将选区内容新建到图层3。通过“图像>调整>色相/饱和度”命令，改变耳环颜色。

⑦ 选择“背景”图层。使用快速选择工具，选择头发建立选区，单击选项栏中的“调整边缘”，调整头发边缘选择，输出到新建图层，如图5-71所示。

⑧ 参照图5-72所示的色相/饱和度设置，调出头发的颜色如图5-73所示。

⑨ 参照上面的做法调整口红的颜色。

⑩ 选择橡皮擦工具，调小笔刷大小，对肤色图层中眼睛部分进行擦除。再对头发图层眼睛部分擦除，最终保持眼睛颜色不变。修饰图片细节，完成黑白照片上色，效果如图5-74所示。

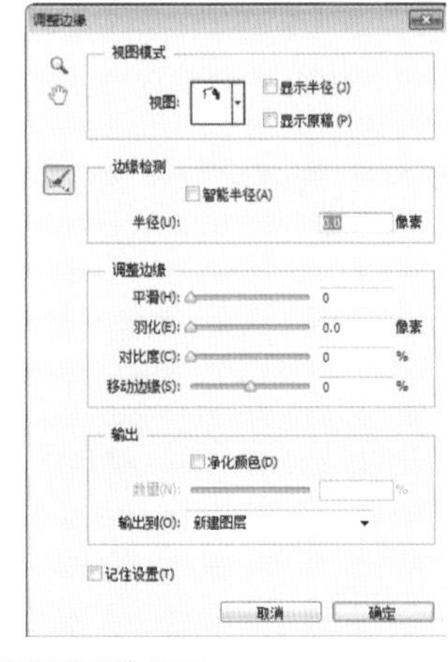

图5-71 “调整边缘”设置

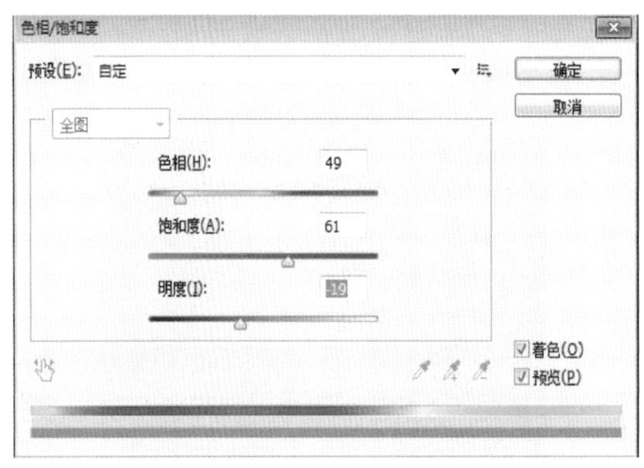

图5-72 “色相/饱和度”设置头发肤颜色

图5-73 发色设置效果

图5-74 最终效果

综合实例 制作电影海报

① 使用快捷键“Ctrl+N”，创建一个新的空白文档，具体参数设置如图5-75所示。使用快捷键“Ctrl+O”，打开“素材\05\18.JPG”素材图片，选择移动工具，将素材图片拖拽到电影海报文件中，自动生成图层1，使用快捷键“Ctrl+T”调整图片大小，如图5-76所示。

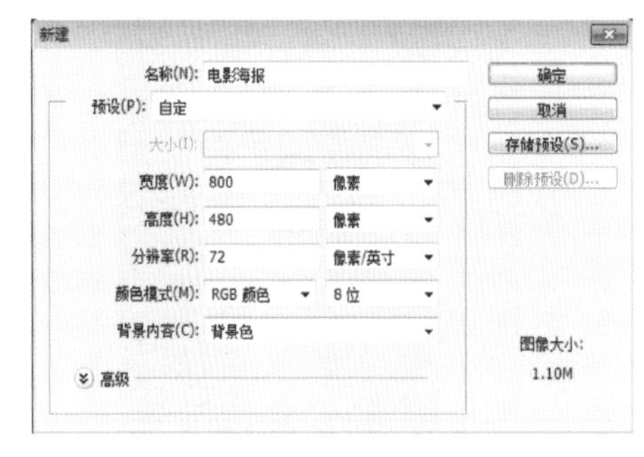

图5-75 文档参数设置

图5-76 图层1图片效果

② 使用快捷键“Ctrl+O”，打开“素材\05\19.JPG”素材图片，选择移动工具，移动素材图片到电影海报文件中，自动生成图层2，使用快捷键“Ctrl+T”调整图片大小。执行“图像>调整>匹

配颜色”命令，“源”选择“电影海报”，“图层”选择“图层1”，调整明亮度、颜色强度、渐隐如图5-77所示，单击“确定”按钮完成匹配颜色操作。

图5-77 “匹配颜色”对话框设置

③ 选择魔术棒工具，在选项栏中将“容差”设置为10，不勾选“连续”，选择图层2背景部分，使用“Delete”键删除选区内容。使用快捷键“Ctrl+D”取消选区。用橡皮擦工具擦除边缘，图层2合成效果如图5-78所示。

④ 使用快捷键“Ctrl+O”，打开“素材\05\20.JPG”素材图片，选择移动工具，移动素材图片到电影海报文件中，自动生成图层3，使用快捷键“Ctrl+T”调整图片大小。选择磁性套索工具，设置选项栏中的“羽化值”为3像素，“宽度”设置为10像素，建立人物选区。执行“选择>反选”命令，使用“Delete”键删除选区内容，使用快捷键“Ctrl+D”取消选区。选择橡皮擦工具擦除边缘，如图5-79所示。

图5-78 图层2合成效果

图5-79 素材图片处理效果

⑤ 使用快捷键“Ctrl+B”，打开“色彩平衡”对话框，如图5-80所示设置青色、洋红、黄色，不勾选“保持明度”选项。执行“图像>调整>色相/饱和度”命令，如图5-81所示进行设置。

图5-80 色彩平衡设置

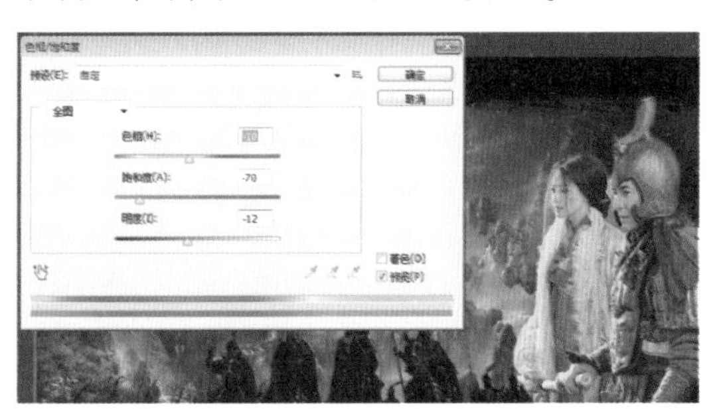

图5-81 色相/饱和度设置

⑥ 参照上面的做法，打开“素材\05\21.JPG”素材图片，选取调整图片。

⑦ 如图5-82所示对图像进行“色彩平衡”调整；如图5-83所示对图像进行“色相/饱和度”的调整；再如图5-84所示对图像运用。最终图层4效果如图5-85所示。

⑧ 打开“素材\05\22.JPG”素材图片，复制粘贴到图层5上，将图层的模式改为滤色模式，去除背景。如图5-86所示。执行“图像>调整>亮度/对比度”命令，设置亮度为102，对比度为60，调整后效果如图5-87所示。

⑨ 合并图层，可以进一步调整图层整体效果，保存文件。最终效果图如图5-88所示。

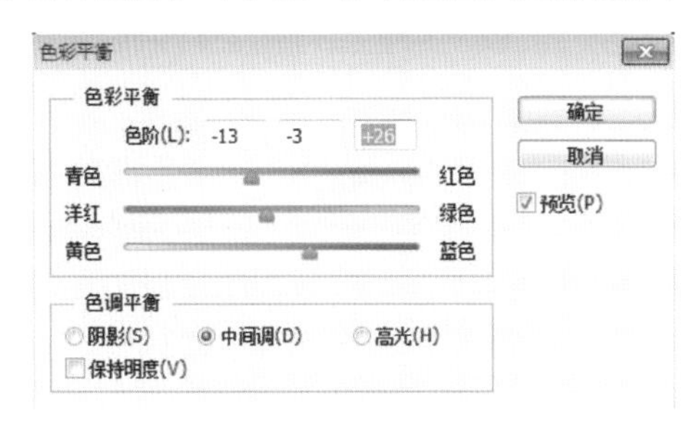

图5-82　色彩平衡设置

图5-83　色相/饱和度设置

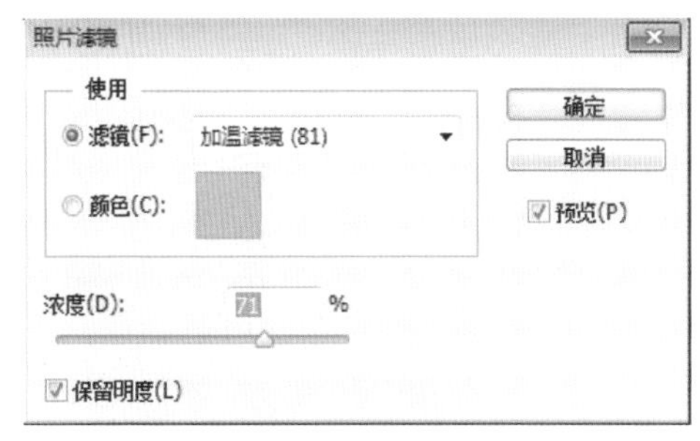

图5-84　照片滤镜设置

图5-85　图层4合成效果

图5-86　滤色模式效果

图5-87　亮度/对比度设置

图5-88　综合实例效果图

第6章 文字的应用和编辑

Photoshop提供了完善的文字创建和编辑功能，利用多种文字工具可为图像添加任意的文字。创建文字还可利用各种文字编辑选项更改文字属性，或对文字进行变形、沿路径排列、转换为形状等高级编辑，让文字效果更加艺术化。

6.1 文字工具创建文字

Photoshop提供了多个用于创建文字的工具，文字的编辑方式也非常灵活。在这一章中，我们就来详细地了解文字的创建与编辑方法。

Photoshop中的文字是先以数字方式的形状组成，栅格化之前会保留矢量的文字轮廓。在使用过程中，可以对文字进行任意的缩放和调整，都不会产生锯齿。文字通过三种方法创建：在点上创建、在段落中创建和沿路径创建。其中文字工具有四种，如图6-1所示，包括用来创建文字选取的横排文字工具、直排文字工具，和用来创建文字、段落文字、路径文字的横排文字蒙版工具、直排文字蒙版工具。

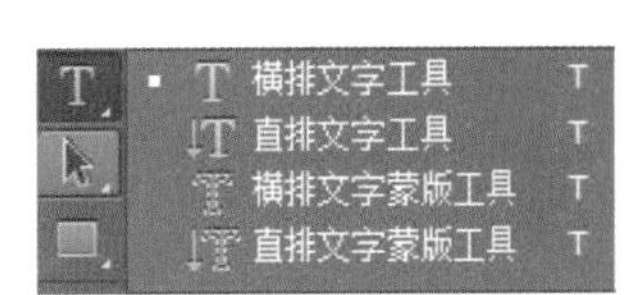

图6-1 文字工具

6.1.1 横排文字的创建

点击“横排文字工具”，在页面上创建横排文字输入，如图6-2所示。

横排文字

图6-2 横排文字

6.1.2 直排文字的创建

点击“竖排文字工具”，在页面上创建竖排文字输入，如图6-3所示。

竖排文字

图6-3 竖排文字

6.1.3 段落文字的创建

“段落”面板可设置段落属性，如图6-4所示。

段落文字是在定界框内输入文字，具有自动换行、可调整文字区域大小的功能。在处理文字量较大的文本时，一般选用段落文字进行设计编辑。

① 选择“文件>打开”命令，打开“素材\06\01.JPG”素材图片，如图6-5所示。

② 选择横排文字工具T，在工具选项栏中设置字体、大小和颜色，如图6-6所示。

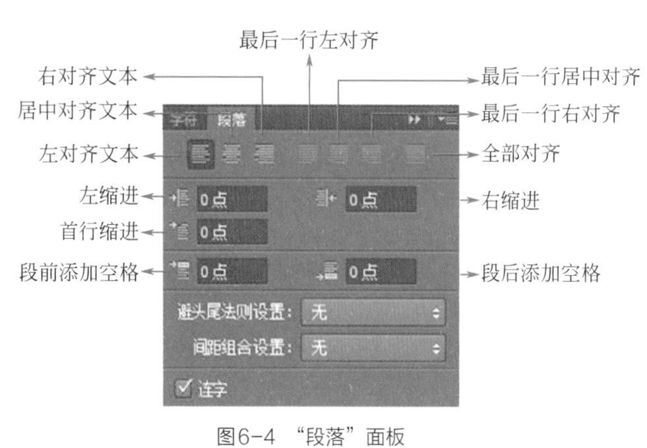

图6-4 “段落”面板

图6-5 素材图片

图6-6 设置文字格式

③ 在画面所要添加文字的区域单击并向右下角拖拽出一个定界框，如图6-7所示。松开鼠标后画面会出现闪烁的“I”光标，在此输入文字，并且文字在边界处自动换行，如图6-8所示。最后按住“Ctrl+回车键”，即创建段落文本。

④ 创建段落文本后，可打开“段落”面板，对段落文字格式进行设置。

图6-7 定界框

图6-8 输入文字

6.2 字符的设置

首先了解下文字工具的工具栏选项，如图6-9所示。其中可对文字的字体、大小、颜色等进行设置。

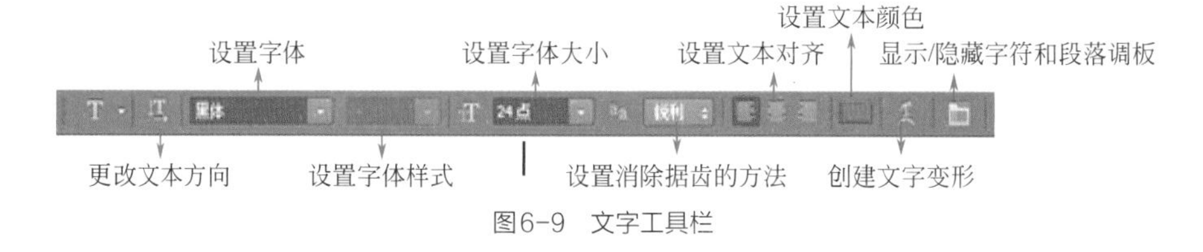

图6-9 文字工具栏

6.2.1 对文字颜色进行设置

打开文件，如图6-10所示。选择文字部分，如图6-11所示。

点击工具栏内“设置文本颜色”选项，打开拾色器，如图6-12所示。选择颜色后文字颜色自动变更，如图6-13所示。

文字内容

图6-10　原文字

文字内容

图6-11　选择文字

文字内容

图6-13　设置颜色

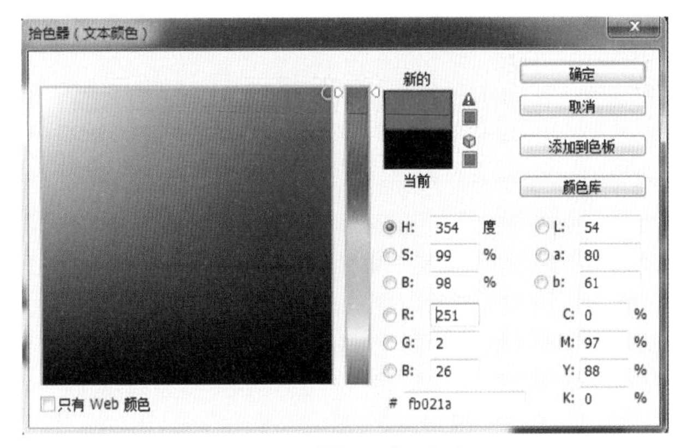

图6-12　“拾色器”对话框

6.2.2　更改文字设置

对文字进行设置更改，除了通过工具栏选项进行，还可通过“字符”面板进行更改。“字符”面板如图6-14所示。

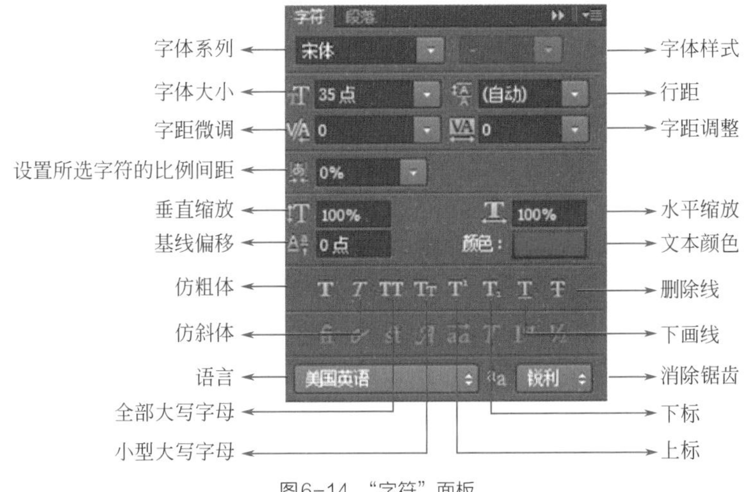

图6-14　“字符”面板

① 字体系列：可选择文字字体。

② 字体样式：可为字符设置样式，有规则的、斜体、粗体、粗斜体各字体样式效果。

③ 字体大小：可选择字体的大小，或直接对数值编写进行调整。

④ 消除锯齿：通过部分的填充边缘像素来产生边缘平滑的文字，使文字的边缘混合到背景中看不出锯齿。

⑤ 行距：指文本中各个文字行之间的垂直间距，同一段落的行与行之间可设置不同的行距，文字行中最大行距决定了该行的行距。

⑥ 字距微调：用来调整两个字符之间的间距，在操作时先在调整的两个字符之间单击，设置插入点再调整数值，可对数值进行增加或减少。

⑦ 字距调整：选择部分字符时可调整所选字符的间距，没有选择字符时，可调整所有字符的间距。

⑧ 水平缩放/垂直缩放：水平缩放用于调整字符的宽度，垂直缩放用于调整字符的宽度。

⑨ 基线偏移：可控制文字与基线的距离，可以升高或降低所选文字。

⑩ 语言：可对所选字符进行有关连字符和拼写规则的语言设置。

6.2.3 控制段落文本

创建段落文字之后，可以根据需要对定界框的大小进行适当调整，文字会自动在调整后的定界框内重新排列，通过定界框还可以对文字进行旋转、缩放和斜切等操作。

① 选择“文件>打开”命令，打开“素材\06\02.PSD”素材图片，使用横排文字工具，在文字中进行单击，设置插入光标，显示文字的定界框，如图6-15所示。

② 拖动控制光标调整定界框的大小，文字会在调整后随之重新排列，如图6-16所示。

③ 按住“Ctrl”键拖动控制点，可以等比缩放文字，如图6-17所示。

④ 光标在定界框外时，指针自动变为弯曲的双箭头。拖动鼠标可以旋转文本框及文字，如图6-18所示。同时按住“Shift”键，便以15%角度为增量进行旋转。

⑤ 单击工具栏中的✓按钮，完成对文本的编辑操作。按“Esc”键可对文本控制操作进行放弃。最终完成效果如图6-19所示。

图6-15 素材图片

图6-16 调整

图6-17 缩放文字

图6-18 旋转文字

图6-19 最终效果

6.3 文字的变形编辑

6.3.1 变形文字

对创建的文字进行变形处理后得到的文字称为变形文字，形状变化多样，如扇形或波浪形等。

① 选择“文件>打开”命令，打开“素材\06\03.PSD”素材图片，如图6-20所示。选择文字的图层，如图6-21所示。

② 进行“文字>文字变形”命令，将“变形文字”对话框打开，在“样式”下拉列表中选择“旗帜”，创建鱼眼变形效果，将“弯曲”参数设置为75%，“水平扭曲”设置为–50%，如图6-22所示。在变形文字的图层缩览图中出现一条弧线，如图6-23所示，文字效果如图6-24所示。

③ 单击工具选项栏中的按钮，打开“变形文　字”对话框进行调整，可以对变形文字进行效果调整，调整为“扇形”样式效果如图6-25所示。

“变形文字”对话框用于设置变形选项，包括文字的变形样式和变形程度，如图6-26所示。

图6-20　素材图片

图6-21　选择图层

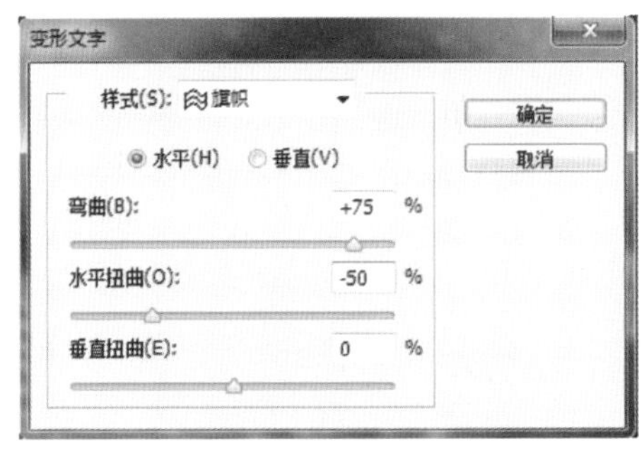

图6-22　“变形文字”对话框

图6-23　变形文字图层

图6-24　文字效果

图6-25　扇形样式效果

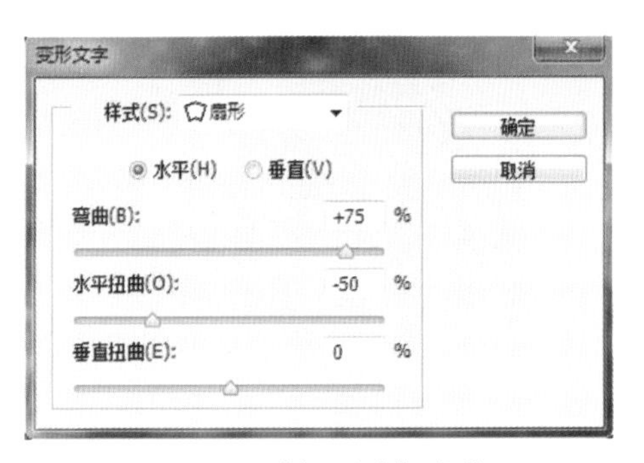

图6-26　“变形文字”对话框

a.样式：该选项下拉列表中有15项变形样式，如图6-27所示。各样式效果如图6-28所示。

b.水平/垂直：文字扭曲方向为“水平方向”如图6-29所示。“垂直方向”如图6-30所示。

c.弯曲：设置文本的弯曲程度。

d.水平扭曲/垂直扭曲：文本可进行透视。水平扭曲如图6-31所示。垂直扭曲如图6-32所示。

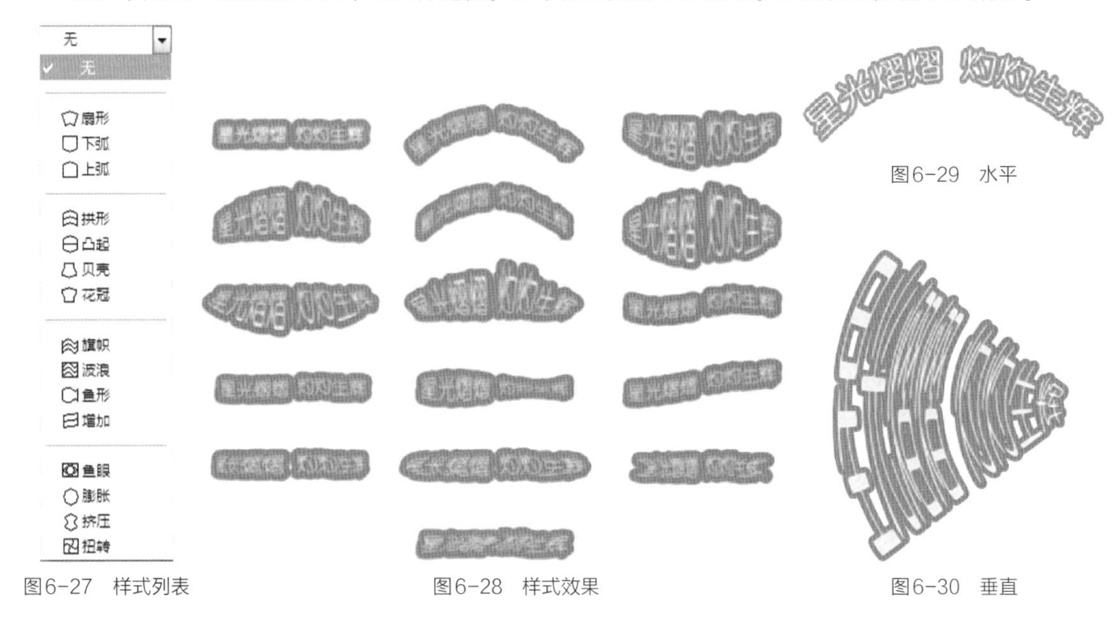

图6-27　样式列表　　图6-28　样式效果　　图6-29　水平　　图6-30　垂直

图6-31　水平扭曲

图6-32　垂直扭曲

6.3.2　创建路径文字

路径文字指创建在路径上的文字。文字会沿着路径排列，改变路径形状时，文字的排列方式也会随之改变。

① 打开“素材\06\04.JPG”图片，如图6-33所示。选择钢笔工具，在工具选项栏中选择路径按钮，沿手的轮廓绘制一条路径，如图6-34所示。

② 选择横排文字工具，设置字体和颜色、大小，如图6-35所示。

图6-33　素材图片

图6-34　绘制路径

图6-35　文字工具栏

③ 将光标放在路径上，单击设置文字插入点，画面中出现闪烁“I”形光标，在此处输入文字沿着路径排列，如图6-36所示。按住“Ctrl+回车键”结束操作，如图6-37所示。

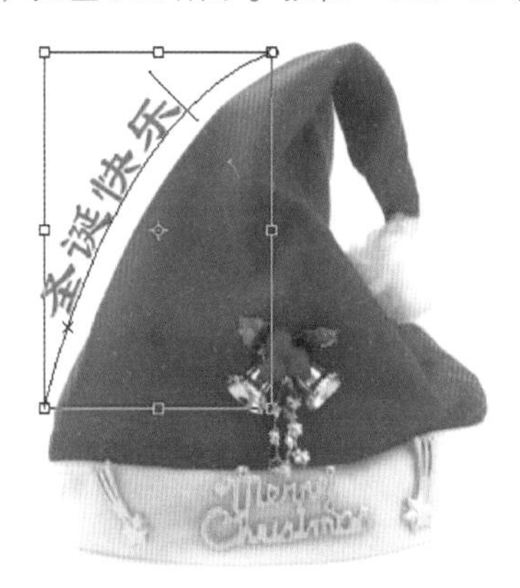

图6-36　输入文字

图6-37　效果

6.3.3　文字转换为形状

选择文字图层，如图6-38所示。执行“图层>文字>转换为形状”命令，如图6-39所示。将它转换为具有矢量蒙版的形状图层，如图6-40所示。

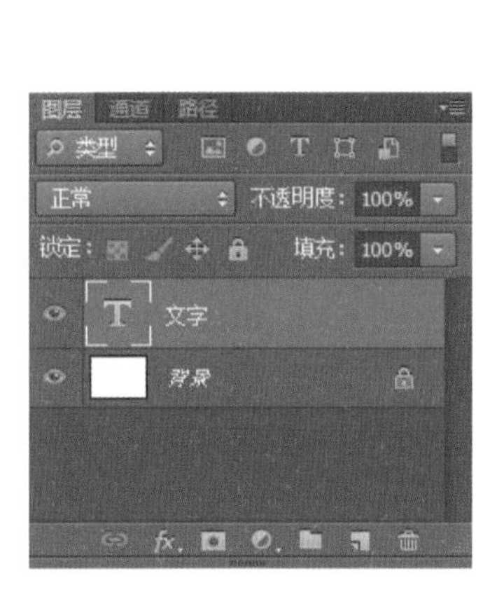

图6-38　选择图层

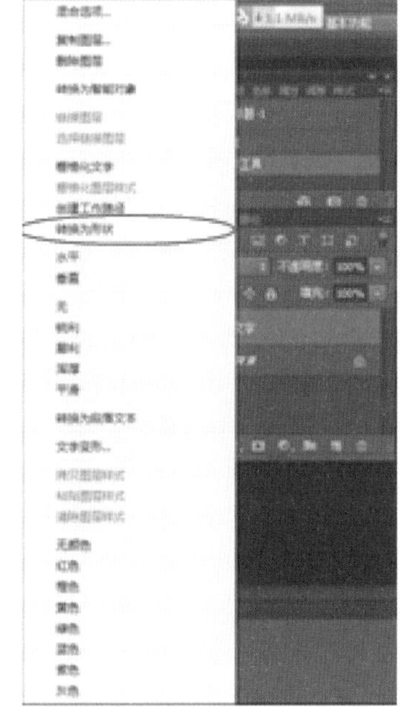

图6-39　转换为形状

图6-40　“形状”图层

6.3.4　栅格化文字图层

选择文字图层，如图6-41所示。单击鼠标右键，弹出列表，如图6-42所示。选择“栅格化文字”点击将文字进行栅格化处理，栅格化后的文字无法再进行编辑操作，如图6-43所示。

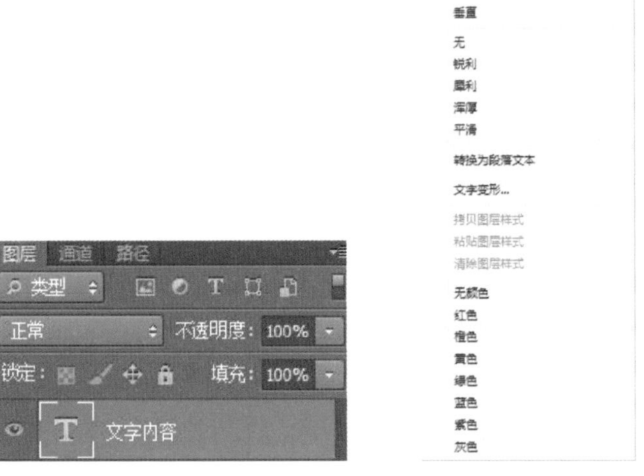

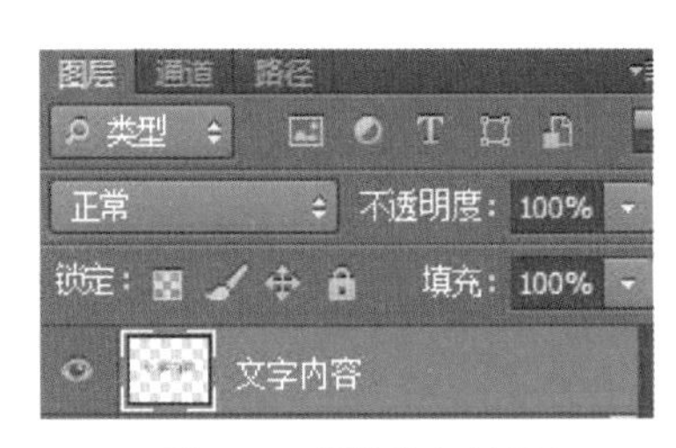

图6-41　选择图层　　图6-42　列表　　图6-43　栅格化文字图层

6.3.5　创建文字选区

横排文字蒙版工具和直排文字蒙版工具用于创建文字选区。选择其中一个工具，在画面单击，然后输入文字即可创建文字选区。文字选区可以像任何其他选区一样移动、复制、填充或者描边。如图6-44所示。

图6-44　文字选区

实例1　设置字体样式

① 选择“文件>打开”命令，打开“素材\06\05.JPG”素材图片，如图6-45所示。选择横排文字工具，设置字体、字号和颜色等，如图6-46所示。

② 切换到英文输入法，在画面中单击，按住“Shift+¥”键，继续输入数字，如图6-47所示。将“¥”进行选择，如图6-48所示。

③ 点击字符面板上的T按钮，将字符的文字基线上移形成上标，如图6-49所示。

④ 选择最后的两个数字，同样执行上一步骤，效果如图6-50所示。单击下画线按钮，如图6-51所示。按住“Ctrl+回车键”结束编辑，最终效果如图6-52所示。

图6-45　素材图片

图6-46　设置字符格式

图6-47　输入数字

图6-48　选择“¥”

图6-49　上标

图6-50　效果

图6-51　加下画线

图6-52　最终效果

实例2　编辑文字内容

① 选择“文件>打开”命令，打开“素材\06\06.JPG”素材图片，如图6-53所示。在原文本中输入文字，并选择所要修改的文字部分，如图6-54所示。

② 在工具选项栏中可以修改所选文字的字体、颜色、大小，如图6-55所示。

③ 输入新文字，替换原先所选文字，如图6-56所示，按住“Delete”键可将所选文字删除，如图6-57所示。

图6-53 素材图片

图6-54 输入文字并选择

图6-55 设置文字格式

图6-56 输入新文字

图6-57 删除文字

实例3 制作绚丽彩条字

① 按住“Ctrl+N”快捷键，新建一个文档，如图6-58所示。

② 选择横排文字工具，在“字符”面板中设置字体和大小，如图6-59所示。在画面中单击输入文字，如图6-60所示。

③ 为文字图层添加“投影”效果，投影颜色设置为深蓝色，如图6-61所示。效果如图6-62所示。

④ 继续选择“渐变叠加”选项，单击渐变颜色条右侧的三角按钮，打开“渐变”下拉面板，在面板菜单中选择“载入渐变”命令，在弹出的对话框中选择渐变库，如图6-63所示。

⑤ 加载渐变后，选择如图6-64所示的渐变样式，将角度调置为–150度，缩放设置为140%，文字效果如图6-65所示。

⑥ 继续选择“内阴影”“内发光”“斜面和浮雕”效果，如图6-66所示。效果如图6-67所示。

⑦ 选择“背景”图层，使用渐变工具填充蓝色径向渐变，则得到最终效果如图6-68所示。

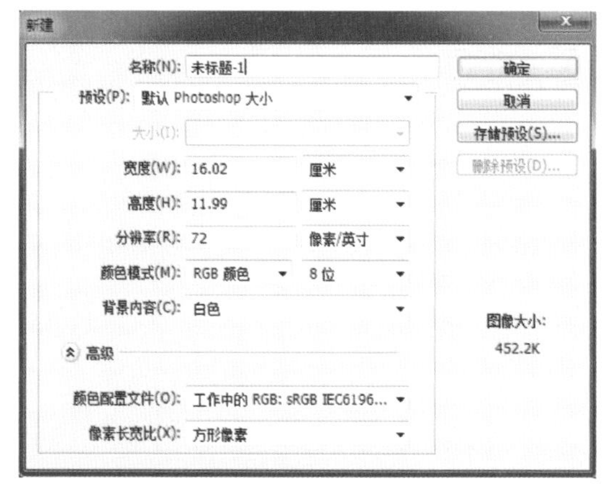

图6-58 新建文档

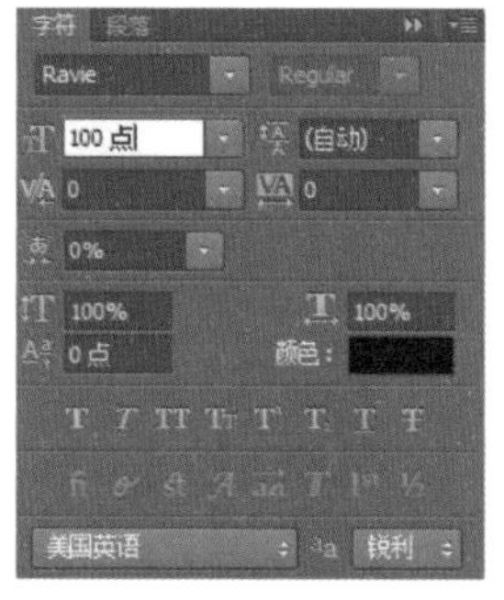

图6-59 “字符”面板

图6-60 输入文字

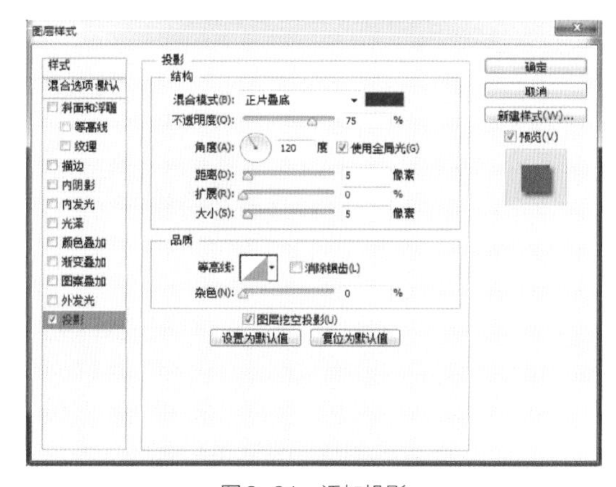

图6-61　添加投影

图6-62　投影效果

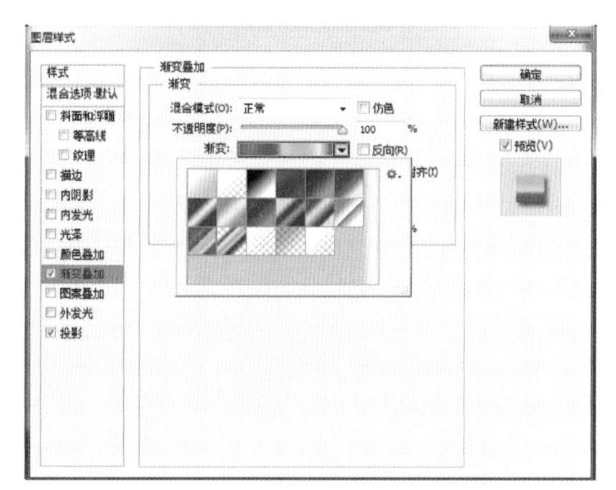

图6-63　渐变叠加

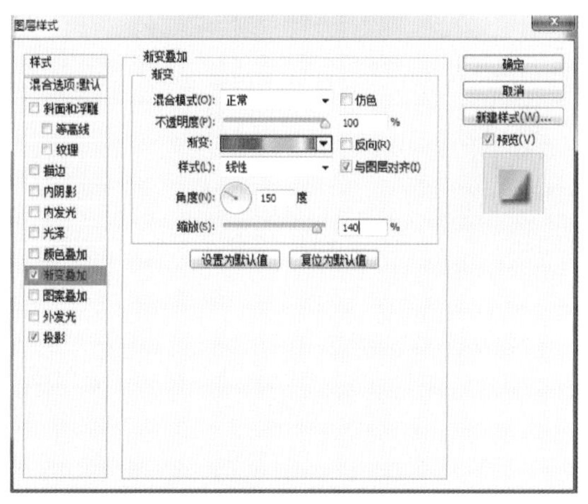

图6-64　参数设置

图6-65　文字效果

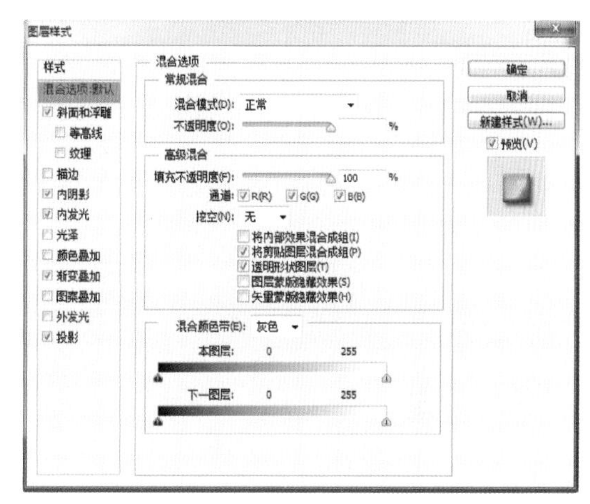

图6-66　参数设置

图6-67　文字效果

图6-68　最终效果

实例4 创建变形文字

① 选择“文件>打开”命令，打开“素材\06\07.PSD”素材图片，如图6-69所示。选择文字图层，如图6-70所示。

② 进行“文字>文字变形”命令，打开“变形文字”对话框，在“样式”列表里选择“花冠”，同时调整变形参数，如图6-71所示。效果如图6-72所示。

③ 创建变形文字之后，在缩览图层里会出现一条弧线，如图6-73所示。

图6-69 素材图片

图6-70 选择图层

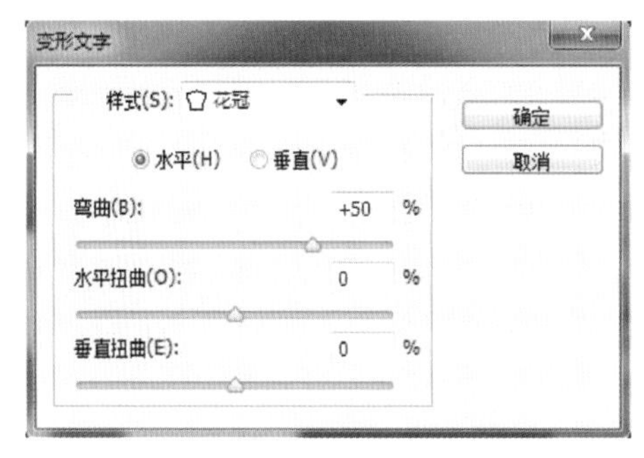

图6-71 “变形文字”对话框

图6-72 效果图

图6-73 文字图层

④ 在该图层上添加“描边”效果，如图6-74所示。效果如图6-75所示。

⑤ 选择另一个文字图层，进行“文字>文字变形”命令，添加“膨胀”样式，如图6-76所示。效果如图6-77所示。

⑥ 前景色设为黄色，如图6-78所示。新建一个图层，设置混合模式为“叠加”。使用柔角画笔在文字亮点为高光，最终效果如图6-79所示。

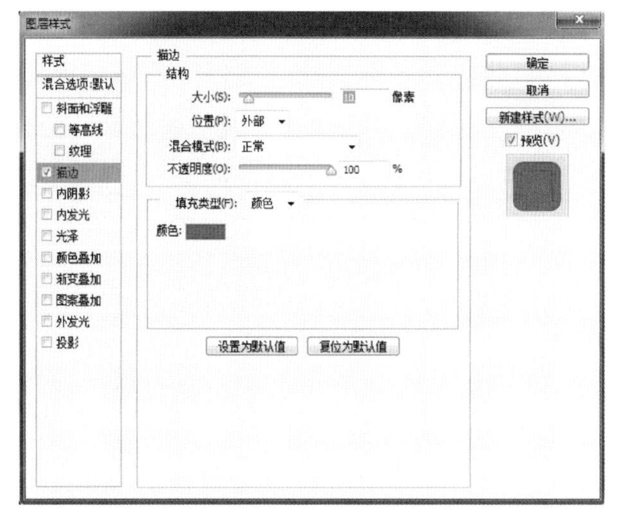

图6-74　添加描边效果

图6-75　效果

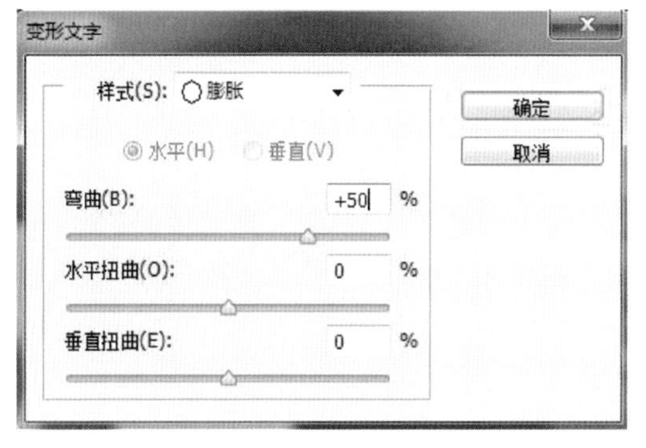

图6-76　添加膨胀样式

图6-77　效果

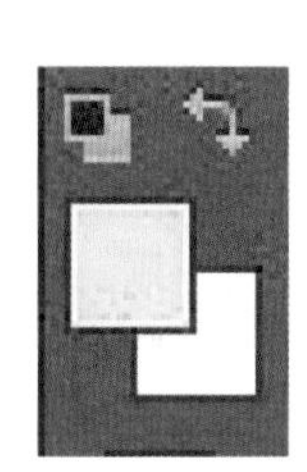

图6-78　设置前景色

图6-79　最终效果

第7章 图层的应用和编辑

在Photoshop中，图层是十分关键并重要的一个功能。本章将详细介绍图层的基本应用。其中主要包括图层的概念、“面板”的详细介绍、图层的创建及运用等基本操作。

7.1 认识图层

图层是Photoshop的核心功能之一，它承载着几乎所有的编辑操作，如果没有图层，所有的图像都将处在同一个平面上，那么图像的编辑将无法实现深入与细腻多变的特性。图层就如同叠在一起的透明的纸张，每一张图层上都保存着不同的图像，我们可以透过图层上的透明区域看到下面图层中的图像，图层分层效果如图7-1所示。

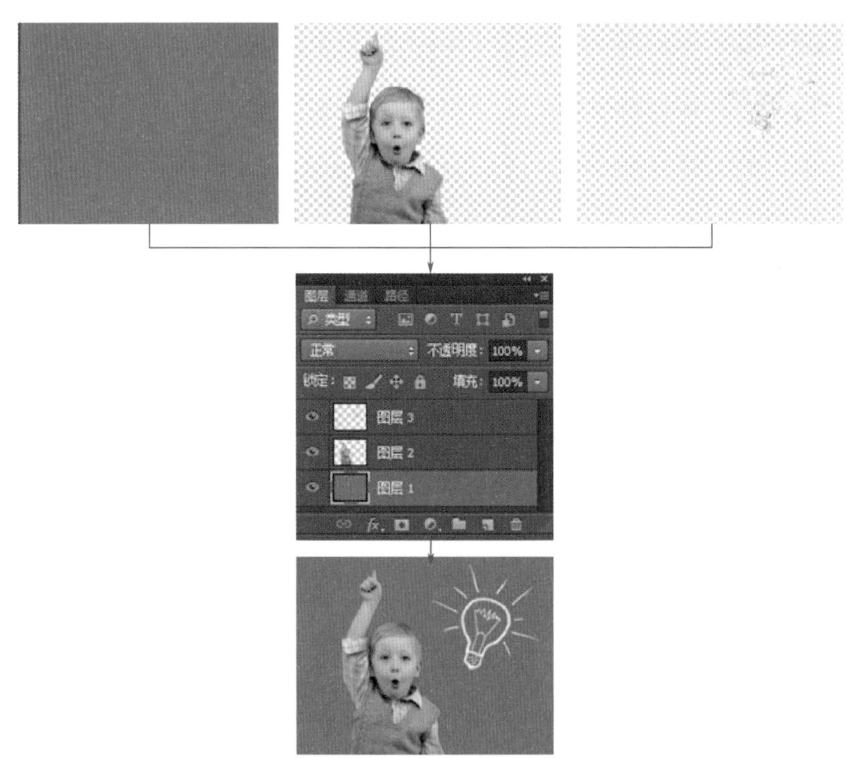

图7-1 图层分层效果

7.1.1 了解“图层”面板

“图层”面板用于创建、编辑和管理图层，以及为图层添加样式。面板内列出文档中所有的图层、图层组以及图层效果。图层面板如图7-2所示。

系统默认情况下，“图层”面板位于工作界面右下角，执行“窗口 > 图层”，或按快捷键“F7”，即可打开“图层”面板。

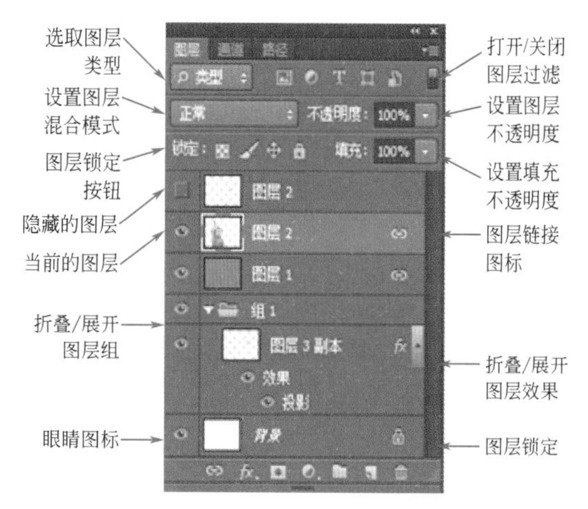

图7-2 “图层”面板

7.1.2 不同类型的图层

Photoshop中可以创建不同类型的图层，彼此都有各自的功能和用途，在“图层”面板中的显示状态各有不同，图层的类型如图7-3所示。

常见图层的作用及特点如下：

① 背景图层：是新建文档或打开图像文件时创建的图层，常为锁定状态，标注“背景”两字。

② 普通图层：它是最常用的一种图层。单击“图层”面板底部的“创建新图层”按钮或是选择“图层 > 新建 > 图层”命令也可创建。

③ 链接图层：保持链接状态的多个图层。

④ 剪贴蒙版：蒙版的一种，可使一个图层中的图像控制它上面多个图层的显示范围。

⑤ 智能对象图层：包含智能对象的图层。

⑥ 调整图层：填充了渐变、图案和纯色的图层，常被用于调整图像颜色。

⑦ 填充图层：用于设置选区形状，单击右侧的，在弹出的下拉列表内可选择不同样式。

⑧ 图层蒙版图层：添加了图层蒙版的图层，蒙版控制图像的显示范围。

⑨ 图层样式：添加了图层样式的图层，通过图层样式可以快速创建特效，如发光、浮雕效果等。

⑩ 图层组：用来组织管理图层，以便于查找和编辑图层，类似于文件夹。

⑪ 文字图层：使用文字工具输入后自动创建的图层。

⑫ 中性色图层：是一种填充了中性色和设置了混合模式的特殊图层，可以在中性色图层上创建滤镜或绘画。

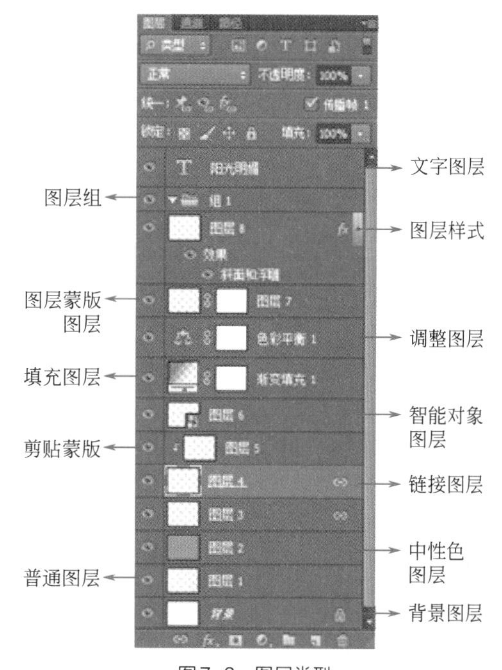

图7-3 图层类型

7.1.3 按类型选择图层

Photoshop CS6中对“图层”面板进行了改进和完善，其中新增了类型选项，即可选择不同类型的图层，便于图层较多时，选择和显示需要的某一种类型图层。

在“图层”面板中单击“类型”选项下拉按钮，在打开的下拉菜单中可选择要选择的图层类型选项，如图7-4所示。

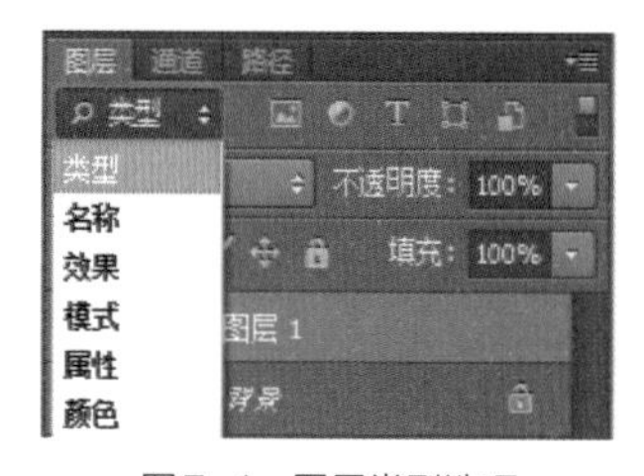

图7-4 图层类型选项

7.1.4 新建图层

（1）在“图层”面板中创建图层

单击“图层”面板中的“创建新图层”按钮，即可创建新图层。新图层自动为当前图层并居于原图层上部，创建图层前如图7-5所示。所创建图层如图7-6所示。

如要在当前图层下面新建图层，可按住“Ctrl”键单击按钮，“背景”图层下面不能创建图层。

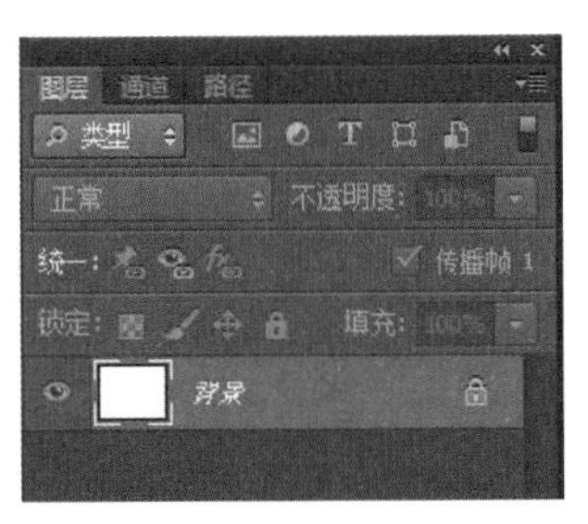

图7-5 创建图层前

图7-6 创建图层

（2）用“新建”命令创建图层

在菜单栏内选择“图层>新建>图层”命令，如图7-7所示。或按住“Alt”键单击“创建新图层”按钮，打开“新图层”对话框，如图7-8所示。

（3）“通过拷贝的图层”和“通过剪切的图层”命令创建图层

在已有选区内单击右键，执行“通过拷贝图层”命令或“通过剪切图层”命令，创建新图层。如图7-9和图7-10所示。

（4）创建“背景”图层

新建文档时，使用白色或背景色作为背景内容，“图层”面板最下方即是“背景”图层。创建背景图层如图7-11所示。背景内容选择为透明时，是没有“背景”图层的。

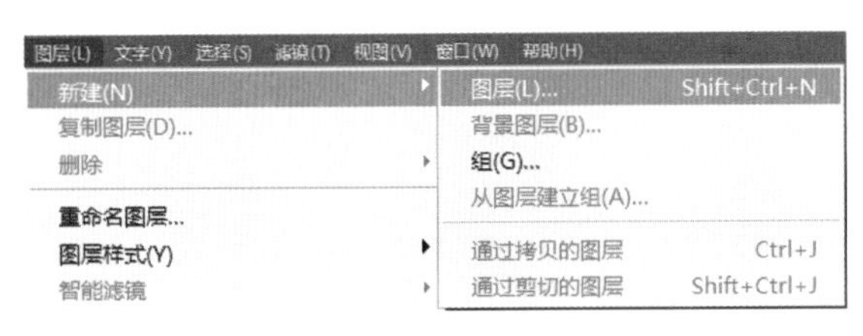

图7-7 新建图层命令

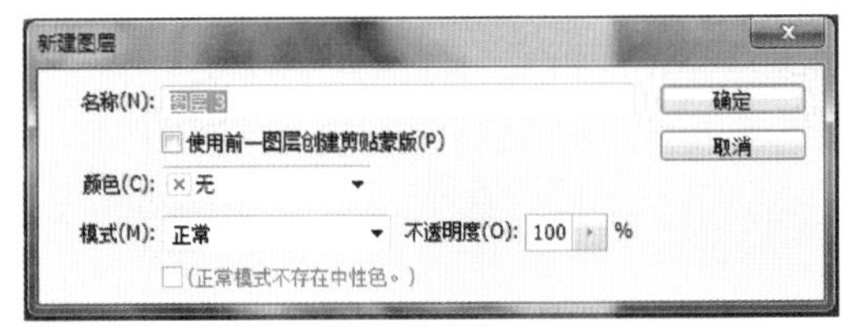

图7-8 “图层”对话框

图7-9 通过拷贝的图层创建图层

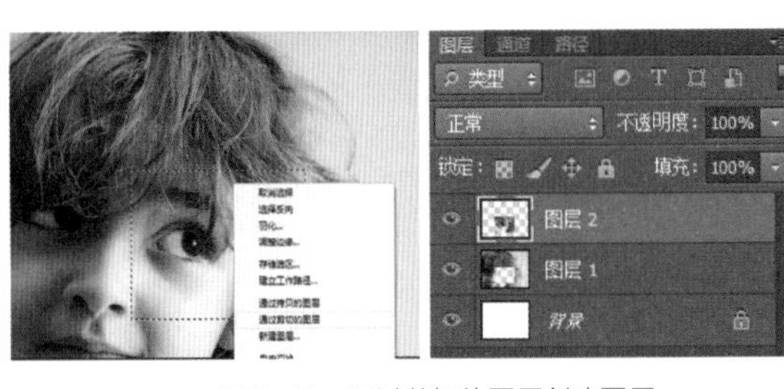

图7-10 通过剪切的图层创建图层

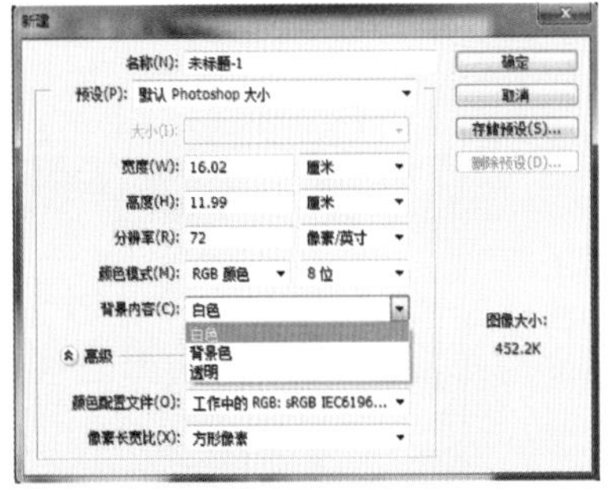

图7-11 创建背景图层

7.1.5 复制与删除图层

（1）在面板中复制图层

在“图层”面板中，将需要复制的图层拖动到新建图层按钮上面，便可复制该图层，如图7-12所示。按住“Ctrl+J”快捷键也可复制当前图层。

（2）通过命令复制图层

选择一个图层，执行“图层>复制图层”命令，打开“复制图层”对话框，输入图层名称并设置选项，单击“确定”按钮可以复制该图层，如图7-13所示。

（3）删除图层

通过在面板中直接将需要删除的图层拖拽到图标，即可删除图层，如图7-14所示。

也可在命令中进行图层删除，右键单击该图层，选择“删除图层”命令，即可删除该图层，如图7-15所示。

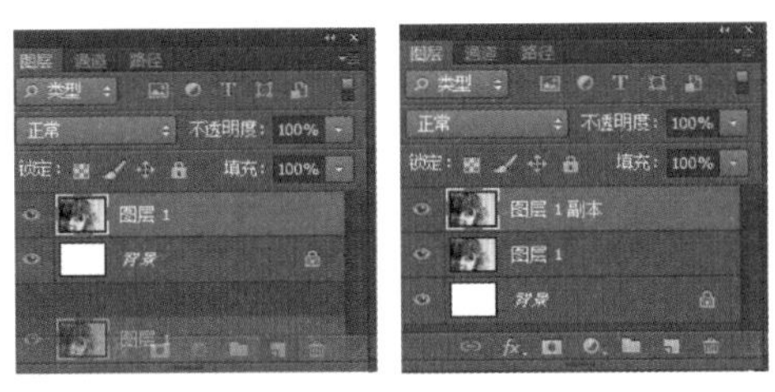

图7-12　面板中复制图层

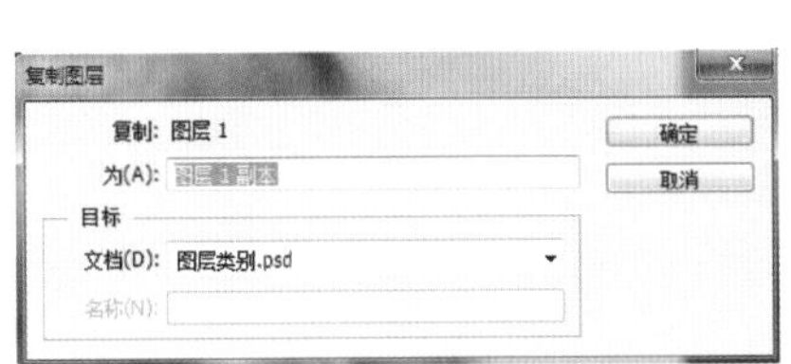

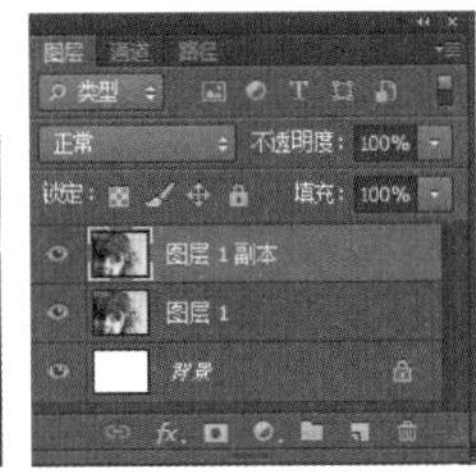

图7-13　命令复制图层

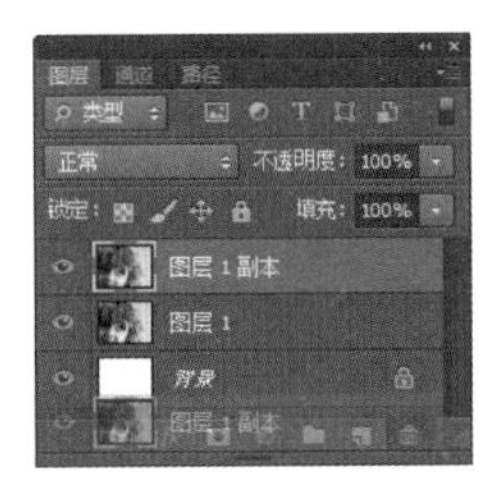

图7-14　面板删除图层

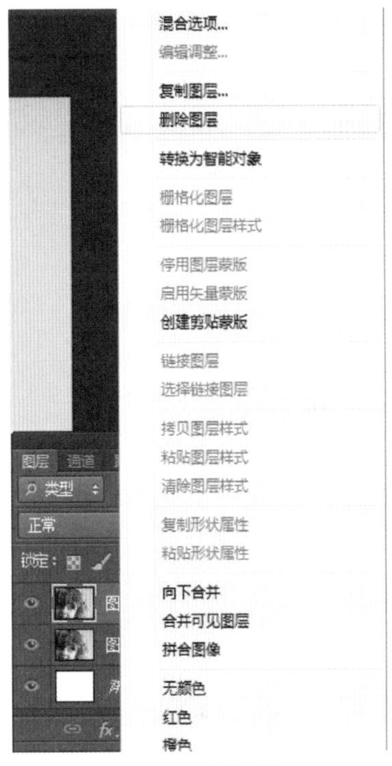

图7-15　命令删除图层

7.2　图层样式的添加

图层样式也称图层效果，它可以为图层中的图层内容添加如投影、发光、浮雕、描边等效果，进而创建具有真实质感的纹理特效。图层样式可随时修改、隐藏和删除，具有非常强的灵活性。

7.2.1　添加图层样式

添加图层样式时，先选择这一图层，然后采用以下任意一种方法打开“图层样式”对话框，进行效果设定。

① 打开“图层>图层样式”下拉菜单，选择效果命令，如图7-16所示。打开“图层样式”对话框，进入到相应效果的设置面板，如图7-17所示。

② 在“图层”面板中单击“添加图层样式”按钮，打开下拉菜单选择效果命令，如图7-18所示。

③ 双击需要添加效果的图层，可以打开“图层样式”对话框，继而在对话框左侧部分进行选择所需要添加的效果，切换到该效果的设置面板。

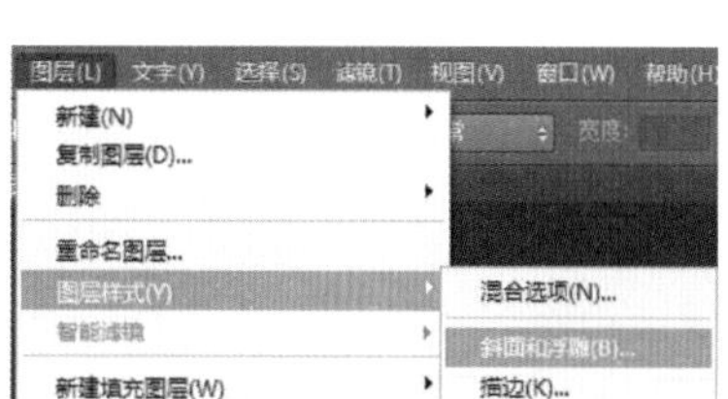

图7-16 图层样式

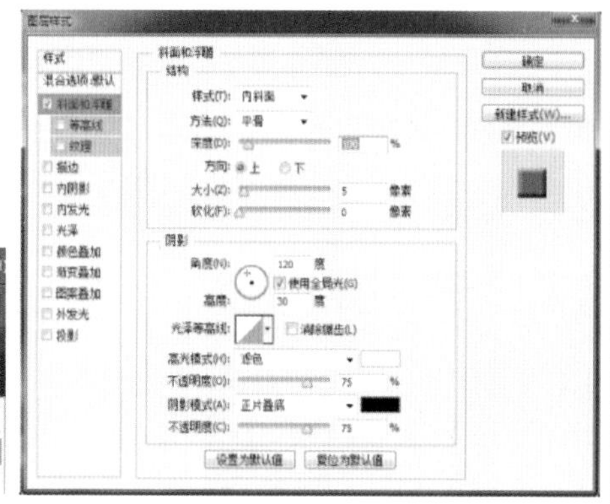

图7-17 “图层样式”对话框

图7-18 图层样式按钮

7.2.2 认识“图层样式”对话框

“图层样式”对话框的左侧列出了10种效果，如图7-19所示。效果名称前面表选出“√”即为添加了该效果。单击效果前面的“√”标记，可停用该效果，但保留效果参数。

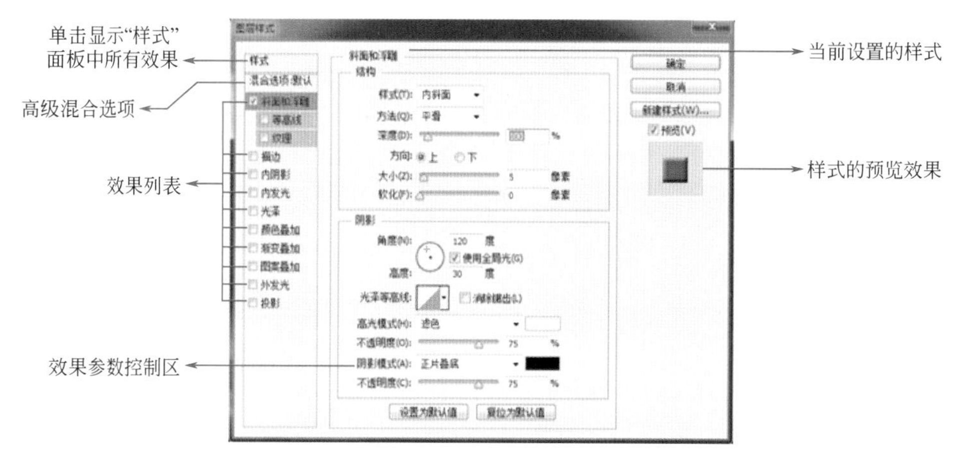

图7-19 “图层样式”对话框

在对话框内设置好参数之后，单击“确定”按钮即可为该图层添加效果，该图层会显示出一个图层样式图标fx.和一个效果列表，如图7-20所示。单击▾按钮可进行折叠和展开效果列表，如图7-21所示。

图7-20 效果列表

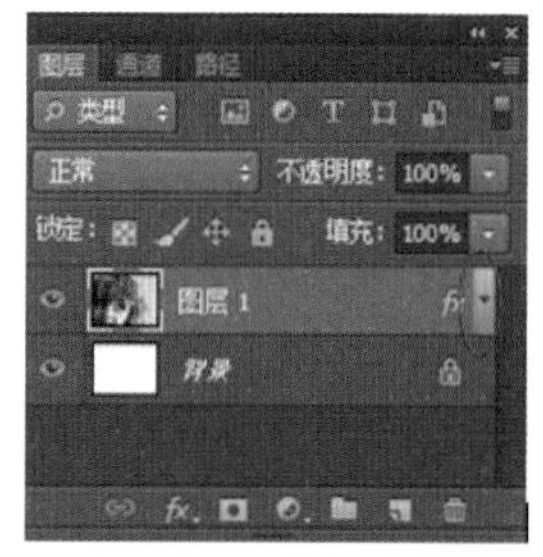

图7-21 折叠和展开按钮

7.3 图层混合模式和不透明度

混合模式是Photoshop的核心功能，它决定了像素的混合方式，可用于合成图像、制作选取和特殊效果，但不会对图像造成任何实质性的破坏。“图层”面板内有两个控制图层不透明度的选项：

"不透明度"和"填充"。在这两个选项中，100%代表完全不透明，50%代表半透明，0%代表完全透明。

7.3.1 图层混合模式

Photoshop中的许多工具和命令都包括混合模式设置选项，例如"图层"面板、绘画和修饰工具的工具选项栏、"图层样式"对话框、"填充"命令、"描边"命令、"计算"和"应用图像"命令等。由此也可见混合模式在Photoshop中的重要性。

（1）混合图层

在"图层"面板中，混合模式用于控制当前图层中的像素和它下面图层的像素混合，如图7-22和图7-23所示。除"背景"图层外，其他图层都支持混合模式。

图7-22 混合图层（正常）

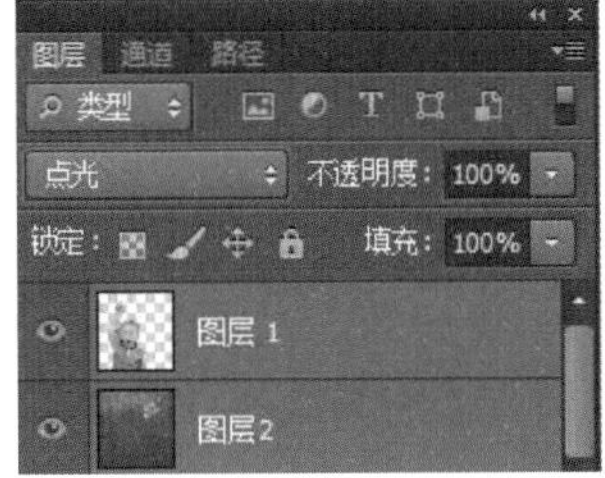

图7-23 混合图层（点光）

（2）图层混合模式的设定

在"图层"面板中选择一个图层，单击面板上部的按钮，打开下拉列表便可选择混合模式，如图7-24所示。

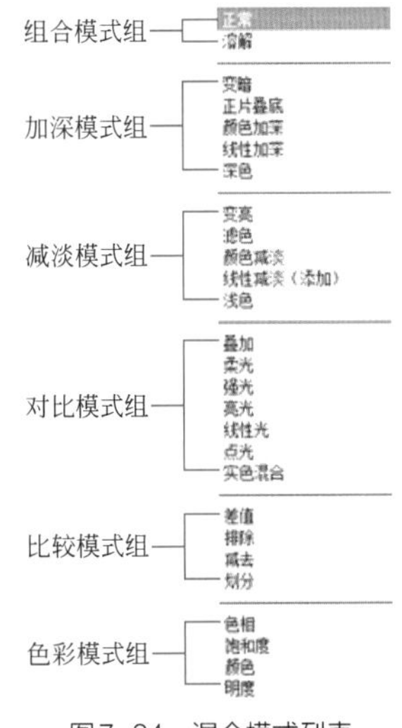

图7-24 混合模式列表

7.3.2 图层不透明度

"不透明度"用于控制图层、图层组中绘制像素和形状的不透明度，如果对图层应用了图层样式，则图层样式不透明度同样会受影响。"填充"影响图层绘制像素和形状的不透明度，不会影响图层样式的不透明度。

添加外发光效果，调整图层不透明度为20%时，会对蝴蝶和发光效果产生影响。如图7-25所示。调整填充不透明度时，仅对蝴蝶产生影响，外发光效果不透明度不会改变。如图7-26所示。

图7-25 蝴蝶图像1

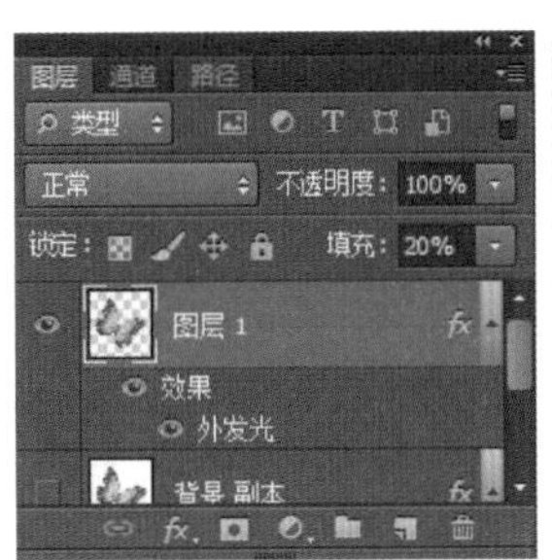

图7-26 蝴蝶图像2

7.4 填充和调整图层的创建

7.4.1 创建填充图层

填充图层是指向图层中填充纯色、渐变和图案而创建的特殊图层，我们可以设置不同的混合模式和不透明度，从而修改其他图像的颜色或者生成各种图像效果。

首先打开一张素材图片，如图7-27所示。然后点击“图层”面板下方“创建新的填充或调整图层”按钮，在下拉菜单中选择“纯色”，如图7-28所示。

在弹出的“拾色器（纯色）”对话框中，选取一个颜色，如图7-29所示。此时“图层”面板会出现新的图层“颜色填充1”，即是新建立的填充图层。如图7-30所示。

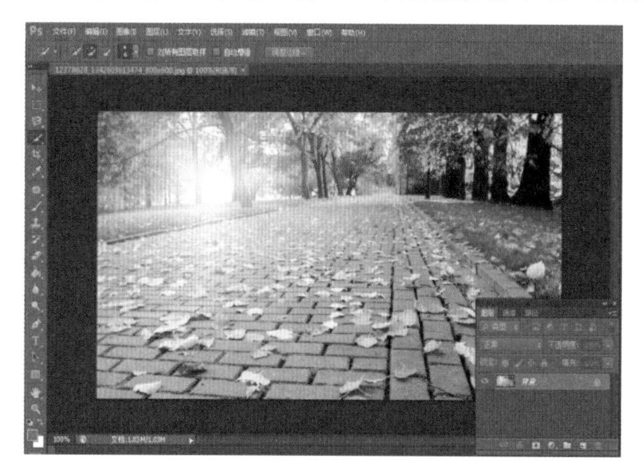

图7-27　素材图片

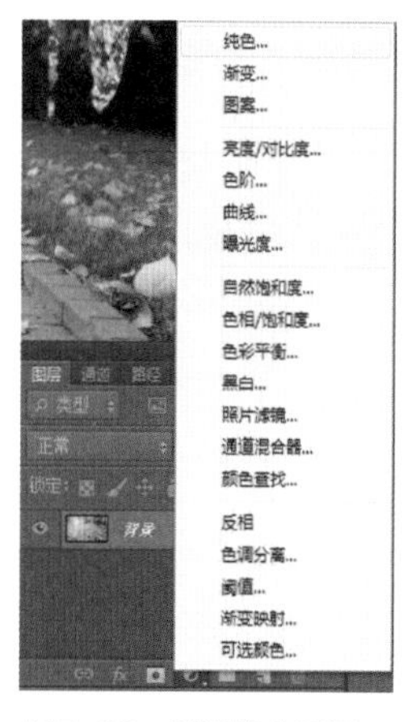

图7-28　创建填充图层

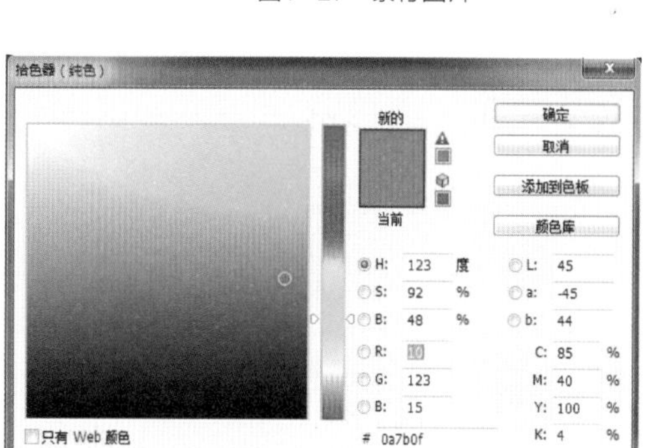

图7-29　“拾色器”对话框

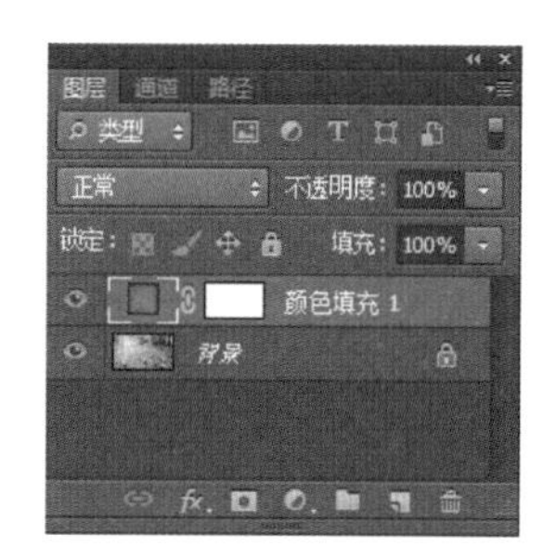

图7-30　颜色填充图层

7.4.2 创建填充图层实例

使用纯色填充图层制作发黄旧照片，操作步骤如下。

① 按“Ctrl+O”快捷键，打开“素材\07\03.JPG”素材图片，如图7-31所示。选择“滤镜>镜头校正”命令，打开“镜头校正”对话框。单击“自定”选项，设置“晕影”参数，使画面四周变暗，如图7-32所示。

② 选择“滤镜>杂色>添加杂色”命令，在图像内加入杂点，如图7-33所示。

③ 选择“图层>新建填充图层>纯色”命令，打开“拾色器”设置颜色，如图7-34所示，单击“确定”按钮关闭对话框，创建填充图层。将填充图层的混合模式设置为“颜色”，如图7-35所示。效果如图7-36所示。

图7-31　素材文件

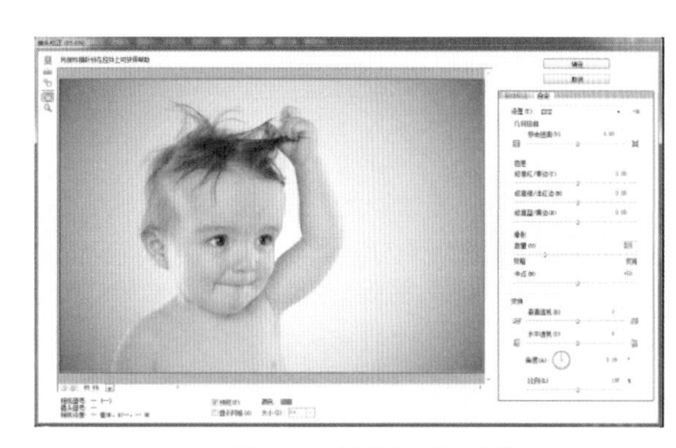

图7-32　“镜头校正”对话框

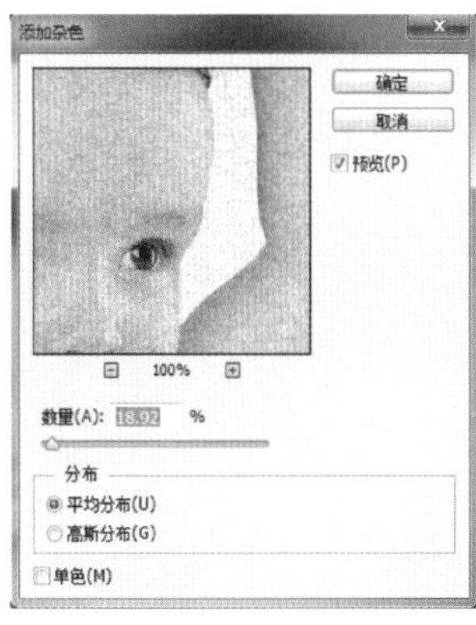

图7-33　添加杂色

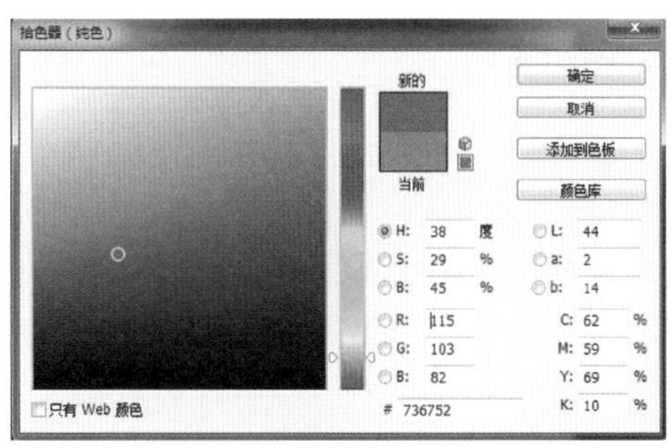

图7-34　“拾色器”对话框

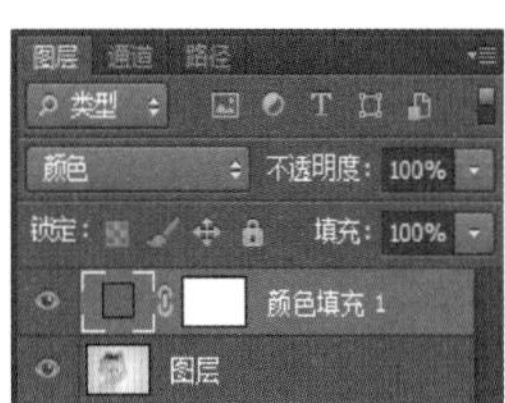

图7-35　填充图层

图7-36　效果

④ 按“Ctrl+O”快捷键，打开“素材\07\04.JPG”划痕图片，如图7-37所示。

⑤ 将其拖入照片文档，设置它的混合模式为“柔光”，不透明度为70%，使它叠加在照片上生成划痕做旧效果，如图7-38所示。最终效果如图7-39所示。

图7-37　划痕图片

图7-38　参数设置

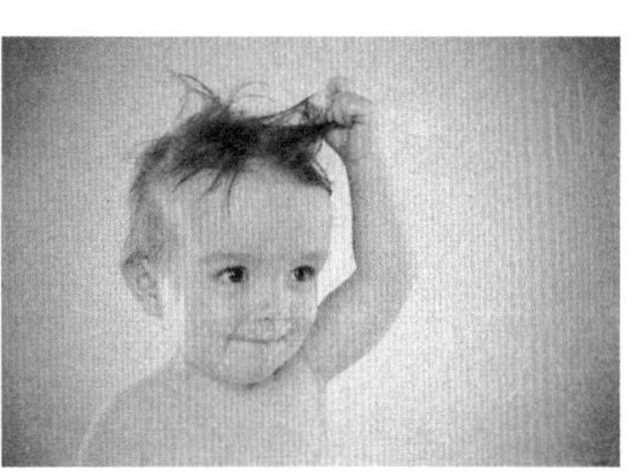

图7-39　最终效果

7.4.3 创建调整图层

调整图层是一种特殊的图层，它可将颜色和色调调整应用于图像，但不会改变原图像的像素，因此不会对图像产生实质性的破坏。

选择“图层>新建调整图层”下拉菜单里的命令，或是单击“图层”面板下方的“创建新的填充和调整图层”按钮。创建后如图7-40所示。

也可在“调整”面板里面进行选择，如图7-41所示。例如选择“亮度/对比度”选项，同时“属性”面板中会显示相应的参数设置选项，如图7-42所示。

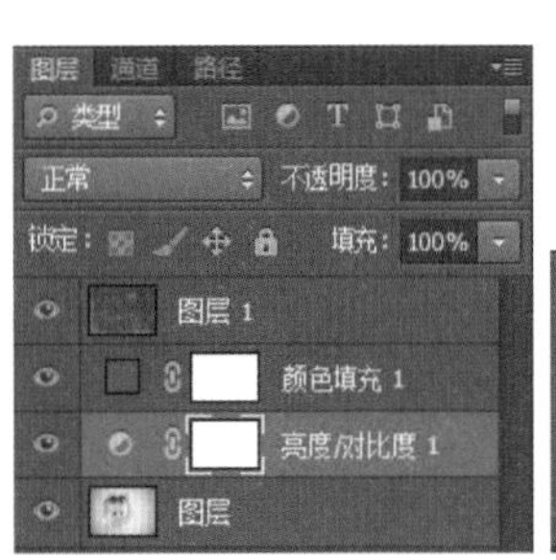

图7-40 调整图层

图7-41 “调整”面板

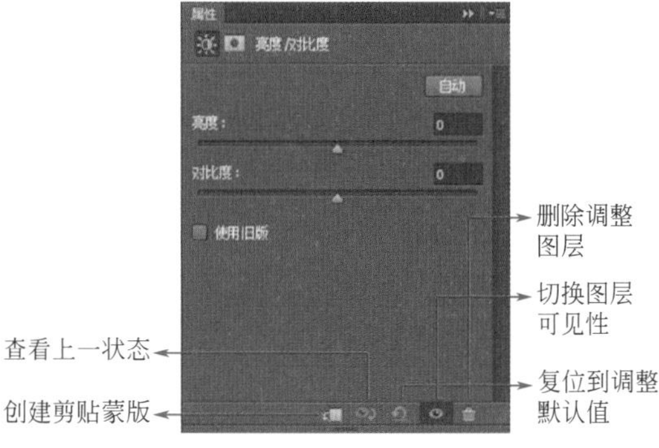

图7-42 “属性”对话框

7.4.4 创建调整图层实例

制作“摇滚风格图像”，操作步骤如下。

① 按“Ctrl+O”快捷键，打开“素材\07\05.JPG”素材图片，如图7-43所示。单击“调整”面板中的，创建“色调分离”调整图层，如图7-44所示。

② 在“属性”面板里面拖动滑块，将色阶调整为4，如图7-45所示。效果如图7-46所示。

③ 单击“调整”面板中“渐变映射”调整整个图层，设置渐变颜色，如图7-47所示。效果如图7-48所示。

④ 调整“混合模式”为“滤色”，得到最终效果，如图7-49所示。

图7-43 素材图片

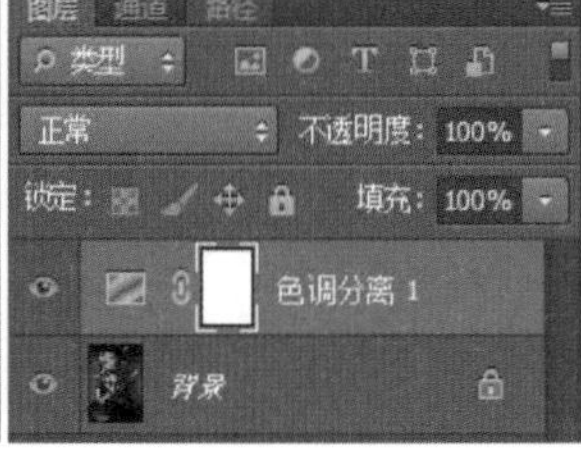

图7-44 “色调分离”调整图层

图7-45 “属性”面板

图7-46 效果

图7-47 设置渐变颜色

图7-48 效果

图7-49 最终效果

7.5 智能对象

智能对象是一个嵌入在当前文档中的文件，它可以包含图像矢量图形，它与普通图层的区别在于它能够保留对象的源内容和所有的原始特征，因此，在处理它时，不会直接应用在对象的原始数据。

7.5.1 置入智能对象

（1）将文件作为智能对象打开

通过“文件>打开为智能对象”命令，可以选择一个文件作为智能对象打开，如图7-50所示。

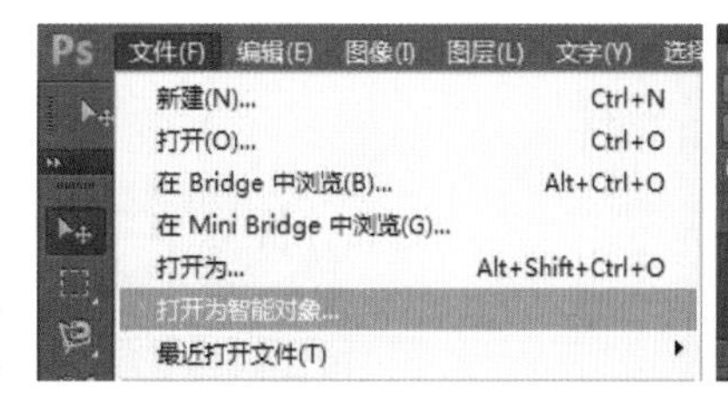

图7-50 打开智能对象

（2）在文档中置入智能对象

打开文件如图7-51所示。选择“文件>置入”命令，可将另外一个文件作为智能对象置入到当前文档中，如图7-52所示。

（3）将图层中的对象创建为智能对象

选择一个或多个图层，如图7-53所示。选择“图层>智能对象>转换为智能对象图层”命令，可以将这些图层打包到一个智能对象中，如图7-54所示。

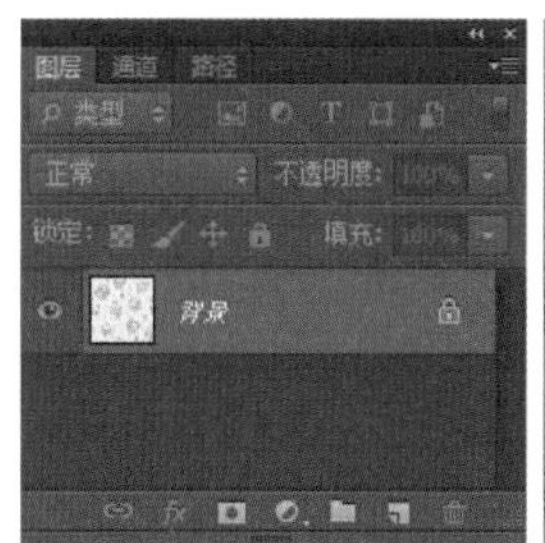

图7-51 背景图片

图7-52 置入智能对象

7.5.2 编辑智能对象

创建智能对象后，可以根据需要修改它的内容。源内容为栅格数据或相机原始数据文件可在Photoshop中打开，矢量EPS或PDF为源内容的文件，则可以在Illustrator中打开。存储修改后的智能对象时，文档所有与之链接的智能对象都会显示所做的修改。

① 打开一个实例的效果文件，如图7-55所示。

② 双击一个智能对象，如图7-56所示。弹出对话框后单击“确定”按钮，会在一个新窗口中打开智能对象的原始文件，如图7-57所示。

图7-53　选择图层

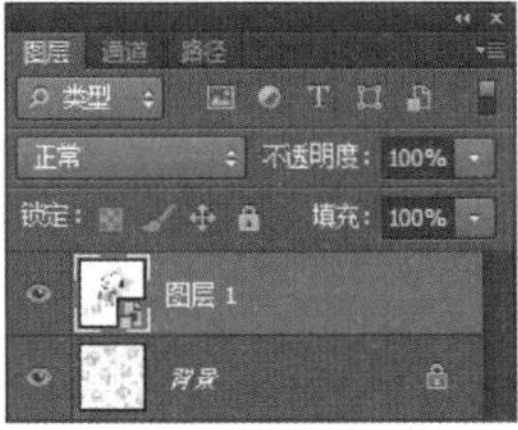

图7-54　转换为智能对象

图7-55　效果文件

图7-56　智能对象

图7-57　智能对象文件

③ 单击“调整”面板内的按钮，创建“黑白”调整图层，去除颜色后将图像调整为黑白效果，如图7-58所示。效果如图7-59所示。

④ 关闭该文件，在对话框中单击按钮“是”，确认对文档所做的修改。另一个文档中的智能对象及其所有实例都会更新到与之相同的效果，最终效果如图7-60所示。

图7-58　创建调整图层

图7-59　效果

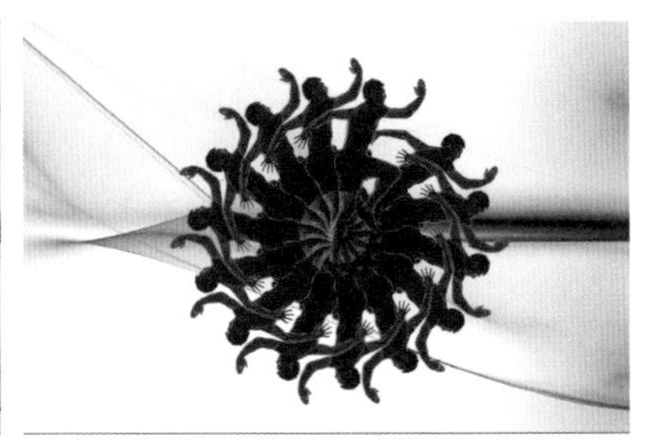

图7-60　最终效果

7.5.3 转换智能对象

选择需要转换的智能对象图层，执行“图层>智能对象>栅格化”命令，可以将智能对象转换为普通图层，如图7-61所示。

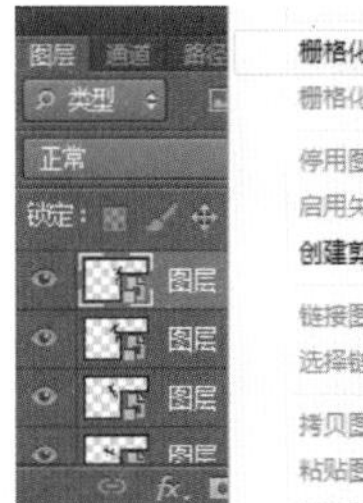

图7-61　转换智能对象

7.6 图层样式的运用

图层样式也称为图层效果，可以为图层中的图像内容添加诸多特效。图层样式可以随时修改、隐藏或删除，具备很强的灵活性。

7.6.1 投影与内阴影

“投影”效果可以为图层内容添加投影，使图像产生立体感。调出“投影”效果参数选项，如图7-62所示。

原图与添加“投影”后的效果对比如图7-63所示。

“内阴影”效果为在紧靠图层内容的边缘内添加阴影，使图像产生凹陷效果，调出“内阴影”效果参数选项，如图7-64所示。

原图与添加“内阴影”后的效果对比如图7-65所示。

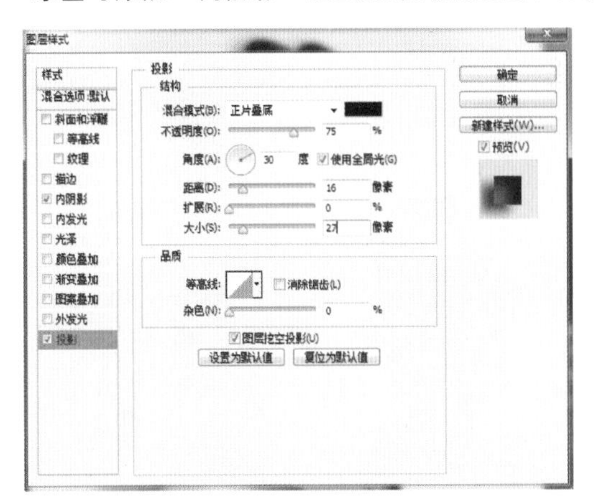

图7-62　投影效果参数

图7-63　投影前后对比图

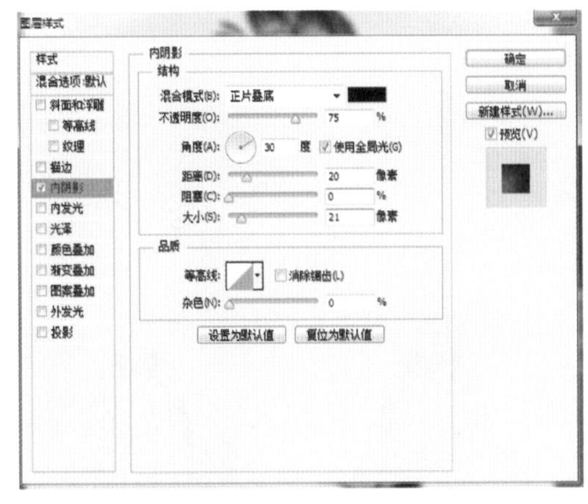

图7-64　内阴影参数

图7-65　内阴影前后对比图

7.6.2 外发光与内发光

“外发光”可沿图层内容的边缘向外创建发光效果，如图7-66所示为外发光的参数选项。

原图与添加“外发光”后的效果对比如图7-67所示。

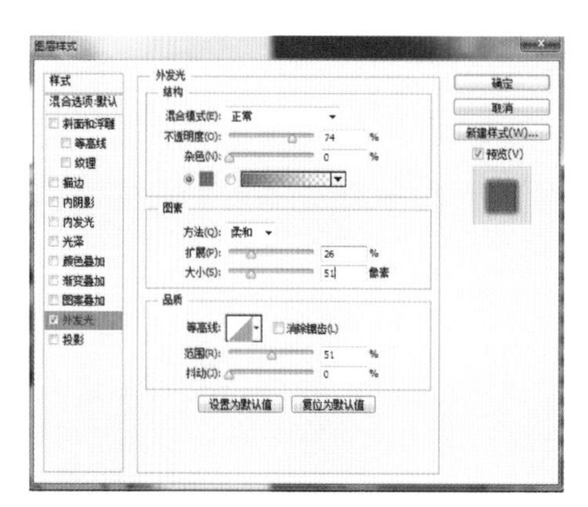

图7-66 外发光参数

图7-67 外发光前后对比图

“内发光”可沿图层内容的边缘向内创建内发光效果。内发光参数选项如图7-68所示。

原图与添加“内发光”的效果对比如图7-69所示。“内发光”效果中除了“源”和“阻塞”外，其他大部分选项都与“外发光”效果相同。

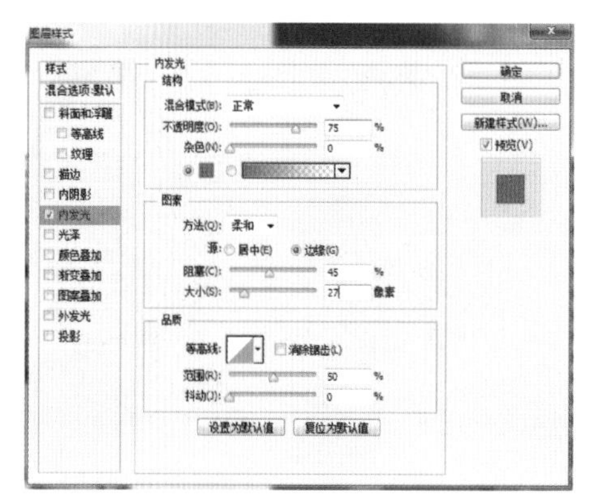

图7-68 内发光参数

图7-69 内发光前后对比图

7.6.3 斜面和浮雕

“斜面和浮雕”效果可以对图层添加高光与阴影的各种组合，使图像呈现立体的浮雕效果。斜面和浮雕参数选项如图7-70所示。

原图与添加“斜面和浮雕”效果后的对比如图7-71所示。

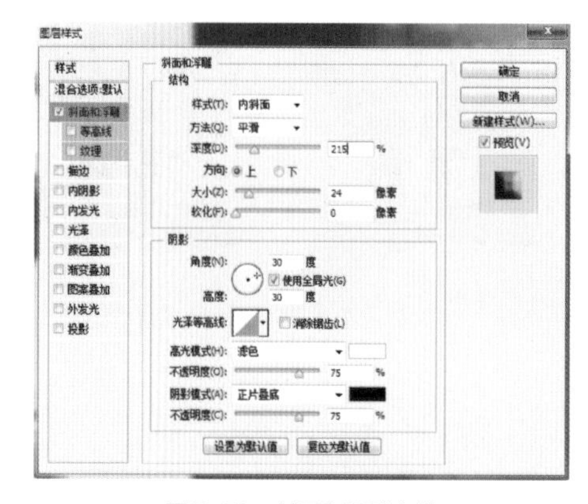

图7-70 斜面和浮雕参数

图7-71 斜面和浮雕前后对比图

7.6.4 光泽

“光泽”效果通常用来创建金属表面的光泽感。通过选择不同的“等高线”进行改变光泽的样式。光泽参数选项如图7-72所示。

原图与添加“光泽”效果后的对比如图7-73所示。

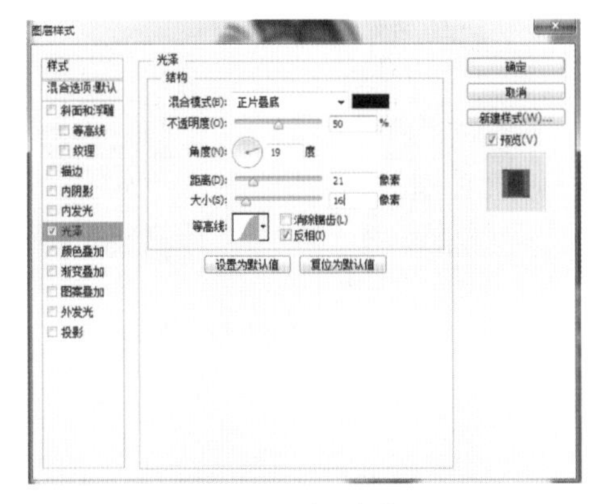

图7-72　光泽参数

图7-73　光泽前后对比图

7.6.5 颜色叠加

“颜色叠加”效果可在图层上叠加指定的颜色，通过设置颜色的混合模式和不透明度，控制叠加的效果。颜色叠加参数选项如图7-74所示。

原图与添加“颜色叠加”效果后的对比如图7-75所示。

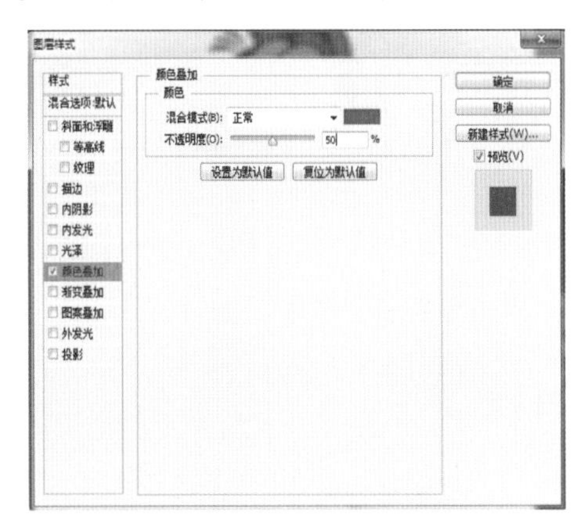

图7-74　颜色叠加参数

图7-75　颜色叠加前后对比图

7.6.6 渐变叠加

“渐变叠加”可在图层上叠加指定的渐变颜色。渐变叠加参数选项如图7-76所示。

原图与添加“渐变叠加”效果后的对比如图7-77所示。

7.6.7 图案叠加

“图案叠加”可在图层上叠加指定的图案，并可以缩放图案、设置图案的不透明度和混合模式。图案叠加参数选项如图7-78所示。

原图与添加“图案叠加”效果后的对比如图7-79所示。

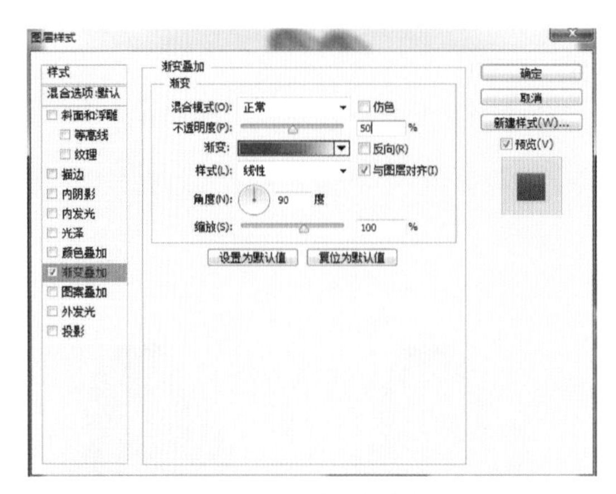

图7-76　渐变叠加参数

图7-77　渐变叠加前后对比图

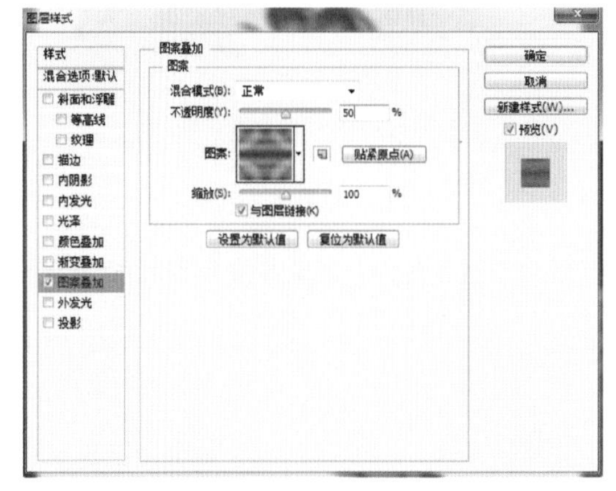

图7-78　图案叠加参数

图7-79　图案叠加前后对比图

7.6.8　描边图层样式的运用

“描边”可使用颜色、渐变或图案描画对象的轮廓，对于应变形状、文字等有特别作用。描边参数选项如图7-80所示。

渐变描边效果如图7-81所示，图案描边效果如图7-82所示。

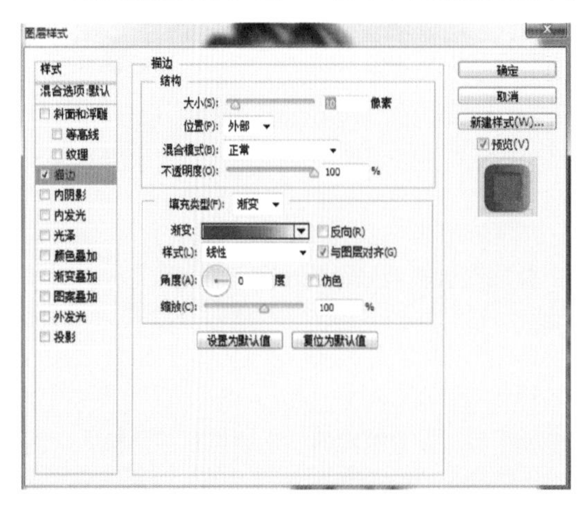

图7-80　描边参数

图7-81　渐变描边效果图

图7-82　图案描边效果图

7.6.9 预设样式的运用

（1）“样式”面板

“样式”面板中提供了各种预设的图层样式，如图7-83所示。

选择一个图层，如图7-84所示。

单击“样式”面板中的一个样式，可为其添加该样式，如图7-85所示。

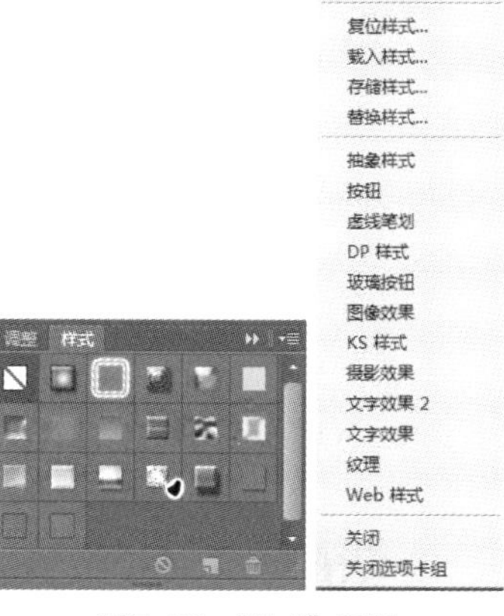

图7-83 “样式”面板

图7-84 选择图层

图7-85 添加样式

（2）创建样式

在“图层样式”对话框中添加一种或多种效果以后，可以将样式保存到“样式”面板内，方便运用。选择添加效果的图层，如图7-86所示。

单击“样式”面板里“创建新样式”按钮，开启对话框如图7-87所示。设置选项并单击“确定”创建新样式，如图7-88所示。

① 名称：可设置样式名称。

② 包含图层效果：可以将当前的图层效果设置为样式。

③ 包含图层混合选项：被设置了混合选项的当前图层，勾选该项，新建样式具有这种混合模式。

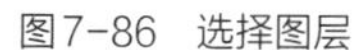

图7-86 选择图层

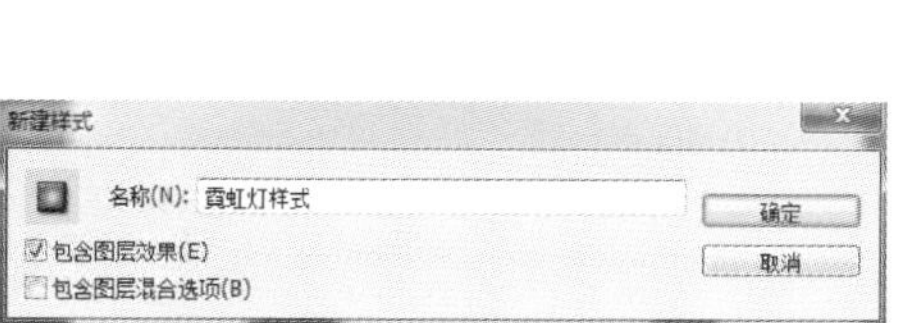

图7-87 “新建样式”对话框

图7-88 创建新样式

（3）删除样式

如要删除样式，将面板中的一个样式拖动到“删除样式”按钮上，或者按住“Alt”键单击一个样式，也可直接删除。

7.6.10 编辑图层样式

图层样式里面，我们可以随时修改效果参数，隐藏效果或是删除效果，并且不会对图像造成任何破坏。

（1）显示与隐藏效果

在“图层”面板中，如要隐藏一个效果，可单击图层效果前面的眼睛图标，如图7-89所示。

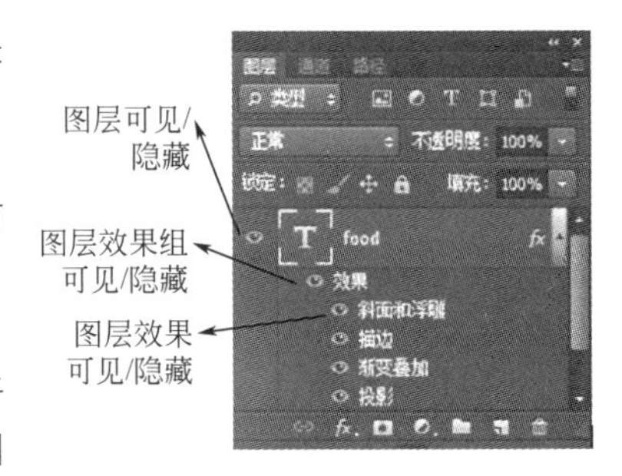

图7-89 显示与隐藏

（2）修改效果

在“图层”面板里面双击效果名称，如图7-90所示。打开“图层样式”对话框进入该效果的设置面板，修改效果参数，如图7-91所示。

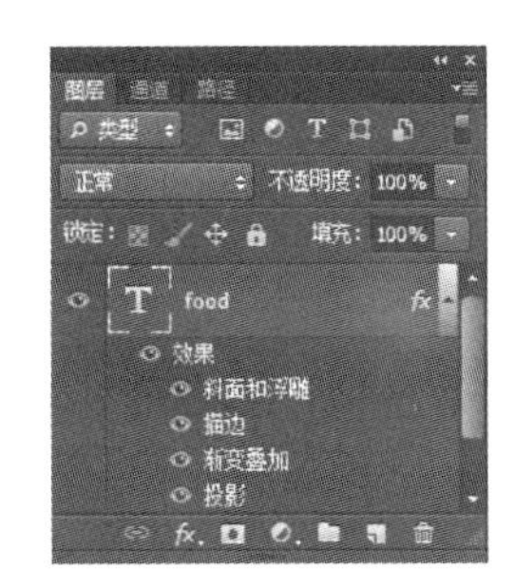

图7-90 选择图层

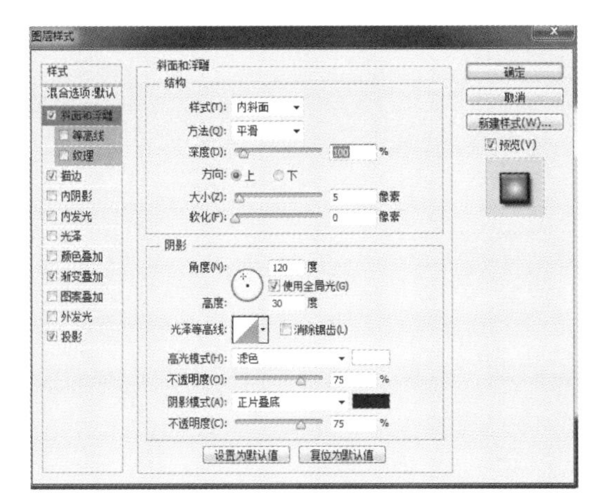

图7-91 “图层样式”对话框

（3）复制、粘贴与清除效果

选择该图层，单击右键进行“图层>图层样式>拷贝图层样式”命令复制效果，再选择其他图层，执行“图层>图层样式>粘贴图层样式”命令，便将效果粘贴在该图层中了。

除此方法外还有一个途径，按住“Alt”键将效果图标从一个图层拖到另一个图层上面，便能将该图层上的效果复制到另一个图层上。如果需要单独复制一个效果，同理“Alt”键拖动该效果名称至目标图层。

清除效果时，可选择图层进行“图层>图层样式>清除图层样式”，或是将效果拖动到“图层”面板下面的按钮，即可删除该效果。

（4）使用全局光

在“图层样式”对话框中，“投影”“内阴影”“斜面和浮雕”效果包含“全局光”选项，它可使以上效果使用相同角度的光源。如图7-92所示。

（5）使用等高线

在“图层样式”对话框中，“投影”“内阴影”“斜面和浮雕”效果包含“等高线”选项。单击“等高线”右侧按钮，在下拉面板中选择预设等高线样式，如图7-93所示。

单击等高线缩览图，打开“等高线编辑器”，如图7-94所示。可以添加、删除和移动控制点来修改等高线的形状，进而影响“投影”“内发光”等效果外观。“等高线”效果如图7-95所示。

图7-92 全局光

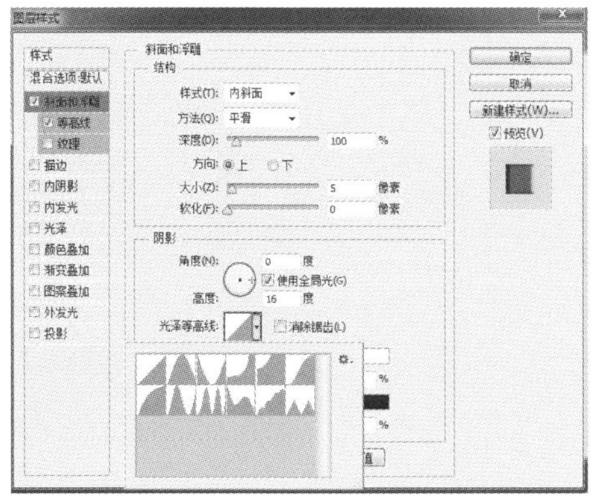

图7-93 "图层样式"对话框

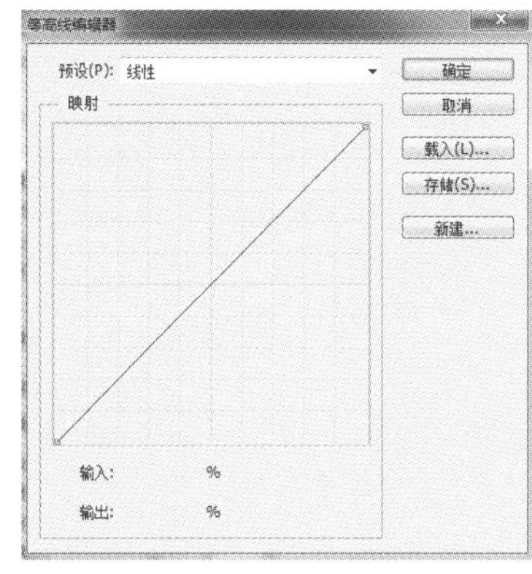

图7-94 等高线编辑器

fox fox fox
fox fox fox
fox fox fox
fox fox fox
fox

图7-95 等高线效果

实例1 用图案填充图层修改衣服贴花

Photoshop中提供了纯色、渐变和图案三种填充图层，可为图像添加纯色、渐变颜色以及图案效果。下面利用图案填充图层修改衣服贴花的实例，操作步骤如下。

① 按"Ctrl+O"快捷键，打开"素材\07\11.JPG"和"素材\07\12.JPG"素材图片。如图7-96所示。

② 选择印花图案为当前文档，按住"Ctrl+A"快捷键全选，进行"编辑>定义图案"命令，设置定义图案，如图7-97所示。

③ 按住"Ctrl+Tab"快捷键切换到人物图像中，用快速选择工具选中上衣，如图7-98所示。

④ 单击"图层"面板内打开"图案填充"对话框，选择创建的印花图案，单击"确定"按钮，创建图案填充图层。如图7-99所示。

⑤ 设置图案填充图层混合模式为"线性加深"，复制图层后将图层不透明度调为20%，如图7-100所示。最终效果如图7-101所示。

图7-96 素材图片

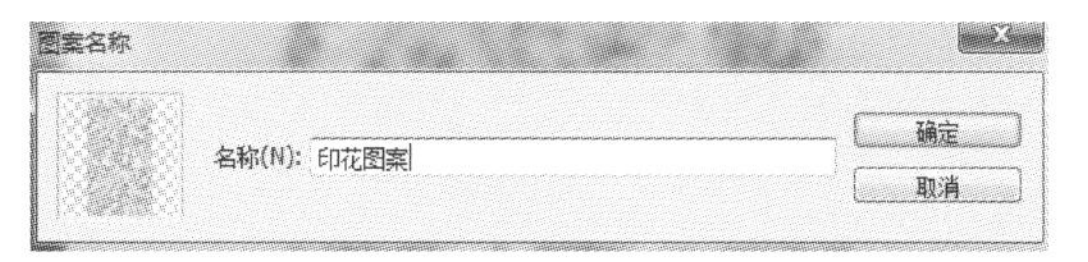

图7-97 "图案名称"对话框

图7-98 选中上衣

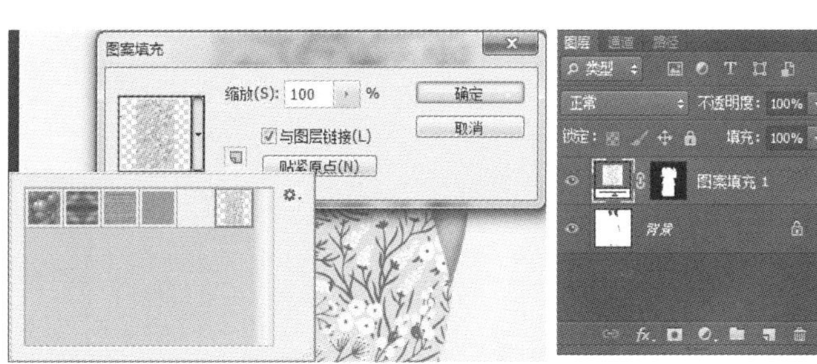

图7-99 创建图案填充图层

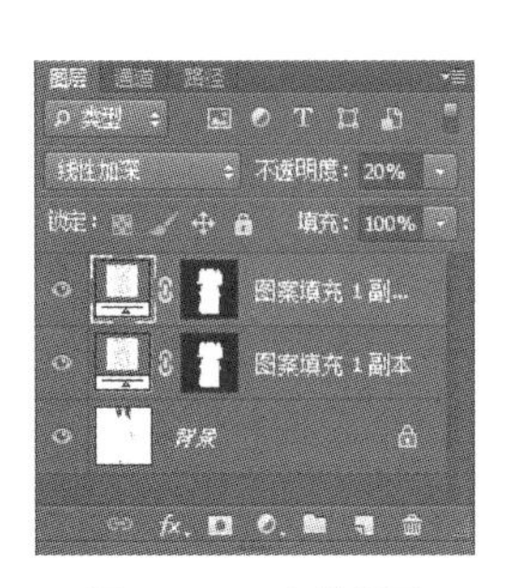

图7-100 参数设置

图7-101 最终效果

实例2 用渐变填充图层制作蓝天

下面利用渐变填充图层制作蓝天的实例，原图如图7-102所示，修改后图像如图7-103所示，操作步骤如下。

① 按“Ctrl+O”快捷键，打开“素材\07\13.JPG”素材图片。用快速选择工具将天空选中，如图7-104所示。

② 单击“图层”面板内按钮，选择“渐变”命令，打开“渐变填充”对话框。单击“渐变”右侧的渐变条，如图7-105所示。打开“渐变编辑器”调整渐变颜色，如图7-106所示。

③ 创建渐变填充图层，如图7-107所示。选取会转换到填充图层的蒙版中，效果如图7-108所示。

图7-102 原图

图7-103 修改后图像

图7-104 选中天空

图7-105 “渐变填充”对话框

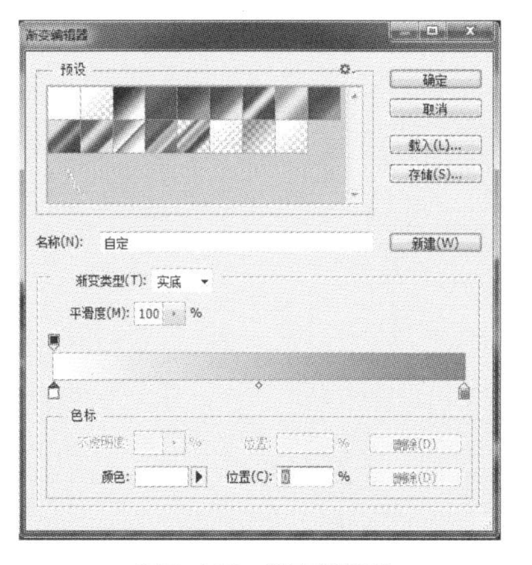

图7-106 渐变编辑器

图7-107 渐变填充图层

④ 单击“图层”面板按钮，新建一个图层。使用柔角画笔工具，将前景色设置为白色，在画面右上角点一个圆点，效果如图7-109所示。

⑤ 点击图层蒙版拖动到新建图层上，复制出一样的蒙版，如图7-110所示。

⑥ 按住“Alt”键单击“图层”面板下部按钮，弹出“新建图层”对话框，在“模式”下拉列表中选择“滤色”，勾选“填充屏幕中性色”选项，如图7-111所示。创建中性色图层，如图7-112所示。

⑦ 选择“滤镜>渲染>镜头光晕”命令，打开“镜头光晕”对话框，点击缩览图的右上角定位光晕中心，设置参数如图7-113所示。滤镜添加在创建的中性色图层上，即得到修改后的图像。

图7-108　效果

图7-109　效果

图7-110　复制蒙版

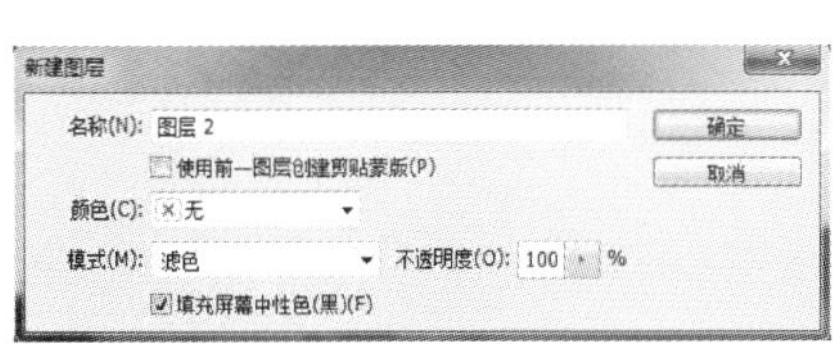

图7-111　“新建图层”对话框

图7-112　创建中性色图层

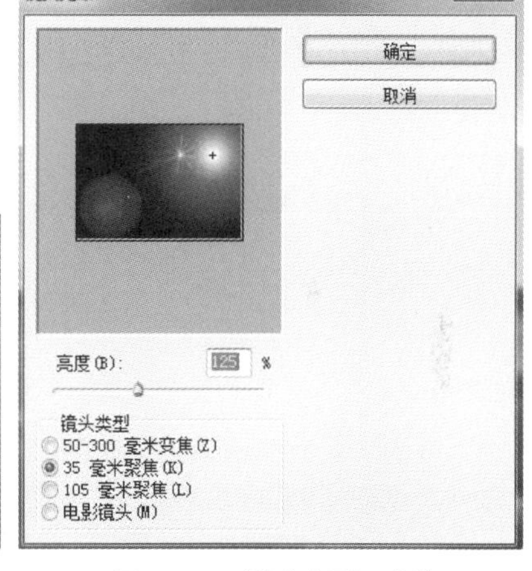

图7-113　“镜头光晕”对话框

实例3　将效果创建成图层

① 打开文件“素材\07\14.JPG”，如图7-114所示。

② 选择添加效果的图层，如图7-115所示。执行“图层>图层样式>创建图层”命令，然后将效果剥离到新建图层里，如图7-116所示。

③ 选择剥离出的图层，如图7-117所示。执行“滤镜>风格化>拼贴”命令，对图像进行处理，如图7-118所示。

④ 最终图像效果如图7-119所示。

图7-114　素材

图7-115 选择图层

图7-116 效果剥离到新建图层里

图7-117 选择图层

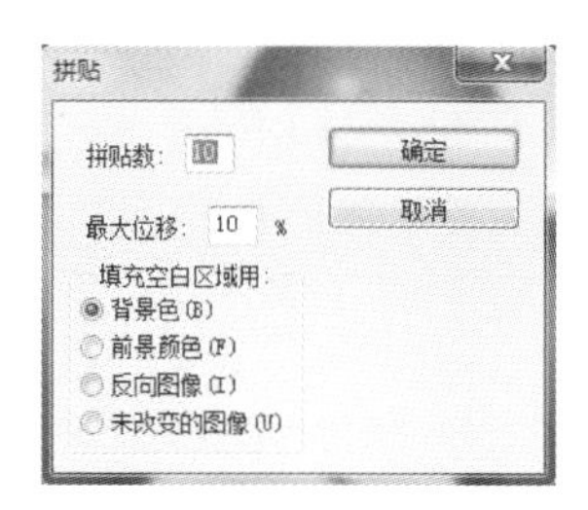
图7-118 “拼贴”对话框

图7-119 最终效果图像

实例4 自定义纹理制作海魂字

① 按“Ctrl+O”快捷键，打开“素材\07\15.JPG”素材图片，如图7-120所示。选择“编辑>定义图案”命令，出现“图案名称”对话框，如图7-121所示，单击“确定”按钮，将纹理定义为图案。

图7-120 素材图片

图7-122 素材

图7-121 “图案名称”对话框

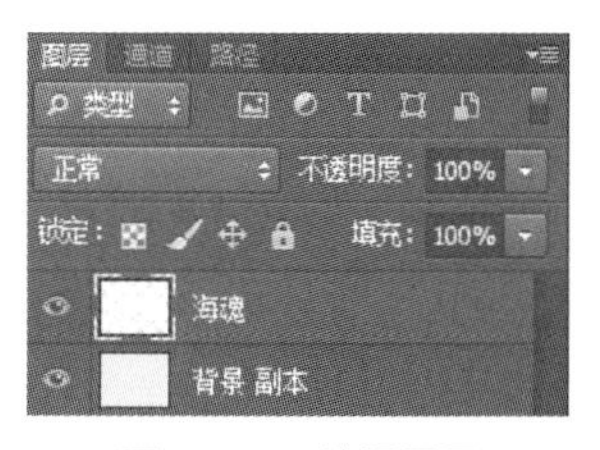

图7-123 选择图层

② 再打开文件“素材\07\16.JPG”，如图7-122所示。双击文字所在的图层，如图7-123所示。

③ 打开“图层样式”对话框。添加“投影”“内阴影”“外发光”“内发光”“斜面和浮雕”“颜色叠加”“渐变叠加”效果，如图7-124所示。效果如图7-125所示。

④ 在列表中选择“图案叠加”选项，单击“图案”选项右侧的按钮，打开下拉面板选择自定义图案，设置图案的缩放比例为160%，如图7-126所示。

⑤ 添加“描边”效果，完成海魂字制作，最终效果如图7-127所示。

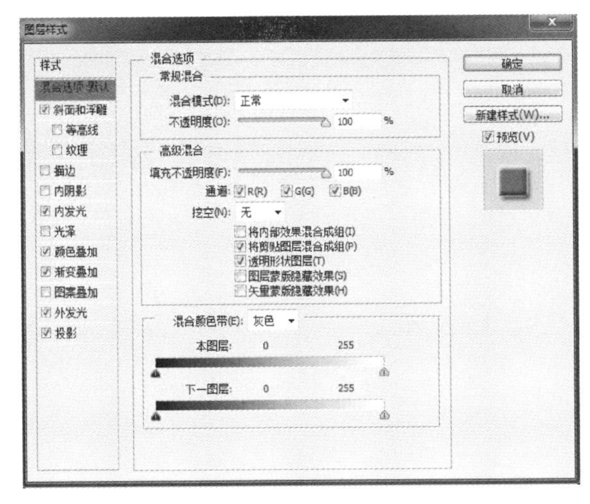

图7-124 图层样式设置

图7-125 效果

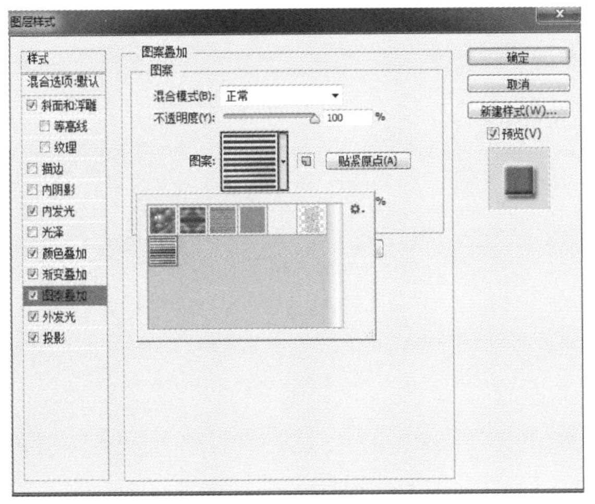

图7-126 图案叠加设置

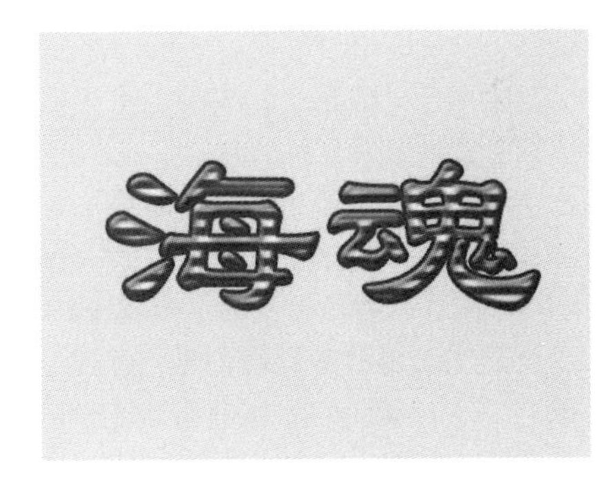

图7-127 最终效果

第8章 路径的绘制和编辑

路径在Photoshop中起着至关重要的作用，它不仅能绘制图形，还可以创建精确的选择区域。路径工具是一种矢量绘制工具，不同于其他工具绘制的点阵图像，它可以绘制直线路径和光滑曲线路径。路径工具包括三组工具：钢笔工具、形状工具和路径选择工具。

8.1 路径的基本概念

路径是一种轮廓，是可以转换为选区或者使用颜色填充和描边的轮廓。为了方便随时使用，可以将路径保存在“路径”面板中，它的特点是能够比较精确地调整和修改选区的形状，完成一些简单的选择工具无法描绘的复杂图像，使用灵活，路径可以转换为选区，选区也可以转换为路径。

路径由一个或多个直线段或曲线段组成，标记路径段的端点通常被称为锚点。在曲线段上，每个被选中的锚点会显示一条或者两条方向线，方向线以方向点结束，方向线（也称控制杆）和方向点（也称控制点）的位置决定曲线段的长度和形状。移动这些因素将改变路径中曲线的形状，如图8-1所示。

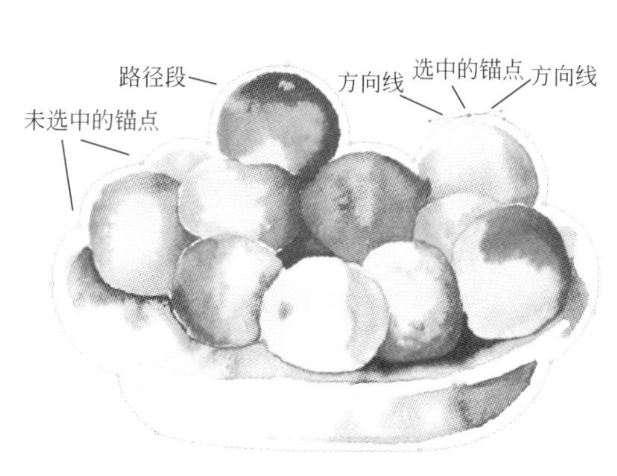

图8-1　路径示意图

8.2 路径绘制的方法

路径可以使用钢笔工具和自定形状工具来绘制，绘制的路径可以是开放式、闭合式和组合式，如图8-2所示。

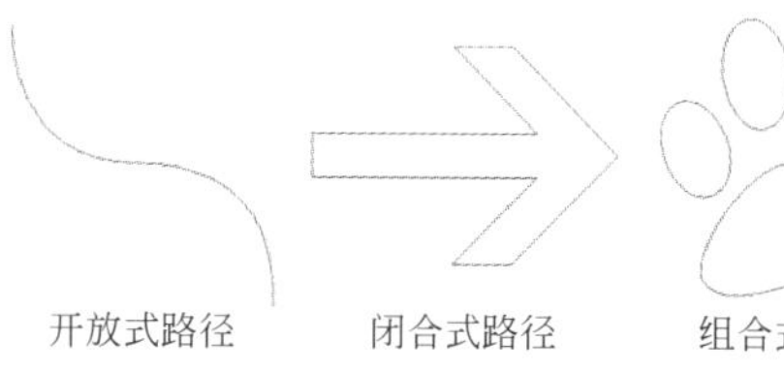

图8-2　路径方式

8.2.1 “钢笔”工具的使用

钢笔工具是最基本、最常用的路径绘制工具，利用钢笔工具可以创建或编辑直线、曲线或自由的线条、路径及形状图层，其优点是可以勾画出平滑的曲线，在缩放或者变形之后仍能保持平滑效果。当无法使用普通的形状工具创建出复杂的图形时，就需要用钢笔工具进行创建。钢笔工具的使用方法非常简单，在画面中单击即可创建锚点，再次单击创建第二个锚点，两点之间即可出现路径。

（1）钢笔工具

使用钢笔工具时，可以设置钢笔工具选项栏，如图8-3所示。

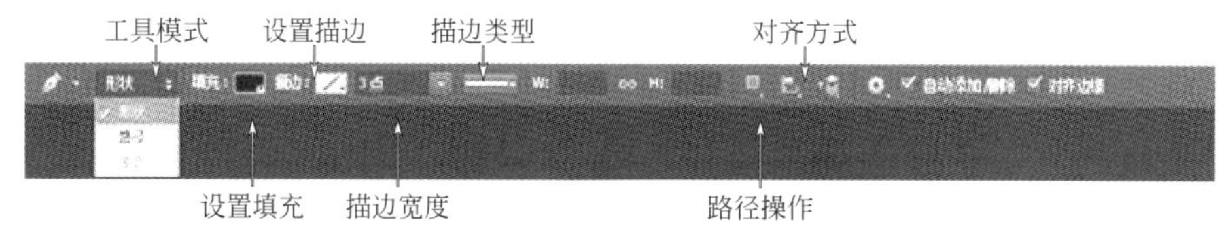

图8-3　钢笔工具选项栏

① 工具模式：在列表中可以选择“形状”“路径”和“像素”3个选项。选择形状，可以利用钢笔工具创建形状图层；选择路径就可以利用钢笔工具来绘制路径；选择像素时，可以直接绘制像素到当前图层。

② 填充/描边：单击填充后的颜色块会弹出一个调色板，可以选择需要的颜色进行填充，也可以根据操作需求选择“无”“纯色”“渐变”“图案”，如图8-4所示。

③ 描边宽度：用于设置描边的宽度，可以直接在文本框中输入参数值。

④ 描边类型：可以在弹出的“描边选项”面板中选择所需的描边类型，如图8-5所示，可以设置描边对齐方式、端点和角点。

⑤ 路径操作：可以设置路径的组合方式，共有“新建图层”“合并形状”“减去顶层形状”“与形状区域相交”和“排除重叠形状”5个选项。

⑥ 对齐方式：先在画面中选择要对齐的路径，再单击“路径对齐方式”按钮，并在弹出菜单中选择所需的对齐方式进行对齐即可。

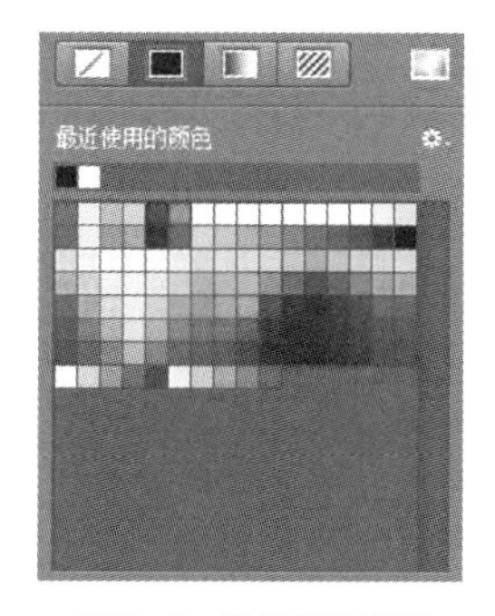

图8-4　设置描边颜色

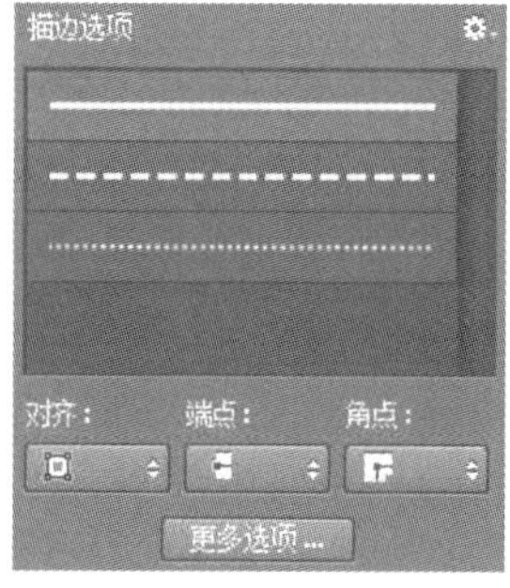

图8-5　设置描边类型

（2）自由钢笔工具

单击工具箱中的自由钢笔工具，在路径的起点处按住鼠标左键并拖动光标，光标移动经过的路径将自动添加锚点，无须确定锚点的位置，就像用铅笔在纸上随意绘图一样，完成路径后可以进一步对路径进行调整。

单击选项栏中的按钮，在下拉菜单中可以设置“拟合曲线”的控制参数，该数值越高，创建的路径锚点越少，路径越简单，该数值越低，创建的路径锚点越多，路径细节越多。

在自由钢笔工具的选项栏中，有一个“磁性的”复选框，选中该选框磁性的将切换为磁性钢笔工具。使用磁性钢笔工具在起点处单击，然后移动光标，随着光标的移动光标会沿着不同颜色之间的交接处自动创建锚点，使用该工具可以像使用磁性套索工具一样快速勾勒出对象轮廓的路径，如图8-6所示。

图8-6　使用磁性钢笔工具勾勒轮廓

8.2.2 “自定形状”工具

前面已经讲过，“钢笔工具”是用于绘制不规则形状的矢量绘图工具，除此之外，还有一些用于快速常见规则图形的矢量绘图工具，包括“矩形工具”、“圆角矩形工具”、“椭圆工具”、“多边形工具”、“直线工具”、“自定形状工具”。

(1)矩形工具

使用矩形工具可以在画面中绘制各种大小的矩形或正方形；也可以绘制矩形或正方形路径，还可以使用矩形工具在画面中绘制不可再次编辑的像素矩形或正方形，具体的选项栏设置如图8-7所示。

图8-7 矩形工具选项栏

矩形工具的使用方法和矩形选框工具类似，在画面中的一点按住鼠标左键并向其他位置拖拽即可绘制出形状矩形，绘制时按住“Shift”键可以绘制出正方形。在选项栏中单击图标，打开矩形工具的设置选项，可以定义绘制形状的比例，如图8-8所示。

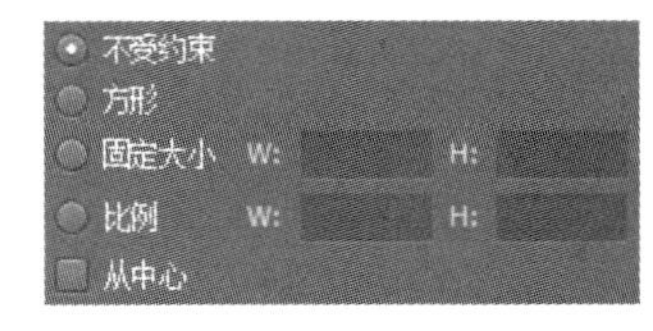

图8-8 矩形工具设置

① 不受约束：选中该单选按钮，可以绘制出任意大小的矩形；

② 方形：选中该单选按钮，可以绘制出任意大小的正方形；

③ 固定大小：选中该单选按钮，可以在其后面的文本框中输入宽度W和高度H，在图像上单击即可创建出矩形；

④ 比例：选中该单选按钮，可以在其后面的文本框中输入宽度W和高度H比例，此后创建的矩形始终保持这个比例；

⑤ 从中心：选中该单选按钮，此后创建矩形时，鼠标单击点即为矩形的中心。

(2)圆角矩形工具

圆角矩形工具可以快速地在文档中创建各种具有圆角效果的矩形，其创建方法与矩形完全相同。

需要注意的是使用圆角矩形工具绘制时，首先要在选项栏中对“半径”半径：10像素数值进行设置，数值越大，圆角越大，如图8-9所示。

图8-9 半径分别为10像素和100像素的矩形

(3)椭圆工具

使用椭圆工具可以在画面中绘制各种大小的椭圆或正圆形，也可以绘制可以再次编辑的形状椭圆或圆形、椭圆或圆形路径，还可以绘制不可再次编辑的像素椭圆或圆形。

如果要使用椭圆工具创建椭圆，可以在画面中按住鼠标左键并拖拽鼠标进行创建；如果要创建正圆形，可以按住“Shift”键或“Shift+Alt”快捷键（以光标单击点为中心）进行创建。

(4)多边形工具

使用多边形工具可以绘制多边形，可以在选项栏中对多边形的数量进行设置，例如我们需要画一个五边形，可以在选项栏中设置“边”为边：5，即可在画面中绘制五边形，如果需要画星形，可以显示几何选项调板，在其中选择“星形”选项，其他不变，如图8-10所示，然后在画面中绘制一个星形，最终效果如图8-11所示。

在多边形的绘制过程中，也可以通过勾选“平滑拐角”复选框、“平滑缩进”复选框、修改“缩进边依据”数值来完成不同形状的绘制，如图8-12所示。

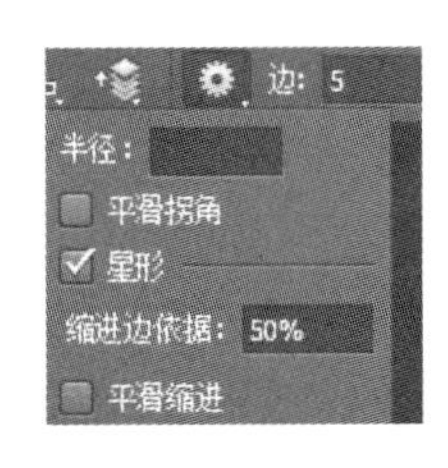

图8-10 几何选项调板

图8-11 五边形和星形

勾选平滑拐角效果

勾选平滑缩进效果

缩进边依据80%效果

图8-12 不同效果的多边形

（5）直线工具

使用直线工具可以绘制各种类型的直线、箭头。直线工具的使用方法非常简单，首先可以在选项栏中设置绘制直线的粗细，如果想要为线条添加箭头可以单击按钮，在弹出的直线工具选项中进行设置，如图8-13所示，然后在画面中一点向另一点拖动，即可绘制出需要的一条箭头。

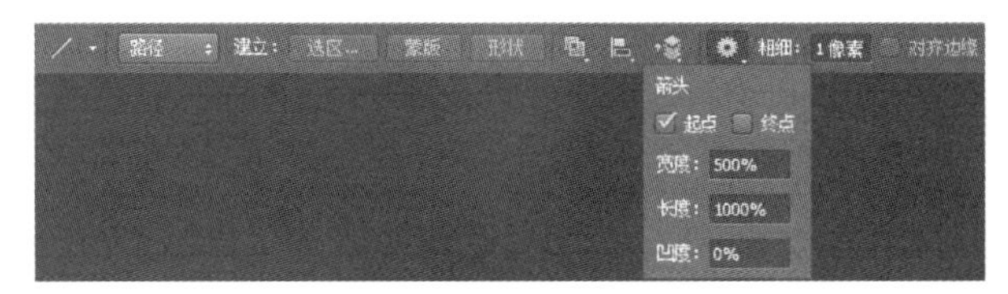

图8-13　直线工具选项栏

（6）自定形状工具

使用自定形状工具可以绘制各种预设的形状以及自定的形状，在选项栏中可以选择Photoshop中预设的也可以自定义或加载外部的形状，如图8-14所示，并通过按钮进行设置，可以画出想要的多种多样的形状，如图8-15所示。

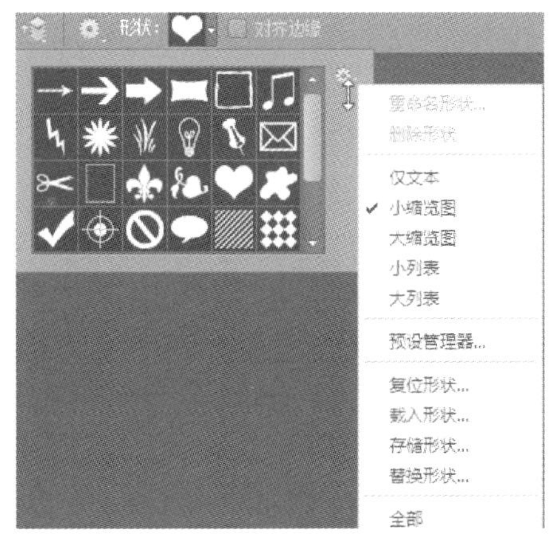

图8-14　“形状”选项

图8-15　形状图案

8.3　调整路径形状

前面的内容讲解了如何去绘制路径，在学习路径的时候，也许有一个问题一直萦绕在大家心中，那就是路径应该如何去使用？我们掌握了锚点、方向线，但究竟这些东西能组合成什么样的内容呢？下面就为大家揭开路径形状的面纱。

8.3.1　路径运算方式

路径运算是指把两条或多条路径组合在一起，“路径运算”也叫做“路径组合”。

当我们使用路径工具时，对应的工具选项栏中就会显示出“路径运算”按钮，如图8-16所示，有“新建图层”“合并形状”“减去顶层形状”“与形状区域相交”“排除重叠形状”“合并形状组件”选项，图8-17所示的分别为不同路径组合方式的效果。

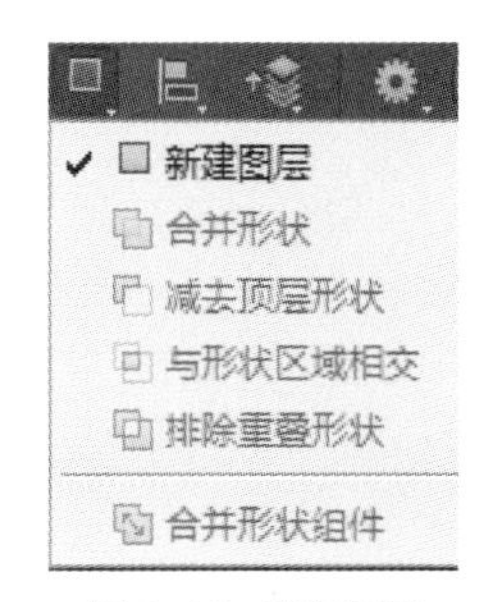

图8-16　路径运算

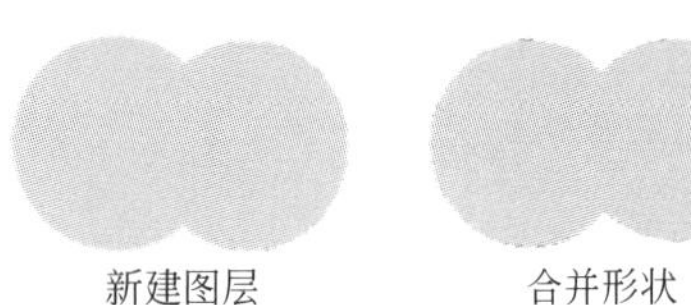

减去顶层形状

图8-17　路径组合效果

8.3.2　编辑路径

使用路径工具创建路径后，还可以进一步对路径进行编辑。事实上，很少有人能够一次创建出精准的图形，所以对路径进行编辑是非常必要的。下面介绍编辑路径的工具：

① 添加锚点工具：当路径上的锚点数量不足时，经常会造成路径细节度不够而无法进行进一步编辑，使用钢笔工具组中的添加锚点工具可以直接在路径上单击以添加锚点，如图8-18所示。

② 删除锚点工具：使用删除锚点工具可以删除路径上的锚点，将光标放在需要删除的锚点上，单击即可删除锚点，如图8-19所示。

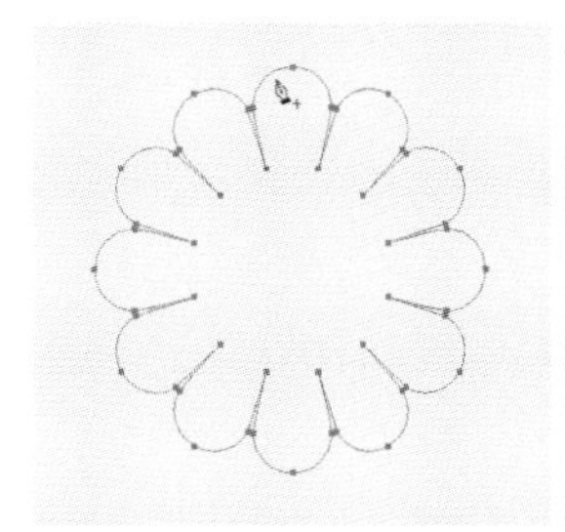
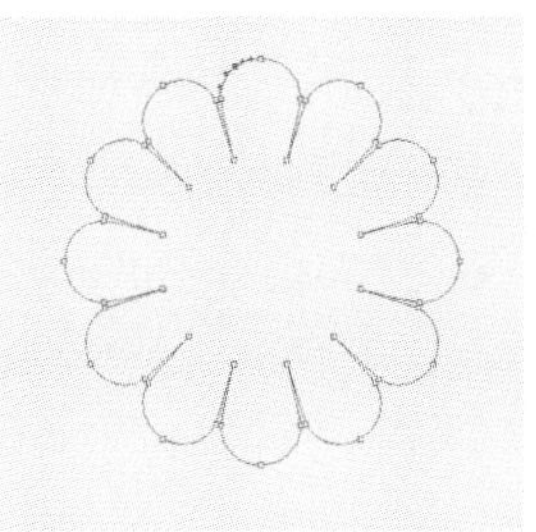

图8-18　添加锚点效果

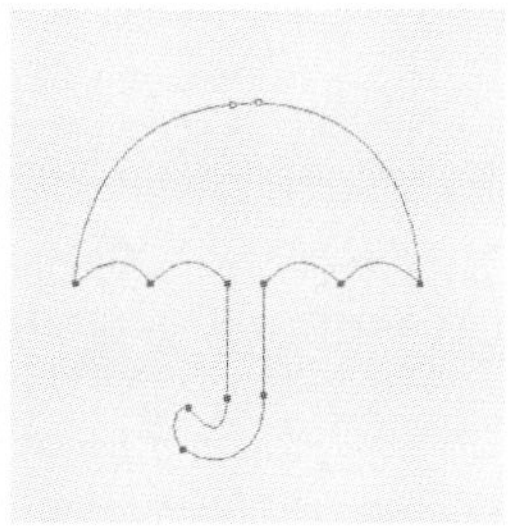

图8-19　删除锚点效果

③ 转换点工具：使用转换点工具，在角点上单击并拖动，可以将角点转换为平滑点；在路径的平滑点单击，可以将平滑点转换为角点，如图8-20所示。

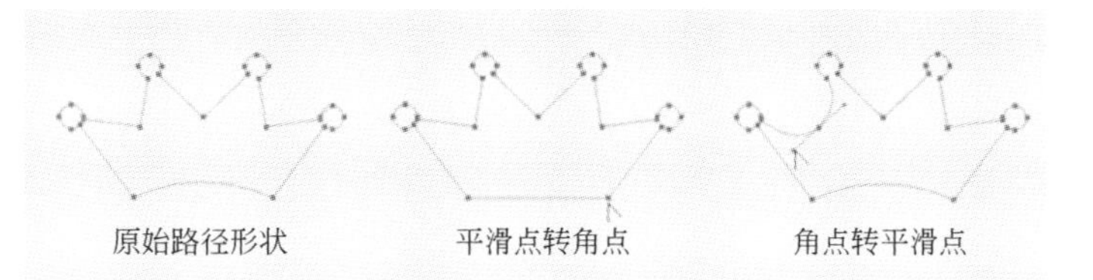

图8-20　转换点效果

④ 路径选择工具：单击路径上的任意位置可以选择单个的路径，按住“Shift”键单击可以选择多个路径；选中某个路径后，按住鼠标左键并拖动即可移动路径，如果移动时按住“Alt”键可实现移动复制。

⑤ 直接选择工具：使用直接选择工具单击可以选中其中某一个锚点，框选可以选中多个锚点，按住“Shift”单击可以选择多个锚点。在选中一个锚点或方向线时按住鼠标左键并拖动光标即可调整锚点或方向线的位置，从而达到调整对象形态的目的。

图8-21　变换路径菜单

8.3.3　路径的变换操作

选中路径后，打开“编辑”菜单，单击“自由变换路径”命令，可以显示变换框，或者选择“编辑”菜单，单击“变换路径”，在弹出的子菜单中可以选择相关的命令对路径进行缩放、旋转斜切、扭曲、透视或变形等操作，如图8-21所示。路径的变换操作方法与图像的变换操作方法相同。

8.4 路径的基本操作

8.4.1 认识“路径”面板

“路径”面板主要用来存储、管理以及调用路径，在面板中显示了存储的所有路径、工作路径和矢量蒙版的名称和缩览图。学习了“图层”面板后，对“路径”面板的掌握会更容易些。

执行“窗口>路径”命令，即可显示或隐藏“路径”面板，显示的“路径”面板如图8-22所示。

单击“路径”面板右上方的按钮，可以弹出“路径”面板的弹出式菜单，如图8-23所示，在弹出式菜单中有“面板选项”，如图8-24所示，可以更改路径缩略图的大小，也可以选择“无”单选框关闭缩略图的显示。

图8-22 “路径”面板

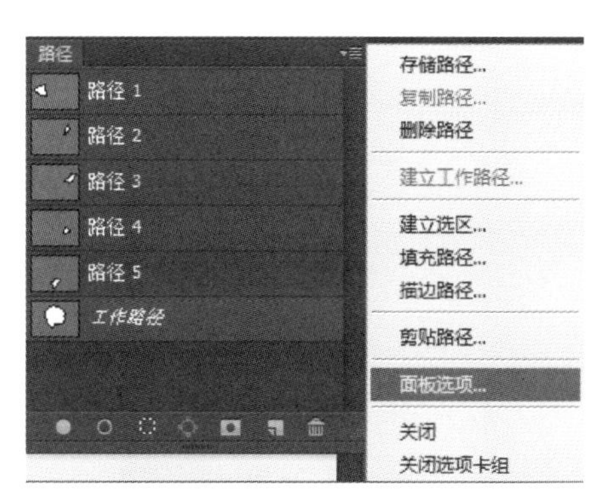

图8-23 弹出式菜单

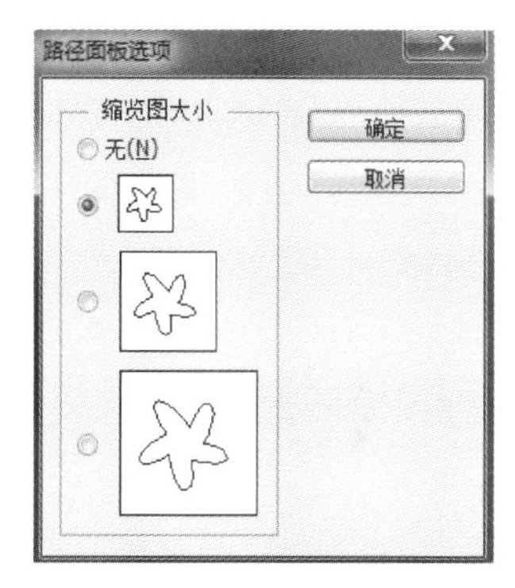

图8-24 路径面板选项

如果要选择路径，可以在“路径”面板中单击相应的路径名称，注意一次只能选择一个路径。如果要取消路径的选择，可以在“路径”面板中的空白区域单击即可。如果想更改路径的叠放顺序，可以在“路径”面板中选择要移动的路径，向上或向下拖拽该路径，当所需位置上出现黑色的实线时，释放鼠标左键，即可将该路径拖动到所需位置。

8.4.2 新建路径

单击“创建新路径”按钮，可以创建一个新的路径。

① 使用快捷键“Ctrl+O”，打开“光盘\素材\08\03.JPG”素材图片，如图8-25所示。“路径”面板如图8-26所示。

图8-25 素材文件

图8-26 “路径”面板

② 单击“创建新路径”按钮，创建路径1。在工具箱中选择自由钢笔工具，勾选“磁性的”复选框，在素材文件中勾画出花朵路径，如图8-27所示，同时“路径”面板中的缩略图也发生了变化，路径1创建完成，如图8-28所示。

图8-27 勾画花的路径

图8-28 “路径”面板

8.4.3 复制、删除路径

在编辑的时候通常会遇到应用相同路径的情况，如果再重新绘制，需要很长的时间，可以在需要复制路径时，直接拖拽需要复制的路径到“路径”面板下的“创建新路径”按钮上，复制出路径的副本。也可以将经常应用的路径存储为自定形状。

需要删除路径时，在“路径”面板中拖动要删除的路径到“删除当前路径”按钮上，即可将路径删除。

8.4.4 存储路径

在“路径”面板中拖动工作路径到“创建新路径”按钮上，可以弹出“新建路径”对话框，即可将工作路径命名并保存，如图8-29所示。

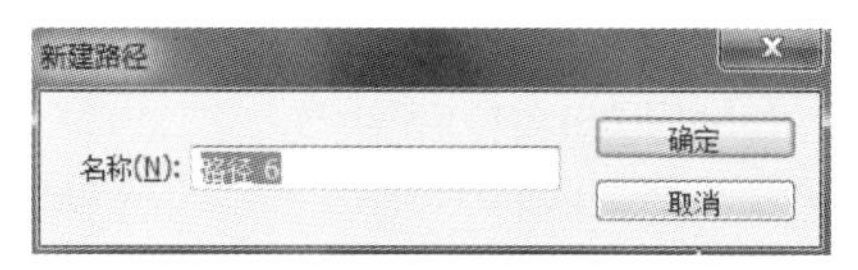

图8-29 存储路径

8.4.5 路径与选区的转换

任何闭合路径都可以定义为选区，也可以将使用选择工具创建的任何选区定义为路径。

打开“路径”面板，选择需要转换的路径，单击“将路径作为选区载入”按钮载入路径的选区，如图8-30所示。将路径转换为选区的快捷键是“Ctrl+Enter”。

如果当前文档存在选区，可以单击“从选区生成工作路径”按钮，将选区转换为工作路径，如图8-31所示。

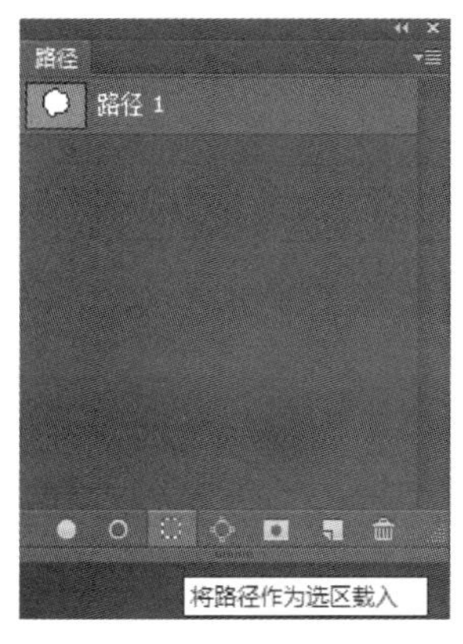

图8-30 路径转换为选区

图8-31 选区转换为路径

8.4.6 填充、描边路径

（1）填充路径

填充路径需要在使用钢笔工具或形状工具（自定形状工具除外）状态下，在绘制完成的路径上单击鼠标右键，在弹出的快捷菜单中选择“填充路径”命令，如图8-32所示。在“填充路径”对话框中可以对填充内容进行设置，设置当前填充内容、混合模式和羽化半径等，如图8-33所示。

在“填充内容”选项中，可以使用前景色、背景色、图案等内容填充，如图8-34、图8-35所示。

（2）描边路径

描边路径可以绘制路径的边框，绘制边框的工具很多，例如画笔、铅笔、橡皮擦、仿制图章等，如图8-36所示，设置画笔工具的预设面板，将需要描边的画笔参数设置好。在“路径”面板的底部单击“用画笔描边路径”按钮，如图8-37所示，就可以得到路径描边效果如图8-38所示。

图8-32 “填充路径”选项

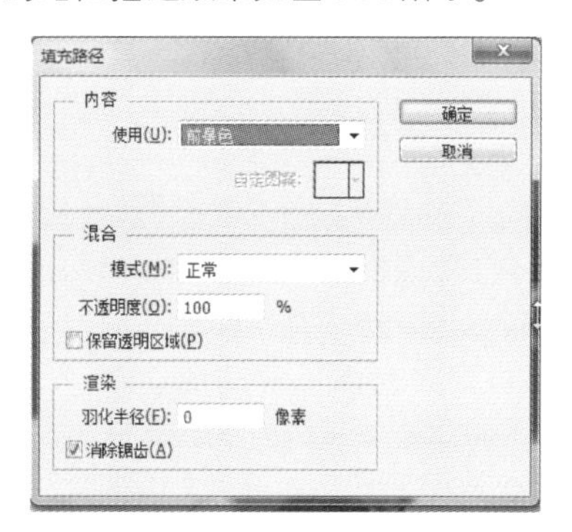

图8-33 “填充路径”设置

图8-34　填充前景色

图8-35　填充图案

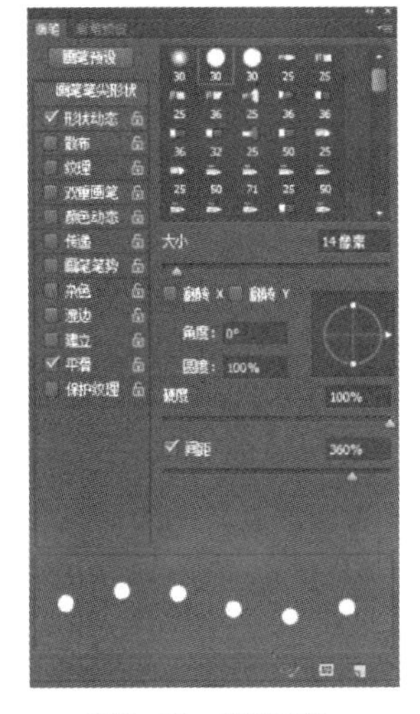

图8-36　预设画笔

图8-37　描边路径

图8-38　最终效果图片

实例1　使用钢笔工具绘制多边形和曲线

① 新建一个大小为400×400像素的图像文件，使用快捷键“Ctrl+'”键显示网格，如图8-39所示。

② 在工具箱中选择钢笔工具，并在选项栏中选择形状，选择填充：描边：“不填充”和“不描边”选项，设置完成后，移动光标到网格线交叉点上单击，确定多边形的起点锚点，再移动光标到线段的终点处单击，如图8-40所示，完成一条线的绘制。

③ 按照步骤②的做法，将光标移动到适当位置处单击，依次画出多条直线段，然后将光标指针移动到起点处，光标指针状态如图8-41所示，即可完成直线段封闭路径的绘制，如图8-42所示。

图8-39　新建文件

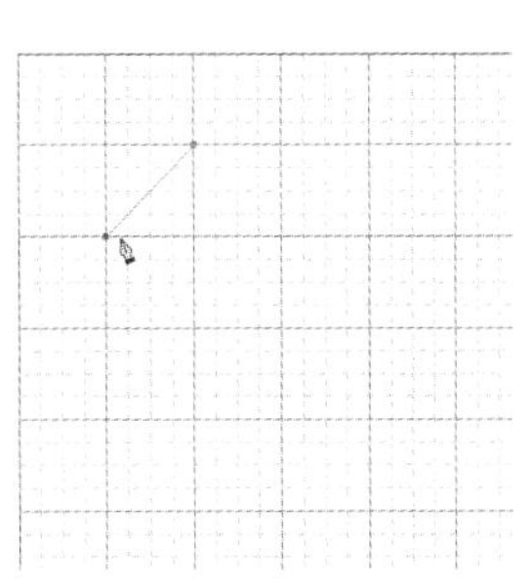

图8-40　绘制直线路径

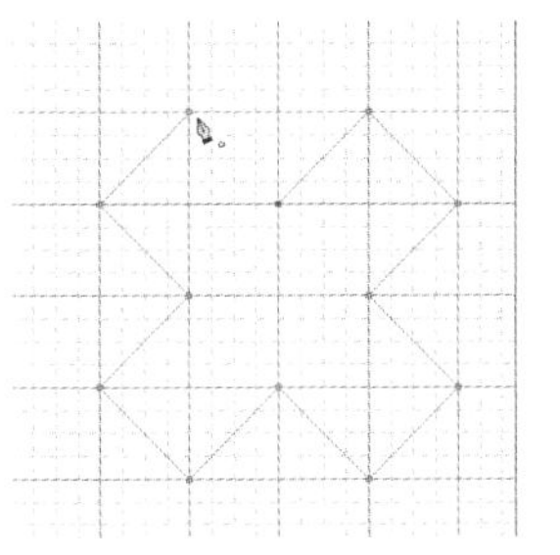

图8-41　即将封闭路径的光标状态

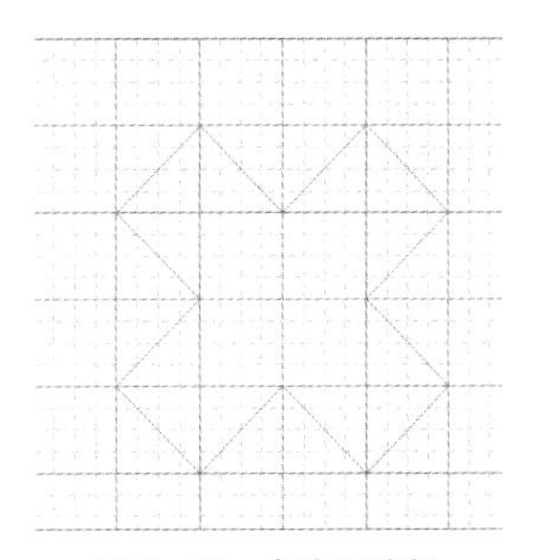

图8-42　多边形路径

④ 在钢笔工具选项栏中，使用光标单击填充右侧的色斑，调出“填充颜色”面板，为多边形选择适当的颜色进行填充，如图8-43所示。

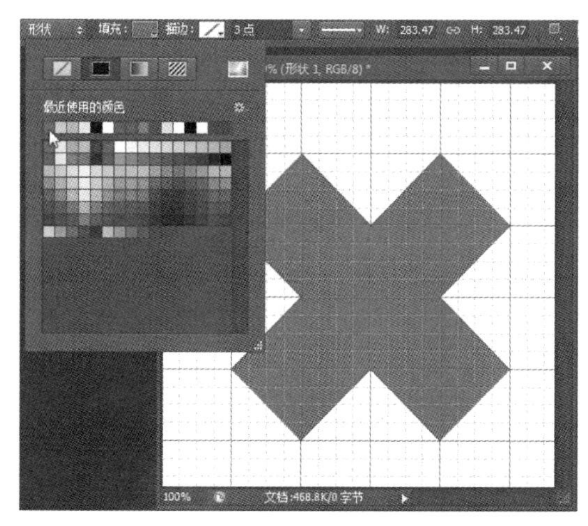
图8-43 为多边形填充颜色

⑤ 使用钢笔工具绘制曲线，在钢笔工具的选项栏中设置路径操作为排除重叠形状，在图像窗口中选择中间位置单击确定起点锚点，如图8-44所示，再移动光标到第二个锚点位置按下鼠标左键向所需的方向拖动来调整曲线的方向和弧度，如图8-45所示，调整好后松开鼠标左键，一条曲线连接两个锚点绘制完成。

⑥ 移动光标到第三点处单击并按下鼠标左键进行拖动来调节方向，同样创建曲线路径，如图8-46所示；同样移动光标到第四点处单击并按下鼠标左键向所需方向拖动，如图8-47所示。

⑦ 将光标移动到起点锚点位置，光标指针状态如图8-48所示，即可完成曲线段封闭路径的绘制，再次使用快捷键“Ctrl+’”隐藏网格，完成了多边形和曲线的绘制，并将重叠的形状区域减掉了，如图8-49所示。

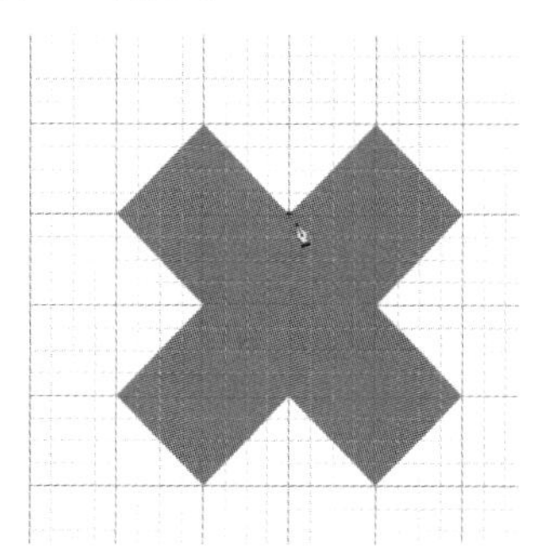
图8-44 绘制曲线路径起点

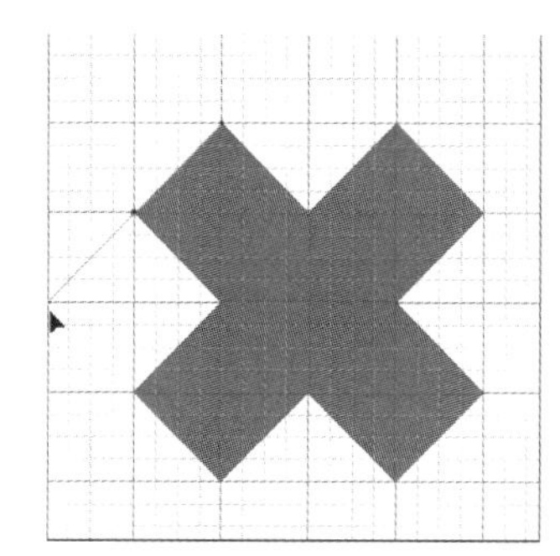
图8-45 绘制曲线路径

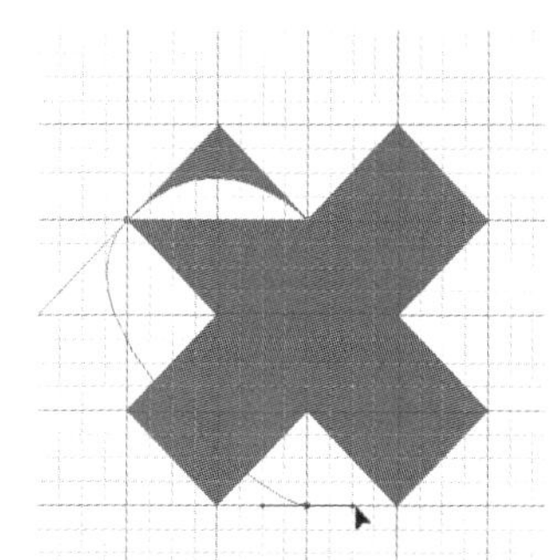
图8-46 绘制曲线路径

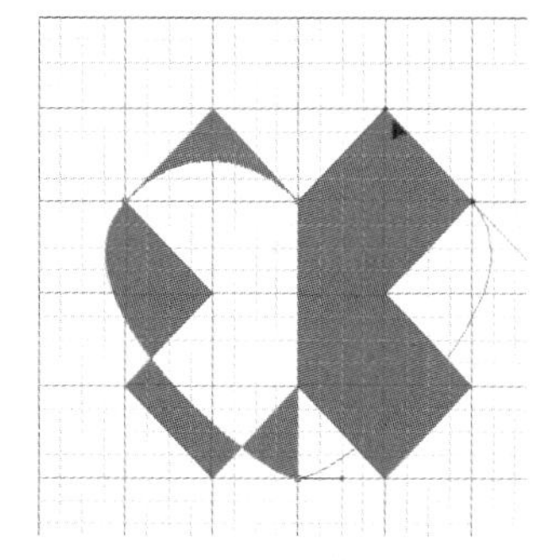
图8-47 绘制曲线路径

图8-48 绘制曲线路径

图8-49 排除重叠形状

实例2 使用自由钢笔工具抠图合成

① 使用快捷键“Ctrl+O”，打开“素材\08\01.JPG”素材图片，如图8-50所示。

② 在工具箱中选择自由钢笔工具，并在选项栏中选择路径，并在“选项”面板中设定“曲线拟合”为2像素，勾选“磁性的”复选框，设定宽度、对比、频率值如图8-51所示，设置完

成后，在画面中单击一点作为起点，随着光标移动到关键处单击增加锚点，按照素材的花的边缘完成路径的勾勒，如图8-52所示。

③ 使用快捷键“Ctrl+Enter”将完成的路径载入选区，选中花的图层，使用快捷键“Ctrl+ C”进行拷贝。

④ 打开“素材\08\02.JPG”素材图片，使用快捷键“Ctrl+V”进行粘贴，并适当调整大小和角度，将花插入花瓶中，如图8-53所示。

图8-50　打开素材图片

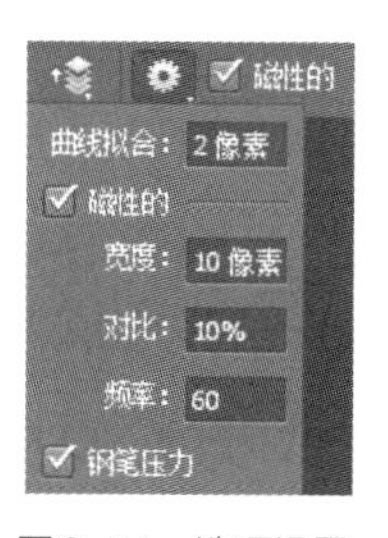

图8-51　选项设置

图8-52　绘制好的路径

图8-53　最终效果

实例3　制作水晶按钮

① 创建一个新的空白文档，使用快捷键“Ctrl+N”，具体参数设置如图8-54所示。选择椭圆工具，设置“工具模式”为“形状”，在画布中创建一个任意颜色的正圆（后面的图层样式制作会把颜色覆盖），如图8-55所示。

② 双击圆形图层，打开“图层样式”面板，选择“渐变叠加”，使用浅蓝色（RGB：80、224、255）和（RGB：12、93、194）蓝色作为渐变色，在“样式”下拉框中选择“径向”，并设置角度参照图8-56所示，继续为图层添加“斜面和浮雕效果”，如图8-57所示。

③ 复制原图，并调整到合适大小，如图8-58所示。

④ 双击刚复制好的新图层，打开图层样式窗口，去掉前面设置的“斜面和浮雕效果”，选择“描边”，在“填充类型”下拉菜单中选择“渐变”，将渐变颜色设置为白色，透明度从100%～0%。其他设置参照图8-59所示。

⑤ 复制刚编辑好的图层，选择椭圆工具，设置选项栏中的“路径操作”为“与形状区域相交”，如图8-60所示，拖拽鼠标创建椭圆形，得到如图8-61所示的图形。

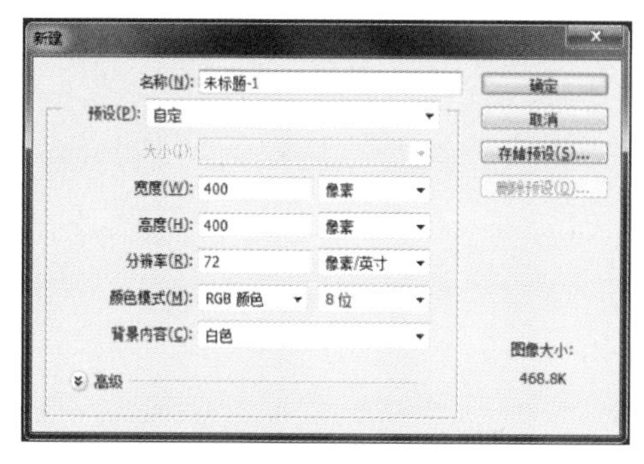

图8-54　文档参数设置

图8-55　绘制正圆

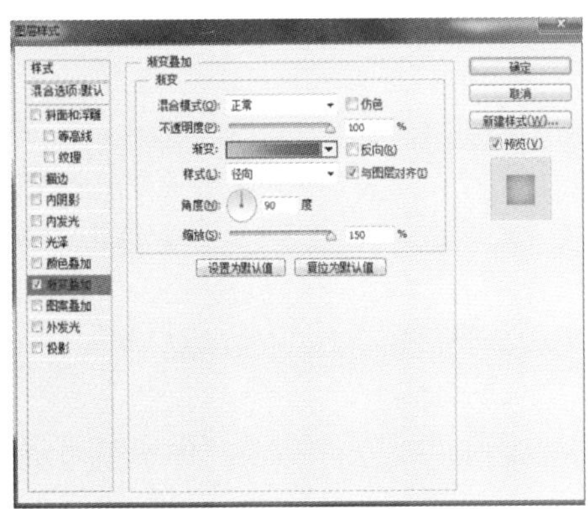

图8-56　参数设置

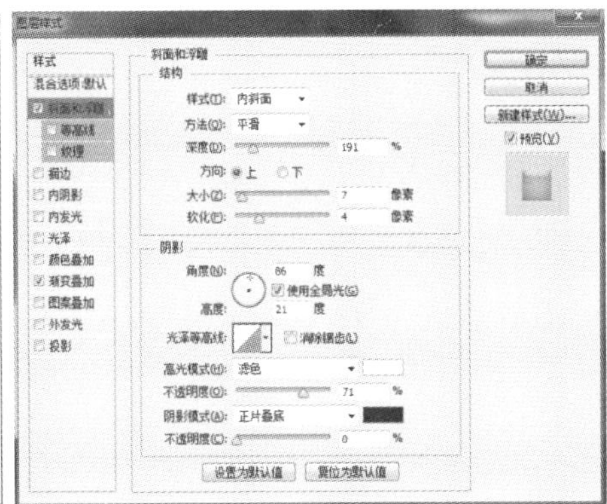

图8-57　参数设置

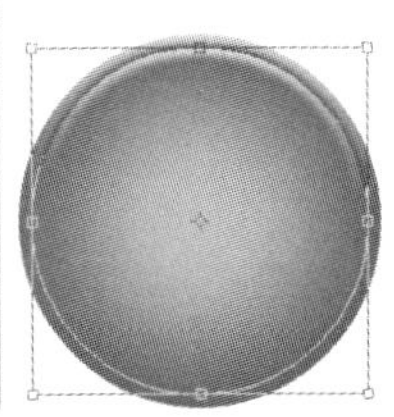

图8-58　复制后效果

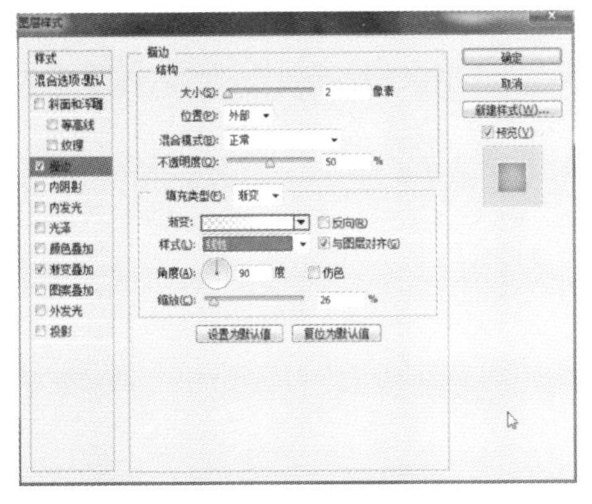

图8-59　参数设置

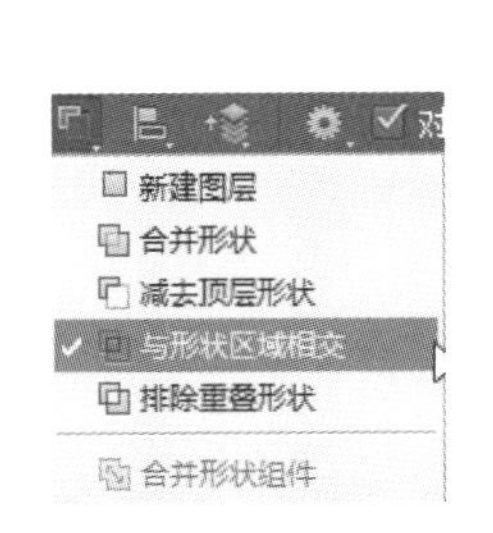

图8-60　设置“与形状区域相交”选项

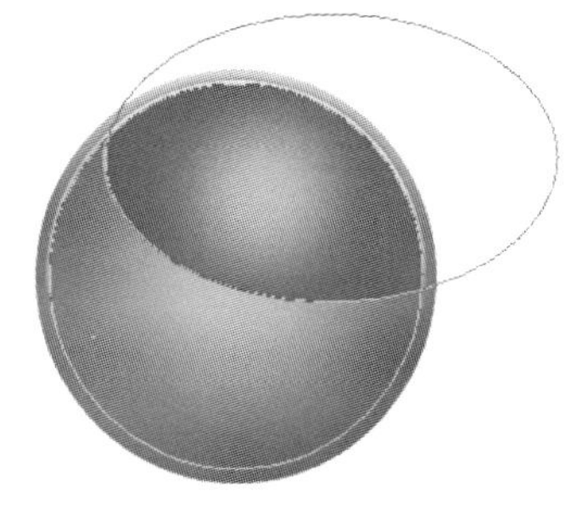

图8-61　效果展示

⑥ 双击该图层，打开图层样式窗口，去掉设置的“描边”样式，选择“渐变叠加”样式，将“渐变样式”改为“线性”，并调整角度为45度，如图8-62所示，效果如8-63所示。

⑦ 参照上面的做法，使用“自定形状工具” 制作一个徽章，如图8-64所示。

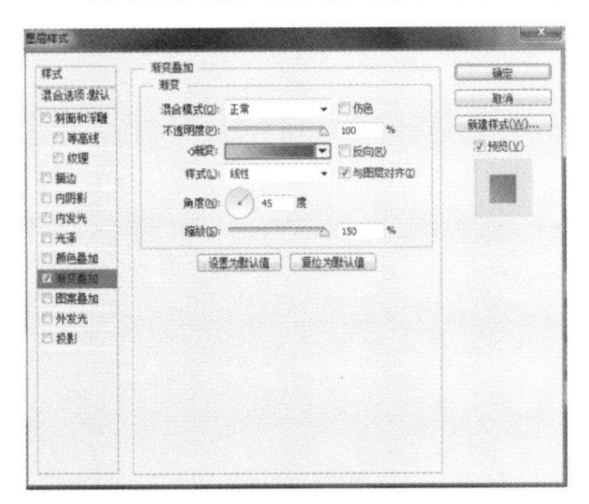

图8-62　参数设置

图8-63　效果展示

图8-64　徽章制作

实例4　制作网页按钮

① 创建一个新的空白文档，使用快捷键“Ctrl+N”，具体参数设置如图8-65所示。选择圆角矩形

工具，设置“工具模式”为“形状”，填充绿色（RGB：0、255、0），半径设置20像素，在画布中创建一个圆角矩形，如图8-66所示。

② 使用直接选择工具，调整圆角矩形的两端锚点，画出如图8-67所示的形状。

③ 双击该图层，打开“图层样式”面板，选择“渐变叠加”，使用黑色和白色作为渐变色，“混合模式”选择“正片叠底”，并如图8-68所示设置参数，设置完成后单击“确定”按钮，效果如图8-69所示。

④ 使用快捷键“Ctrl+J”复制圆角矩形，修改填充色为“白色”，并使用“直接选择工具”适当调整图形的形状，如图8-70所示。使用“删除锚点工具”删除右下方锚点，适当调整形状，并对路径进行变换操作，使用快捷键“Ctrl+T”对路径进行适当缩小，并调整“图层”面板上的“不透明度”为“50%”，效果如图8-71所示。

⑤ 使用椭圆工具，设置“工具模式”为“形状”，填充绿色（RGB：0、255、0），在适当位置画一个正圆形，拷贝圆角矩形的图层样式粘贴到所画的圆形图层上，并打开“图层”面板，选择“描边”，具体参数如图8-72所示，效果如图8-73所示。

⑥ 为网页按钮输入文字“about me”，打开“图层样式”面板，选择“斜面与浮雕”，设置样式为外斜面，深度为50%，大小为4像素，具体参数设置如图8-74所示，选择“描边”，大小设定1像素，不透明度设为20%，填充类型为渐变填充，由黑色到白色的渐变，其中黑色的透明度设置为0%，缩放为150%，具体参数设置如图8-75所示，最终效果如图8-76所示。

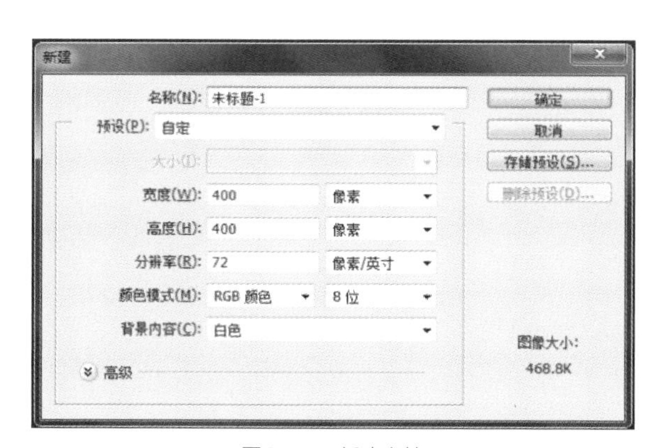

图8-65　新建文档

图8-66　圆角矩形

图8-67　调整锚点形状

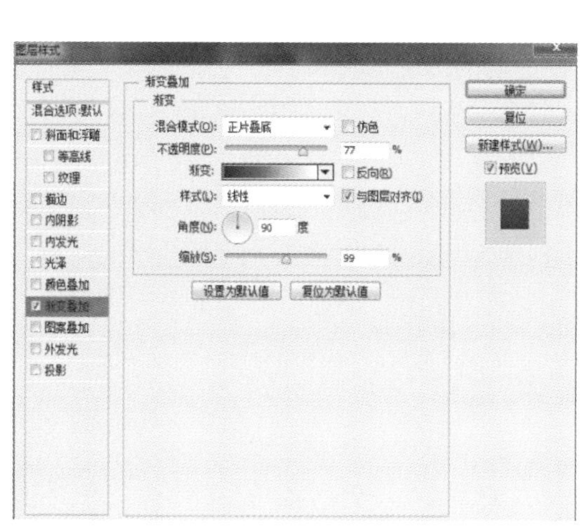

图8-68　参数设置

图8-69　效果展示

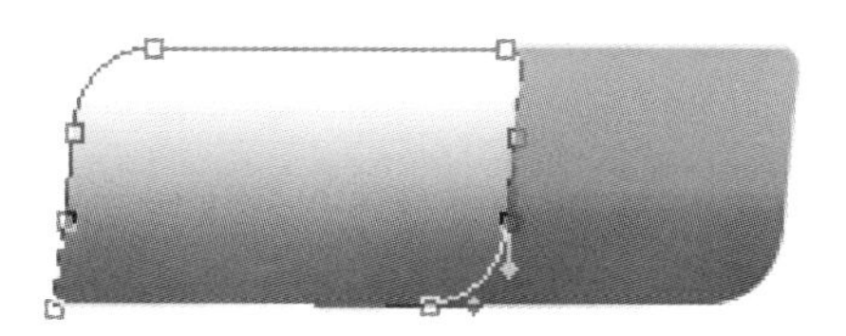

图8-70　效果展示

图8-71 效果展示

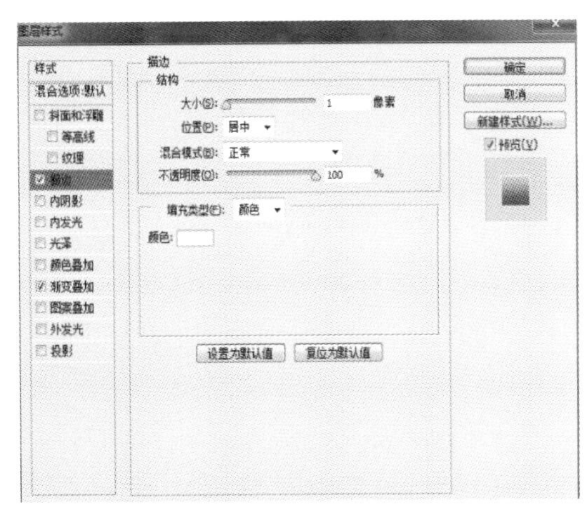

图8-72 参数设置

图8-73 效果展示

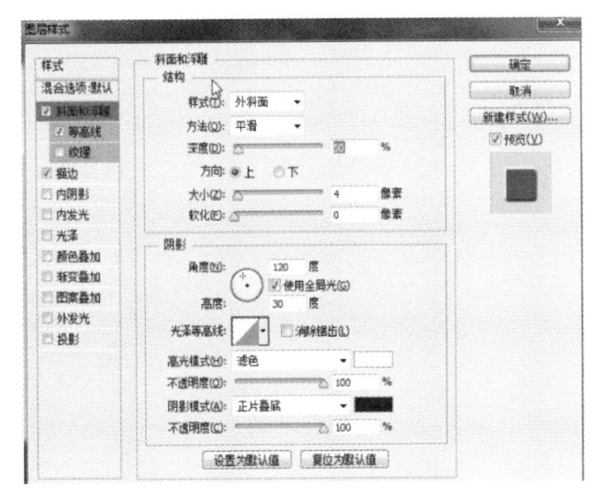

图8-74 参数设置

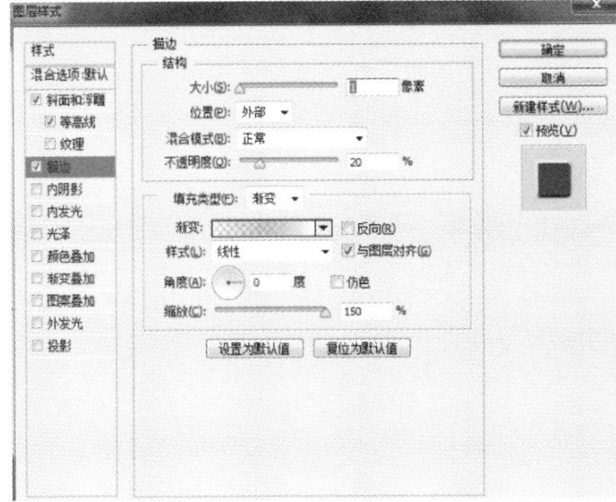

图8-75 参数设置

图8-76 效果展示

综合实例 绘制卡通动物

① 创建一个新的空白文档，使用快捷键“Ctrl+N”，具体参数设置如图8-77所示。选择“钢笔”工具，并在选项栏中选择形状，选择填充、描边“不填充”和“不描边”选项，设置完成后，在画布上画出小兔子头的形状，如图8-78所示。

② 为小兔子画上一条长耳兔，同样选择钢笔工具，选项栏中原设置不变，单击“路径操作”按钮选择“合并形状”选项，在适当位置画出兔子形状，如图8-79所示。注意兔子耳朵形状和头形状要有交集，这样在以后填充颜色和描边时，两个形状才能很好地连接在一起。如果发现某个锚点位

置和角度有问题，就使用“直接选择工具”对锚点进行修改，拖拽方向线可以调整角度，如果去向线的角度不合适，可以按住“Alt”键单击锚点，将去向方向线删掉，这样可以更好地控制路径的走向和角度。

③ 使用步骤②同样的方法，将小兔子的另一只耳朵形状勾画出来，同样使用“直接选择工具”对锚点进行修改，使另一只耳朵形状自然垂下来，如图8-80所示。

④ 兔子头路径绘画完成后，选择选项栏上的填充，为形状填上灰色（RGB：178、187、195），描边设置为黑色，填充后效果如图8-81所示。参照图片发现填充颜色和描边后，有些路径段不是特别平滑，需要再次针对光标所指的锚点处进行修改，以保证小兔子头形状美观。

⑤ 使用步骤②同样的方法，给小兔子画上头发，如图8-82所示。

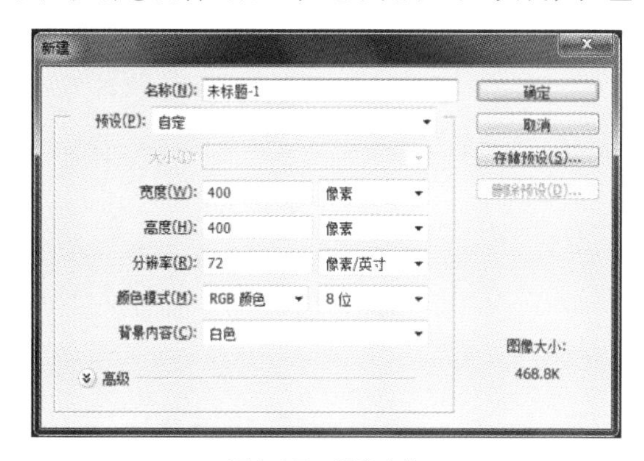

图8-77　新建文件

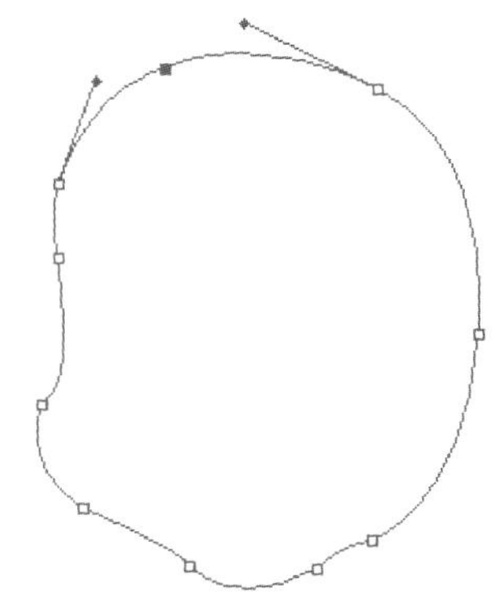

图8-78　钢笔工具勾画小兔子头

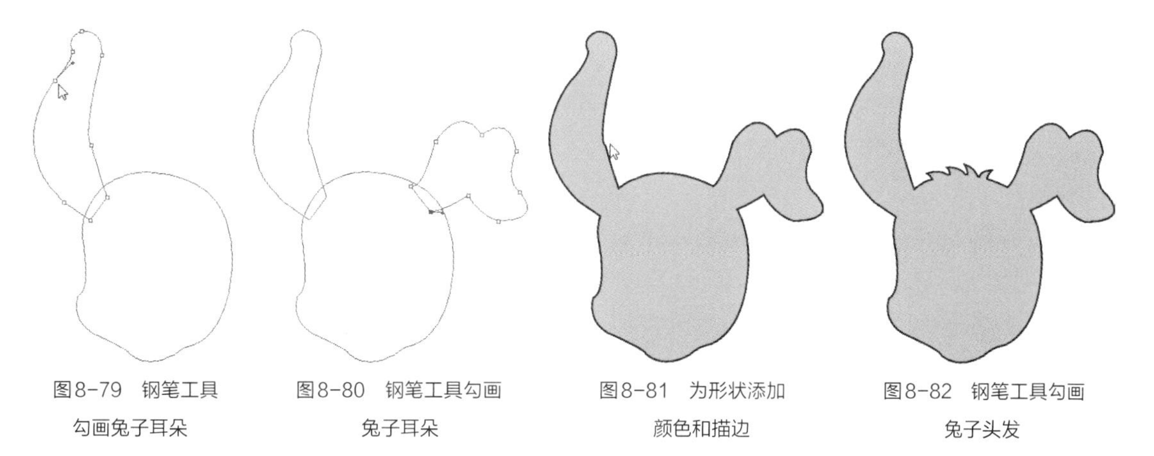

图8-79　钢笔工具勾画兔子耳朵

图8-80　钢笔工具勾画兔子耳朵

图8-81　为形状添加颜色和描边

图8-82　钢笔工具勾画兔子头发

⑥ 小兔子的外轮廓画好后，需要进一步绘制里面的内容，将鼠标光标在“图层”面板的空白处单击，这样“形状1”图层就不是选中状态，确保新绘制的形状与原来的形状是两个图层，便于管理，如图8-83所示。

⑦ 继续使用钢笔工具，设置绘制模式为“形状”，“填充”颜色设置为粉色（RGB：247、171、183），“描边”颜色为黑色，描边大小为2像素，如图8-84所示。同样的步骤，将“填充”颜色设置为灰色（RGB：219、222、227），形状如图8-85所示。灰色形状图层的位置放置在粉色图层位置下方，“图层”面板中的位置如图8-86所示。

⑧ 使用同样的方法，把小兔子的另一只耳朵绘制出如图8-87所示的效果。至此，小兔子的两只耳朵绘制完成，效果如图8-88所示。

⑨ 下面要绘制小兔子的眼睛，选择椭圆工具，设置绘制模式为“形状”，“填充”颜色设置为白色，“描边”颜色为黑色，描边大小为2像素，形状如图8-89所示。继续绘制黑眼球，选择椭圆工

具，设置绘制模式为“形状”，“填充”颜色设置为黑色，“描边”为不描边，形状如图8-90所示。使用路径直接选择工具，把眼球移动到适合的位置，并执行“编辑>自由变换路径”对眼球进行角度调节。绘制眼球高光，设置绘制模式为“形状”，“填充”颜色设置为白色，“描边”为不描边，形状如图8-91所示。

图8-83 “图层”面板

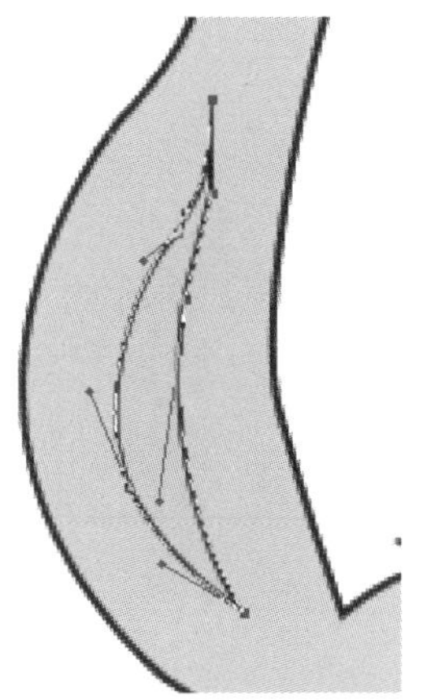
图8-84 粉色形状

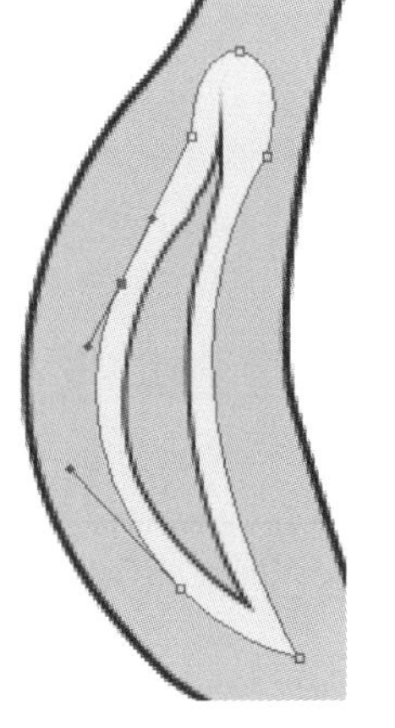
图8-85 灰色形状

图8-86 “图层”面板

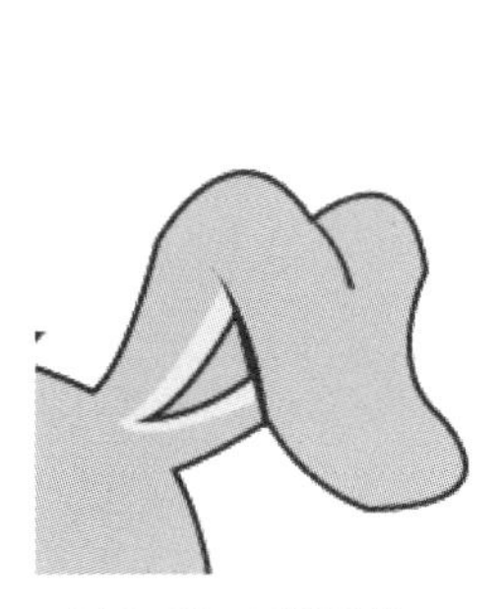
图8-87 耳朵形状

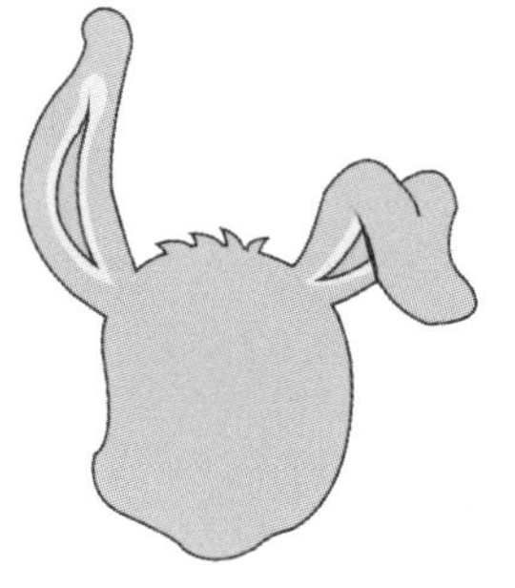
图8-88 两只耳朵效果

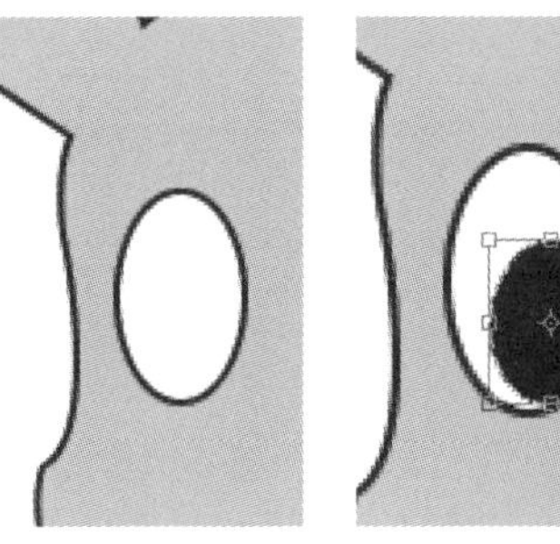
图8-89 眼睛形状 图8-90 黑眼球形状 图8-91 高光形状

⑩ 使用同样的方法，把小兔子的另一只眼睛绘制出如图8-92所示的效果。调出“图层”面板，单击“创建新组”，将与眼睛相关的图层拖拽到命名为“眼睛”的组中，继续创建新组，将与耳朵有关的图层拖拽到命名为“耳朵”的组中，便于编辑，如图8-93所示。

⑪ 继续使用钢笔工具，设置绘制模式为“形状”，“填充”颜色设置为粉色（RGB：247、171、183），“描边”为不描边，如图8-94所示。使用同样的做法，为另一只眼睛绘制背景，形状如图8-95所示。并将新绘制的两个图层拖拽到“眼睛”组里，要注意图层的前后叠放顺序。

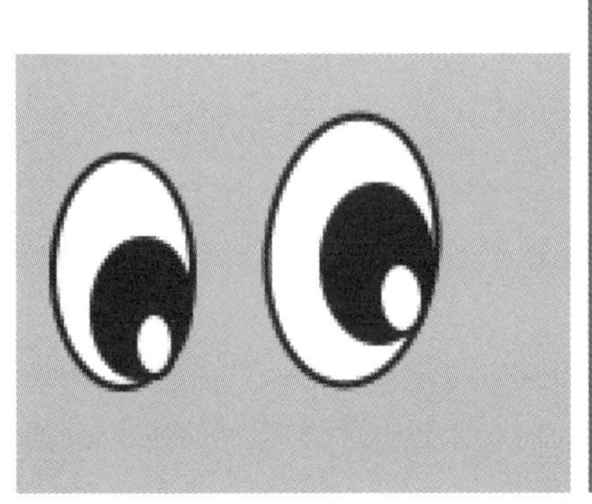
图8-92 眼睛形状

图8-93 “图层”面板

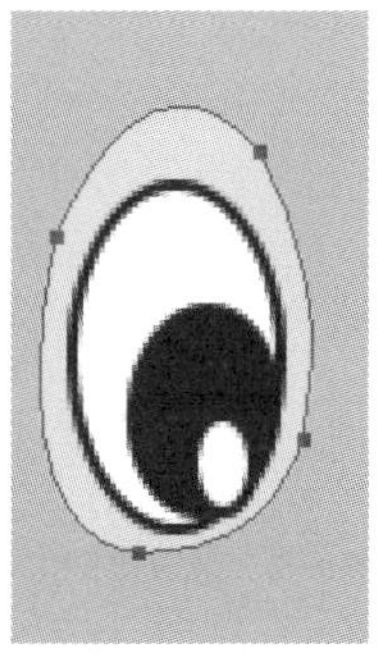
图8-94 眼睛形状

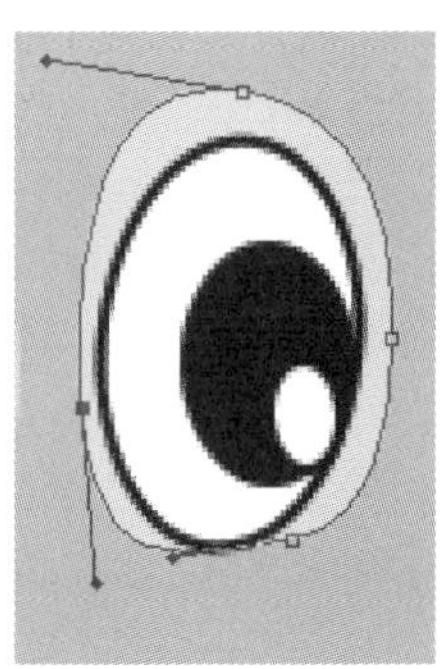
图8-95 眼睛形状

⑫ 继续使用钢笔工具，为小兔子画上眉毛，设置绘制模式为“形状”，“填充”颜色设置为（RGB：86、105、120），“描边”为不描边，使用同样的做法，为另一只眼睛绘制背景，形状如图8-96所示。新建“眉毛”名称的组，将新绘制的两个图层拖拽到“眉毛”组中，如图8-97所示。

图8-96　眉毛形状

图8-97　“图层”面板

⑬ 继续使用钢笔工具，为小兔子绘制胡子，设置绘制模式为“形状”，“填充”颜色设置为（RGB：247、171、183），“描边”颜色为黑色，描边大小为2像素，如图8-98所示。

打开“图层样式”面板，选择“内阴影”，设置混合模式为正常，颜色为白色，不透明度为75%，角度为170度，距离为4像素，阻塞为7%，具体参数设置如图8-99所示，效果如图8-100所示。

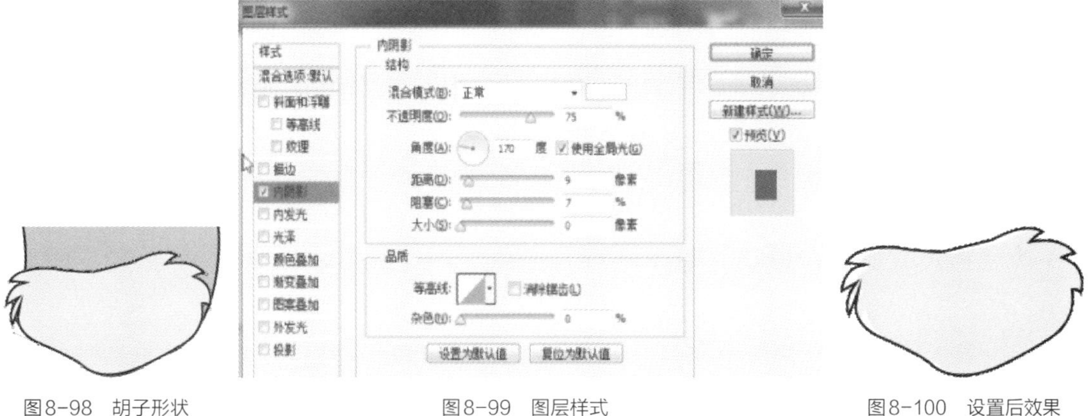

图8-98　胡子形状　　图8-99　图层样式　　图8-100　设置后效果

⑭ 使用自定形状工具，设置绘制模式为“形状”，“填充”颜色设置为（RGB：249、143、163），“描边”颜色为黑色，描边大小为2像素，选择形状为心形，如图8-101所示，找到图中适当位置，画出心形形状，并执行“编辑>自由变换路径”对心形进行角度调节，最终效果如图8-102所示。打开“图层样式”面板，选择“内阴影”，设置混合模式为正常，颜色为白色，不透明度为75%，角度为170度，距离为6像素，阻塞为7%，效果如图8-103所示。

⑮ 使用钢笔工具，为小兔子绘制嘴，设置绘制模式为“形状”，“填充”颜色设置为（RGB：249、143、163），“描边”颜色为黑色，描边大小为2像素，如图8-104所示。继续使用钢笔工具，为小兔子绘制最具特点的三瓣嘴效果，设置绘制模式为“形状”，“填充”颜色设置为黑色，“描边”设置为不描边，最终效果如图8-105所示。

图8-101　选项栏设置

图8-102　心形形状

图8-103　设置内阴影效果

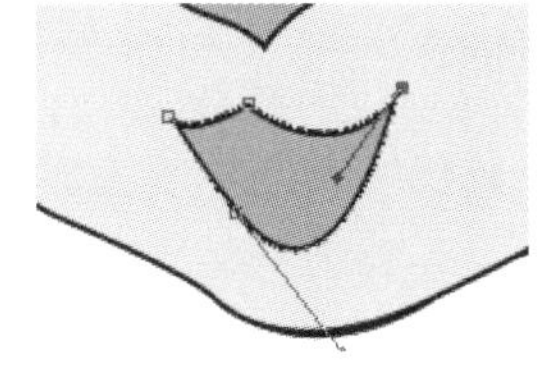
图8-104　兔嘴形状

图8-105　三瓣兔嘴形状

⑯ 继续使用钢笔工具，为小兔子绘制牙齿，设置绘制模式为“形状”，“填充”颜色设置为白色，“描边”颜色为黑色，描边大小为2像素，如图8-106所示。卡通小兔子绘制完成，最终效果如图8-107所示。

⑰ 使用快捷键“Ctrl+O”，打开“光盘\素材\08\04.JPG”素材图片，如图8-108所示。使用多边形工具，设置绘制模式为“形状”，“填充”颜色设置为白色，“描边”设置为不描边，“边”设为30，勾选“平滑拐角”“星形”“平滑缩进”复选框，具体参数设置如图8-109所示。设置好后，在素材图片中画一个多边形，效果如图8-110所示。

⑱ 打开“路径”面板，拖拽原有的多边形形状路径到“创建新路径”上，复制出新的路径，如图8-111所示，使用快捷键“Ctrl+T”调出“自由变换路径选框”，按住快捷键“Shift+Alt”并拖拽光标，等比例缩放路径，效果如图8-112所示。

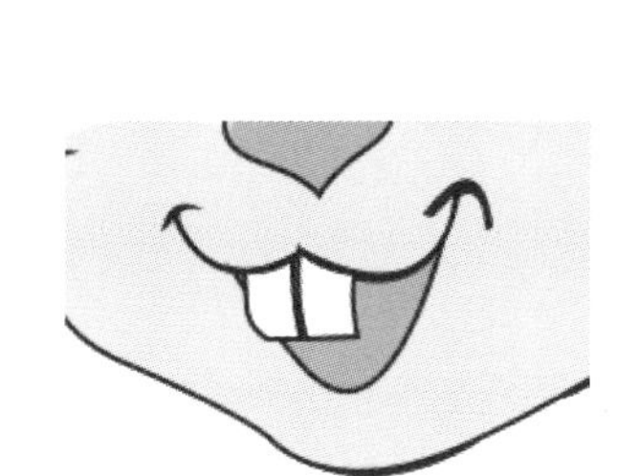
图8-106　兔牙形状

图8-107　兔子卡通形象

图8-108　背景图片

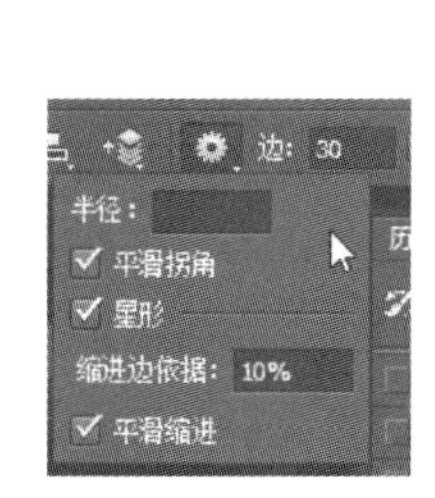

图8-109　参数设置

图8-110　多边形效果

图8-111　“路径”面板

图8-112　等比例缩小路径

⑲ 创建新图层，使用画笔工具，将前景色设为（RGB：216、235、241）打开画笔预设，设置“形状动态”选项，画笔大小设为5像素，硬度设为100%，间距设为150%，设置参数如图8-113所示。画笔设置好以后，回到“路径”面板，选中此路径，单击“用画笔描边路径”，如图8-114所示，最终效果如图8-115所示。

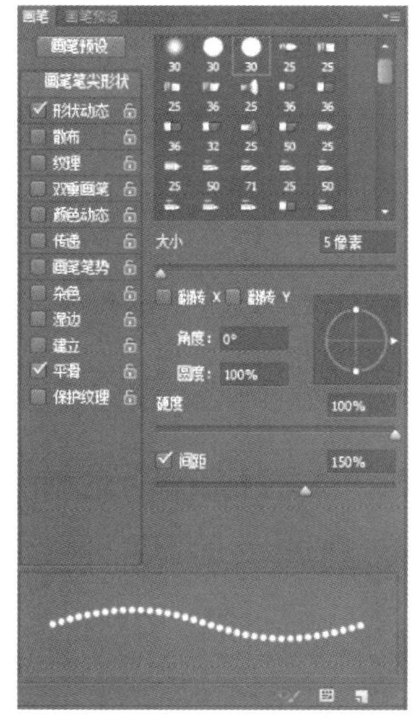

图8-113　画笔预设参数

图8-114　“路径”面板

图8-115　效果图

⑳ 将绘制好的卡通小兔子放置到编辑好的效果图中，并输入“BABY RABBIT”文字内容，字体选择偏可爱风格，颜色和大小可以根据文档的大小进行调节，最终完成卡通小兔子的制作，效果如图8-116所示。

图8-116　可爱的卡通兔

第9章 使用通道和蒙版

在Photoshop中，通道和蒙版是很重要的功能之一。通道不但能保存图像的颜色信息，而且是补充选区的重要方式；利用蒙版可以在不同的图像中制作出多重效果，还可以制作出高品质的影像合成。

9.1 认识通道

通道是用于存储图像颜色信息和选区信息等不同类型信息的灰度图像。在Photoshop中除复合通道外，还包含3种类型的通道，分别是颜色通道、Alpha通道和专色通道。与"图层""路径"面板的功能相似，Photoshop中的各种通道也都存储在名为"通道"的面板中，在这里可以查看以及管理通道。

9.1.1 认识"通道"面板

在Photoshop中，执行"窗口>通道"命令，可以显示或隐藏"通道"面板，打开任意一张图片，在"通道"面板中能够看到Photoshop自动为这张图像创建颜色信息通道，如图9-1所示。默认情况下，"通道"面板与"图层"面板、"路径"面板叠放在一起。单击按钮，会调出"面板"菜单进行编辑。

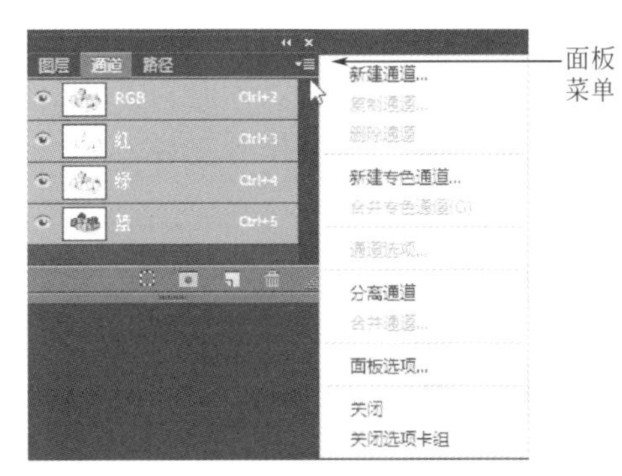

图9-1 "通道"面板

① 将通道作为选区载入：单击该按钮，可以载入所选通道图像的选区。

② 将选区存储为通道：如果图像中有选区，单击该按钮，可以将选区中的内容存到通道中。

③ 创建新通道：单击该按钮，可以新建一个Alpha通道。

④ 删除当前通道：将通道拖拽到该按钮上，可以删除选择的通道。

9.1.2 通道的分类

在"通道"面板中列出了图像中的所有通道，首先是复合通道（RGB、CMYK和Lab通道），然后是单个颜色通道，专色通道，最后是Alpha通道，如图9-2所示。通道内容的缩览图显示在通道名称的左侧，缩览图在编

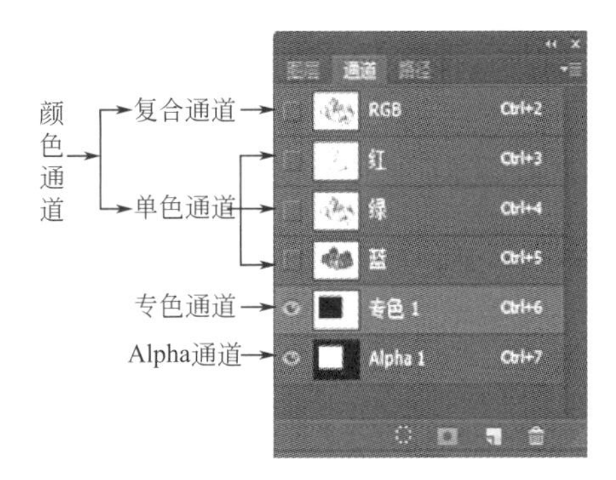

图9-2 "通道"分类

辑通道时自动更新。

① 颜色通道：用来记录图像颜色信息，用户可单独对各颜色通道进行编辑。不同颜色模式的图像，其颜色通道也不同。例如，RGB模式的图像包含红（R）、绿（G）、蓝（B）3个颜色通道和1个RGB复合通道；CMYK颜色模式的图像则包含青色（C）、洋红（M）、黄色（Y）、黑色（K）4个颜色通道和1个CMYK复合通道。

Photoshop软件默认情况下，“通道”面板中所显示的单通道都为灰色。也可以用彩色显示单色通道，执行“编辑>首选项>界面”命令，弹出“首选项”窗口，在“选项”组下勾选“用彩色显示通道”复选框，如图9-3所示，“通道”面板中变成了用彩色显示的单通道，如图9-4所示。

② Alpha通道：用于选区的存储编辑与调用。Alpha通道是一个8位的灰度通道，用256级灰度来记录图像中的透明度信息，定义透明、不透明和半透明区域。其中黑色处于未选中的状态，白色处于完全选择状态，灰色则表示部分被选择状态（即羽化区域）。使用白色涂抹Alpha通道可以扩大选区范围；使用黑色涂抹Alpha通道则收缩选区；使用灰色涂抹Alpha通道可以增加羽化范围。

③ 专色通道：主要用来指定用于专色油墨印刷的附加印版。专色印刷是指采用黄、品红、青和黑四色墨以外的其他色油墨来复印原稿颜色的印刷工艺。专色通道是可以保存专色信息的，每个专色通道能存储一种专色信息，除了位图模式以外，其余所有的色彩模式图像都可以建立专色通道。

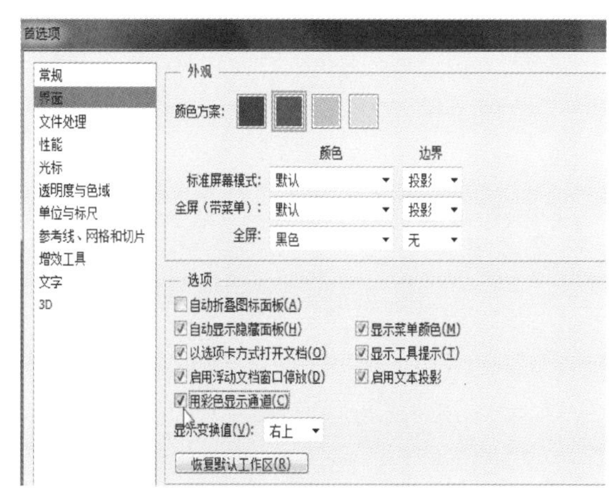

图9-3 “首选项”窗口

图9-4 “通道”面板

9.2 编辑通道

在Photoshop中通道的操作基本集中在“通道”面板中。“通道”面板从布局上与“图层”面板、“路径”面板非常相似，虽然没有类似“图层”面板中的混合和不透明度的调整，但在“通道”面板中可以进行选择、切换、创建、复制、删除、分离和合并等操作。

9.2.1 创建Alpha通道

如果要创建Alpha通道，可以在“通道”面板底部单击“创建新通道”按钮，即可创建一个新通道，如图9-5所示。而新通道将按创建顺序命名，如果使用绘画或编辑工具在图像中绘画，使用黑色绘画可以添加到通道，使用白色绘画可以从通道中删除，使用较低不透明度或颜色绘画可以将较低的透明度添加到通道。

图9-5 “通道”面板

9.2.2 创建专色通道

我们通过一个练习来学习创建专色通道。

① 使用快捷键“Ctrl+O”，打开“光盘\素材\09\01.JPG”素材图片，如图9-6所示。下面需要将素材图片中的大面积白色背景部分采用专色印刷，进入“通道”面板，选中红通道，光标点击“通道”面板底部的“将通道作为选区载入”按钮，如图9-7所示，载入选区后如图9-8所示。

图9-6 打开素材文件

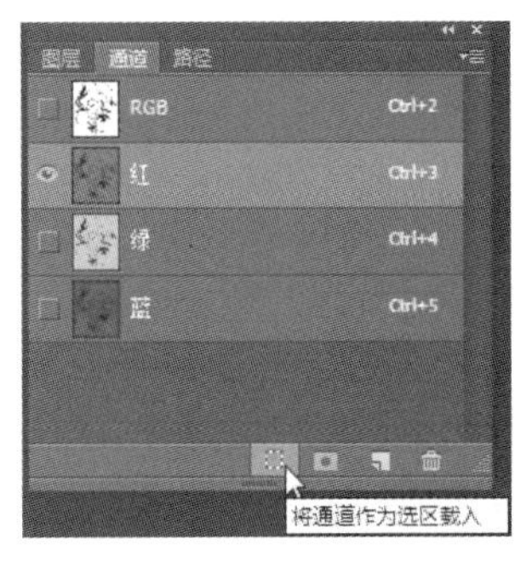

图9-7 “通道”面板

图9-8 载入选区

② 调出“通道”面板的菜单选项，选择“新建专色通道”命令，如图9-9所示。在弹出的“新建专色通道”对话框中输入名称为“专设1”，设置密度为100%，并单击“颜色”色块，如图9-10所示。

图9-9 菜单选项

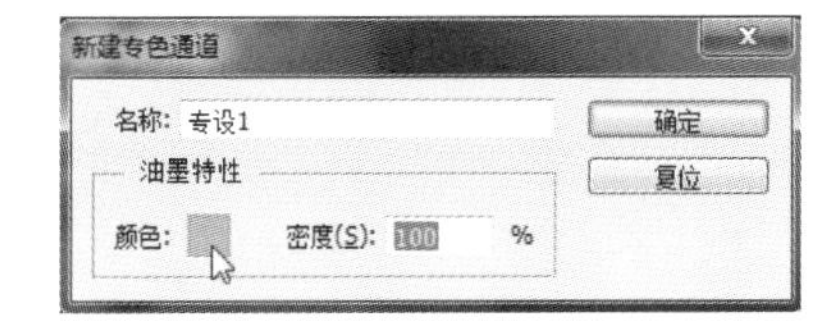

图9-10 新建专色通道对话框

③ 在弹出的“拾色器”对话框中，单击“颜色库”按钮，如图9-11所示，在弹出的“色库”对话框中选择一个专色，并单击“确定”按钮，如图9-12所示。再次回到“新建专色通道”对话框中，单击“按钮”完成操作。

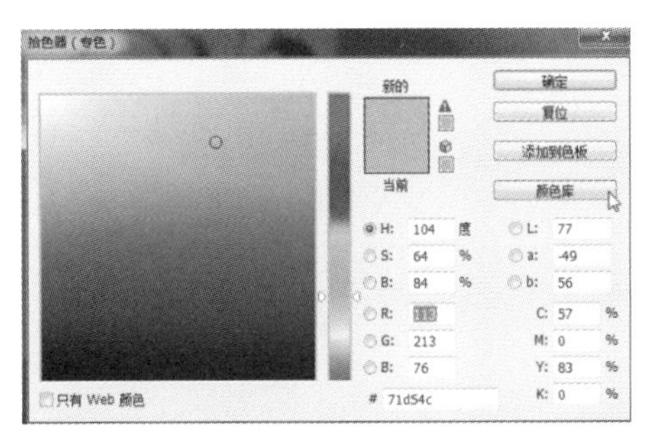

图9-11 拾色器

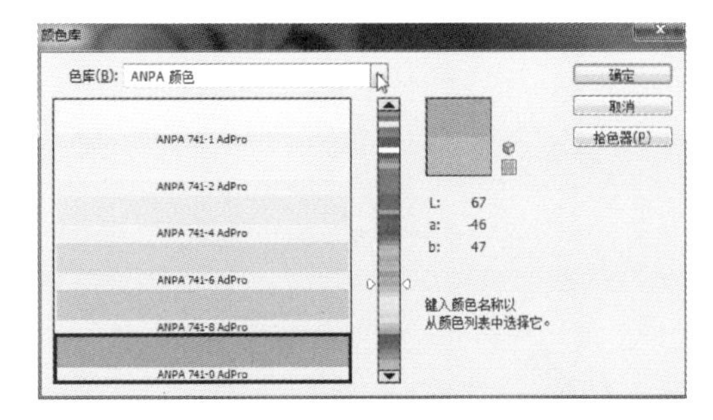

图9-12 “颜色库”对话框

④ 在“通道”面板底部出现了新建的专色通道，如图9-13所示，当前的素材图像中的选区部分被所选择的绿色专色填充，如图9-14所示。

⑤ 如果想修改专色设置，可以鼠标双击专色通道的缩略图，如图9-15所示，调出“新建专色通道”对话框进行修改，如图9-16所示。

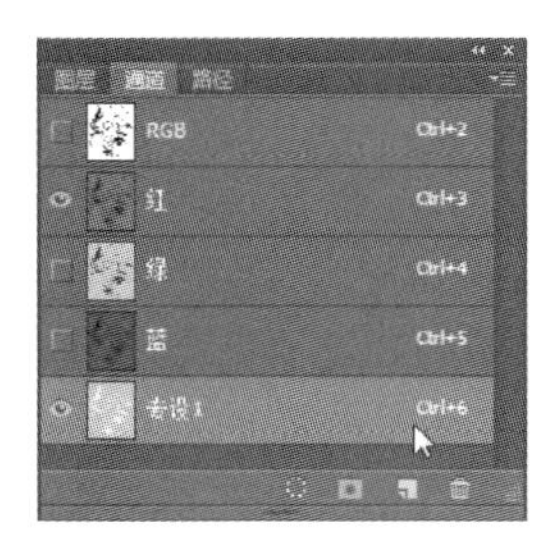

图9-13 “通道”面板

图9-14 应用专色图片

图9-15 “通道”面板

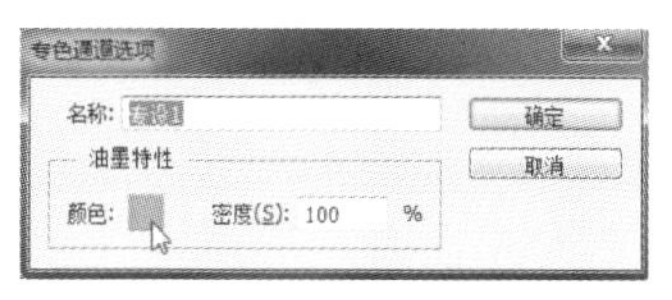

图9-16 专色通道选项

9.2.3 复制通道

复制通道有三种方法。

① 在“通道”面板中单击右上角的“面板菜单”选项，弹出面板菜单，在其中选择“复制通道”命令，如图9-17所示，弹出“复制通道”对话框，如图9-18所示，单击“确定”按钮，即可将当前选中的通道复制出一个副本。

② 选中需要复制的通道，在通道上鼠标右键单击，在弹出的快捷菜单中选择“复制通道”，即可将当前选中的通道复制出一个副本，如图9-19所示。

③ 直接选中需要复制的通道，拖拽到“通道”面板底部的“创建新通道”按钮上，松开鼠标后即可将当前选中的通道复制出一个副本，如图9-20所示。

图9-17 “通道”面板

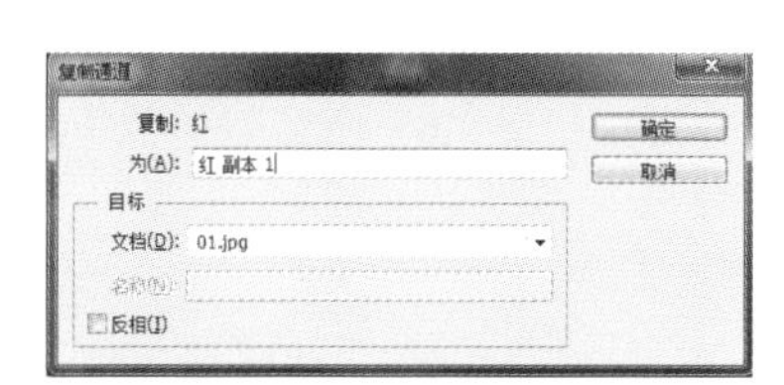

图9-18 “复制通道”对话框

图9-19 复制通道

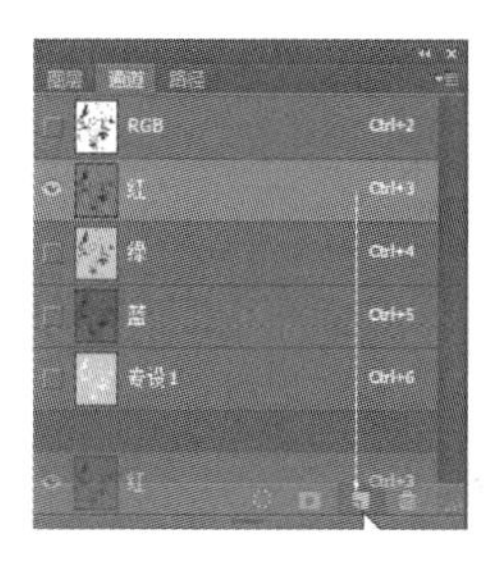

图9-20 创建新通道

9.2.4 删除通道

删除通道的方法和复制通道的方法类似，可以采取三种方法进行删除。

删除通道可以在面板菜单中选择“删除通道”命令删除通道，如图9-21所示；也可以选中需要删除的通道，在通道上鼠标右键单击，在弹出的快捷菜单中选择“删除通道”命令，如图9-22所示；还可以直接选中需要删除的通道，拖拽到“通道”面板底部的“删除当前通道”按钮上，删除通道，如图9-23所示。

图9-21 删除通道（1）

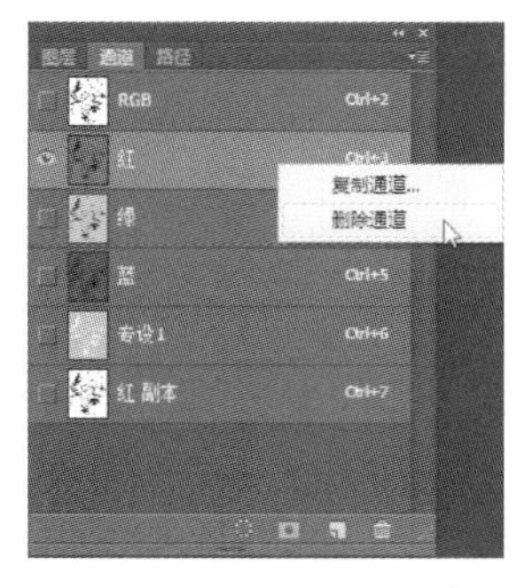

图9-22 删除通道（2）

图9-23 删除通道（3）

9.2.5　分离和合并通道

分离通道：可以将一张RGB颜色模式的图像，按照红、绿、蓝3个通道单独分离成3张灰度图像，同时每个图像的灰度都与之前的通道灰度相同，分离后原文件关闭。

使用快捷键“Ctrl+O”，打开“光盘\素材\09\02.JPG”素材图片，如图9-24所示。在“通道”面板菜单中选择“分离通道”命令，如图9-25所示，按照红、绿、蓝3个通道单独分离成3张灰度图像，如图9-26～图9-28所示。

图9-24　素材图片

图9-25　“通道”面板

图9-26　分离出灰度图像（1）

图9-27　分离出灰度图像（2）

图9-28　分离出灰度图像（3）

合并通道：可以将多个灰度图像合并成一个图像。需要注意的是，被合并的图像必须为打开的灰度模式的图像，并且尺寸像素相同，才可以进行合并通道。

某些灰度扫描仪可以通过红色滤镜、绿色滤镜和蓝色滤镜扫描彩色图像，从而生成红色、绿色、蓝色的图像。合并通道可以将单独的扫描合成一个彩色图像。

① 使用快捷键“Ctrl+O”，打开“素材\09\03.JPG、04.JPG、05.JPG”素材图片，如图9-29～图9-31所示。

图9-29　素材图片（1）

图9-30　素材图片（2）

图9-31　素材图片（3）

② 分别对3张图片执行“图像>模式>灰度”命令，如图9-32所示，在弹出的“信息”对话框中单击“扔掉”按钮，如图9-33所示，将3张图片全部转换为灰度模式。

③ 选择03.JPG这张图片，在“通道”面板菜单中选择“合并通道”命令，如图9-34所示，打开对话框后，设置模式为“RGB模式”，通道为“3”，单击“确定”按钮，如图9-35所示。

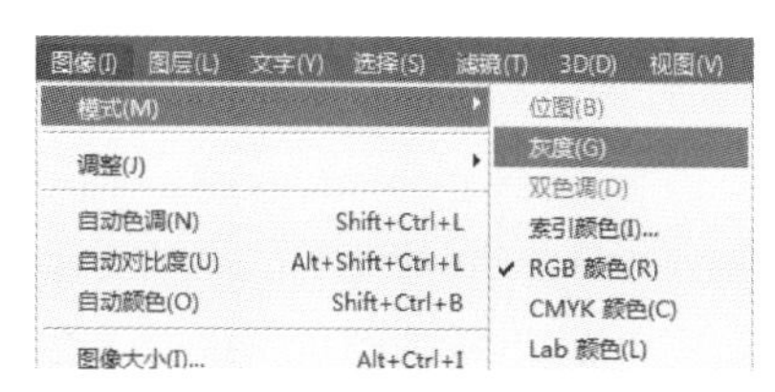

图9-32 灰度模式

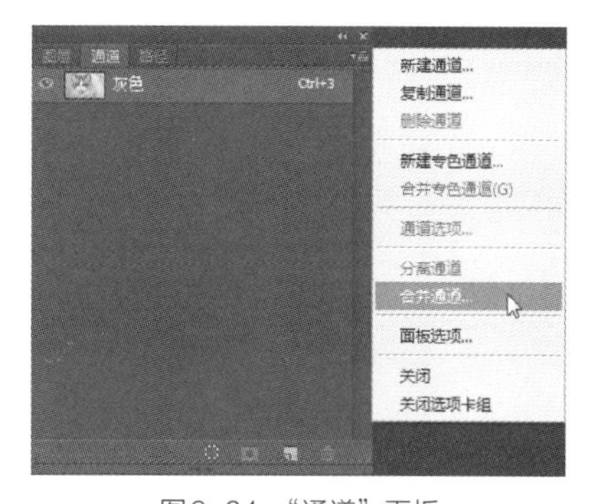

图9-34 “通道”面板

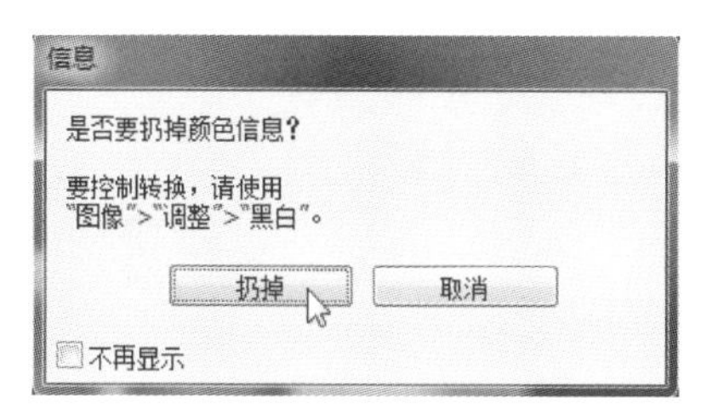

图9-33 “信息”对话框

图9-35 “合并通道”对话框

④ 弹出“合并RGB通道”对话框，在对话框中可以自由选择以哪个图像作为红色、绿色、蓝色通道，如图9-36所示，单击“确定”按钮，“通道”面板中出现一个RGB颜色模式的图像，如图9-37所示，三张灰度模式图像合并通道完成，最终效果如图9-38所示。

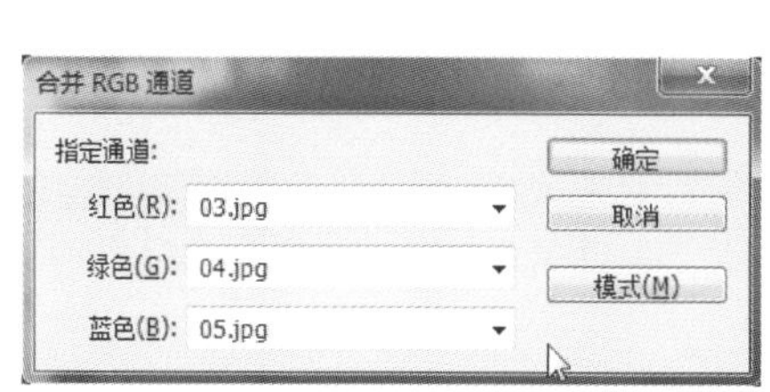

图9-36 “合并RGB通道”对话框

图9-37 通道面板

图9-38 最终效果

9.2.6 使用滤镜编辑通道

使用滤镜编辑通道的方法和使用滤镜编辑图层的方法相似，可以做出多种多样的效果。

① 使用快捷键“Ctrl+O”，打开“素材\09\05.JPG”素材图片，如图9-39所示。打开“通道”面板，选中红色通道，如图9-40所示。

② 为红色通道添加滤镜效果，执行“滤镜>模糊>动感模糊”命令，如图9-41所示，弹出“动感模糊”对话框，“角度”设

图9-39 打开素材文件

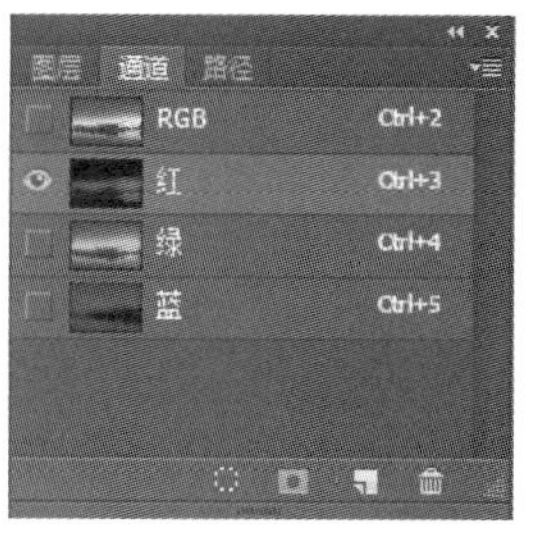

图9-40 “通道”面板

为0度，“距离”设为130像素，如图9-42所示，添加动感模糊滤镜后效果如图9-43所示。

③ 为绿色通道添加滤镜效果，执行“滤镜>像素化>晶格化”命令，如图9-44所示，弹出“晶格化”对话框，“单元格”大小设为10，如图9-45所示，添加晶格化滤镜效果后如图9-46所示。

④ 为蓝色通道添加滤镜效果，执行“滤镜>扭曲>波纹”命令，如图9-47所示，弹出“波纹”对话框，“数量”设为635%，“大小”选大，如图9-48所示，添加波纹滤镜效果后如图9-49所示。

⑤ 分别为三个通道添加不同效果的滤镜，最终回到复合通道，图片对比效果如图9-50所示。

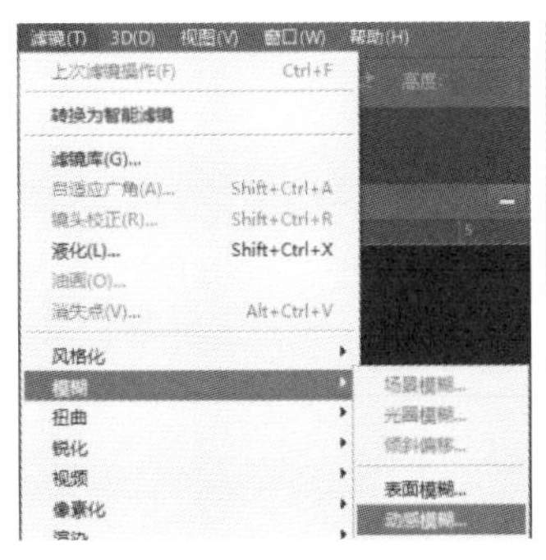

图9-41 调出滤镜

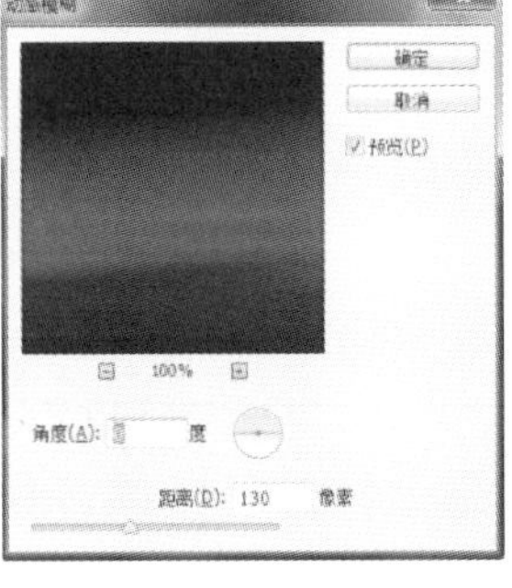

图9-42 动感模糊

图9-43 图片效果

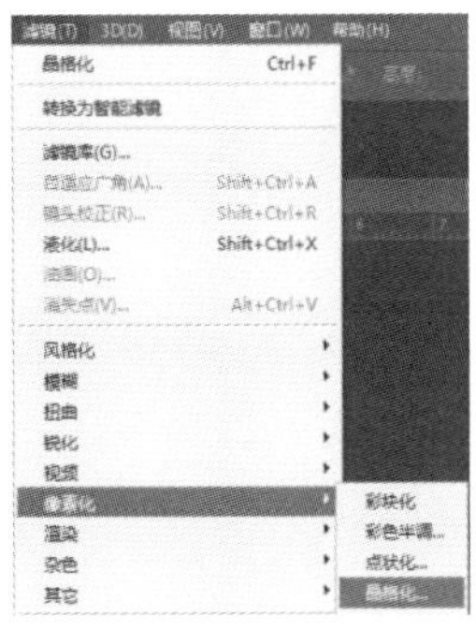

图9-44 调出滤镜

图9-45 晶格化

图9-46 图片效果

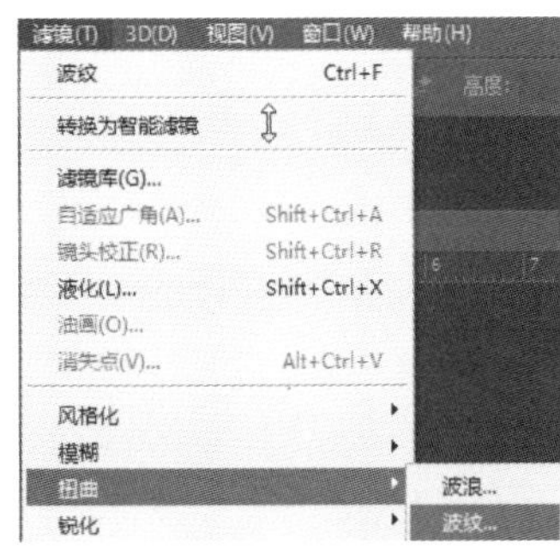

图9-47 调出滤镜

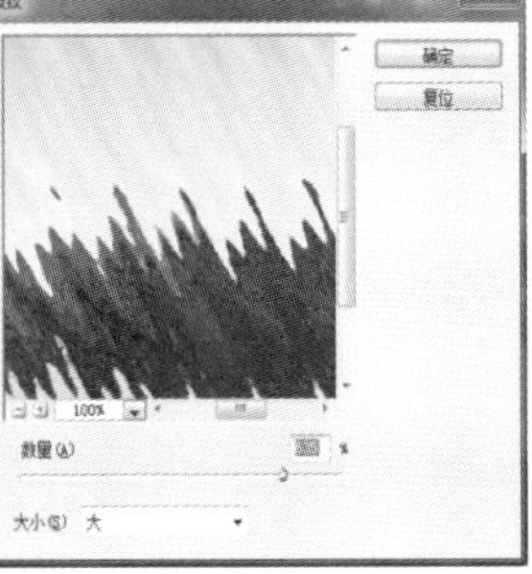

图9-48 波纹

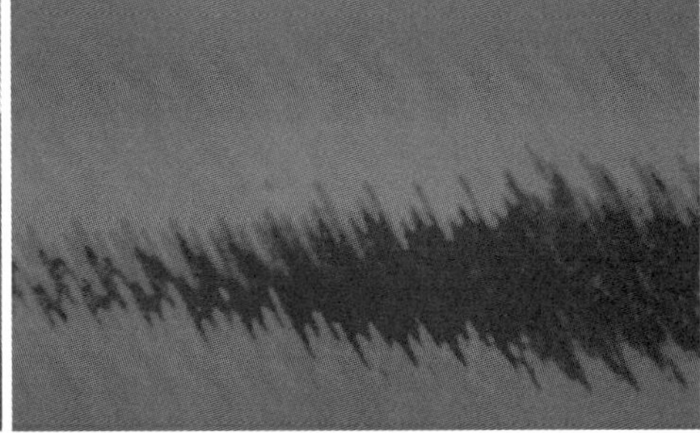

图9-49 图片效果

图9-50 加入滤镜后对比效果

9.3 通道的运算

使用“应用图像”命令和“计算”命令可以组合新图像，也可以使用与图层关联的混合效果，将图像内部和图像之间的通道组合成新图像。

9.3.1 “应用图像”命令

① 使用快捷键“Ctrl+O”，打开“素材\09\06.PSD、07.JPG”素材图片，如图9-51、图9-52所示。

图9-51 素材图片

图9-52 素材图片

② 将素材07.JPG图片拖拽到06.PSD中，如图9-53所示，变成一个图片文件中的两个图层，要注意位置与原图片匹配好。

③ 选中图层0，执行“图像>应用图像”命令，如图9-54所示，弹出“应用图像”对话框，“源”设为07.jpg，“图层”为背景，“通道”为RGB，“混合”设为叠加，勾选“保留透明区域”复选框，勾选“蒙版”复选框，“图像”设为06.psd，“图层”为合并图层，“通道”设为红，如图9-55所示，为花添上雨滴效果，效果如图9-56所示。

图9-53 两个图层

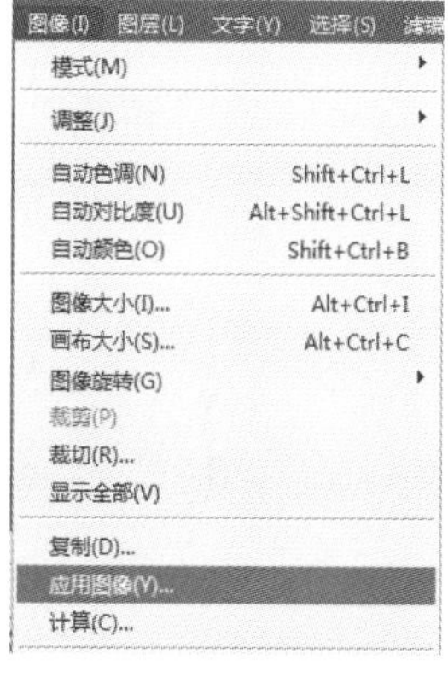

图9-54 应用图像

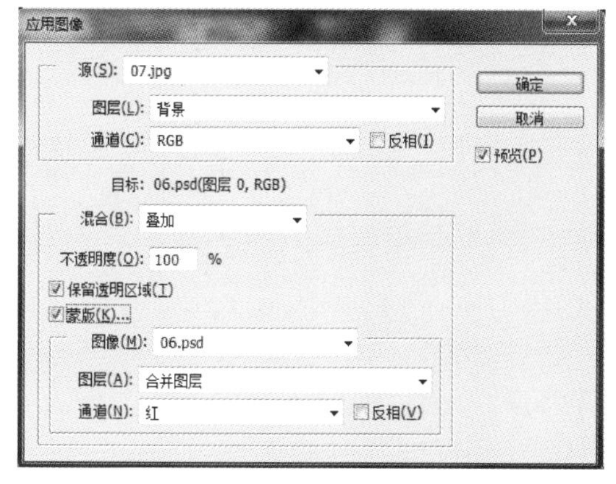

图9-55 “应用图像”对话框

图9-56 应用图像最终效果

9.3.2 “计算”命令

① 使用快捷键“Ctrl+O”，打开“素材\09\06.PSD、07.JPG”素材图片，如图9-57、图9-58所示。

② 将素材07.JPG图片拖拽到06.PSD中，如图9-59所示，变成一个图片文件中的两个图层，要注意位置与原图片匹配好。

图9-57　素材图片

图9-58　素材图片

③ 选中图层0，执行“图像>计算”命令，如图9-60所示，弹出“计算”对话框，“源1”设为06.psd，“图层”为图层1，“通道”为绿，“源2”设为07.jpg，“图层”为背景，“通道”为蓝，“混合”设为正片叠底，“结果”设为新建通道，如图9-61所示。

④ 来到“通道”面板，发现刚才完成的步骤创建了一个名为“Alpha 1”的新通道，选中通道后，单击面板底部的“将通道作为选区载入”按钮，如图9-62所示，载入选区，如图9-63所示。

⑤ 载入选区后，回到“图层”面板中，将“图层1”缩览图前面的眼睛关闭，新建一图层，如图9-64所示，设置前景色为粉色（RGB：247、171、183），使用快捷键“Alt+ Delete”进行前景色填充，填充后使用快捷键“Ctrl+D”取消选区，完成计算后图片效果如图9-65所示。

图9-59　两个图层

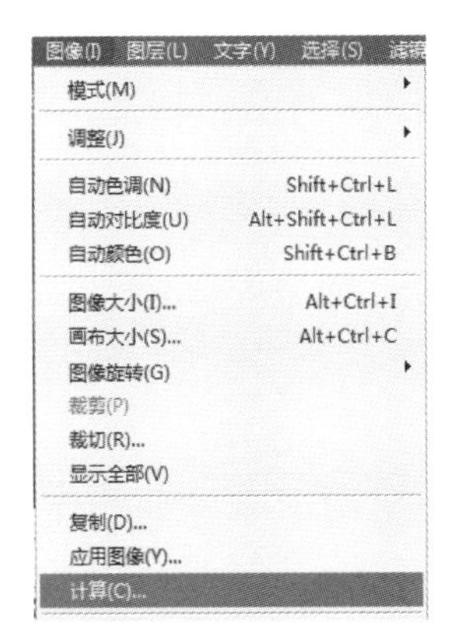

图9-60　“计算”命令

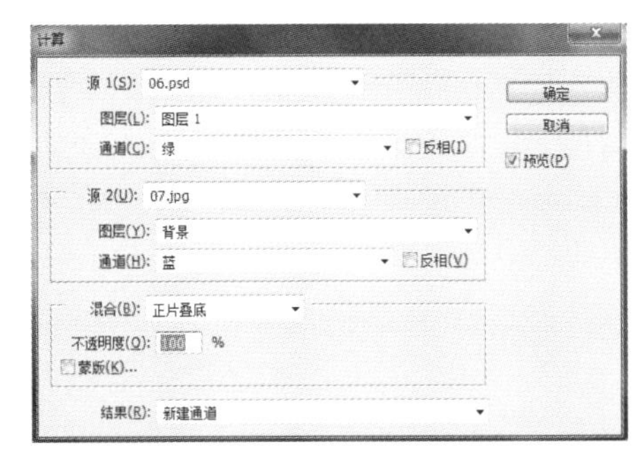

图9-61　“计算”对话框

图9-62　“通道”面板

图9-63　选区效果

图9-64　“图层”面板

9.4 蒙版的种类

图9-65 计算最终效果

蒙版就是选框的外部（选框的内部就是选区）。蒙版一词本身来自生活，是“蒙在上面的板子”的含义，用来保护不做处理的部分。例如：过去在某些物体上大量书写或喷画相同内容（如：数字、图形）时，会在一些（纸制、木制、金属制的）板子上抠出内容形状，将该板子遮挡在物体上，之后在上面喷色着色。将该板子拿下后图形、数字等即印上了。那块板子抠出的空白区域形状也就是选区，而未被抠出的区域也就是留在上面的板子，与选区相对，选框外部即被称为蒙版。

蒙版就是选区之外的地方，用来保护选区的外部。由于蒙版蒙住的地方是我们编辑选取时不受影响的地方，需要完整地保留，因此，在图层上需要显示出来（在总图上看得见），从这个角度来理解蒙版的黑色（即保护区域）为完全透明，白色（即选区）为不透明，灰色介于之间（部分选区，部分保护）。

在Photoshop中包含四种蒙版：图层蒙版、矢量蒙版、快速蒙版和剪贴蒙版。图层蒙版通过蒙版中的灰度信息来控制图像的显示区域；矢量蒙版通过路径和矢量形状控制图像的显示区域；快速蒙版是一种用于创建和编辑选区的功能；剪切蒙版通过一个对象的形状来控制其他图层的显示区域。

9.4.1 图层蒙版

图层蒙版是以隐藏多余像素代替删除的方法对画面进行编辑，既能够达到抠图的目的，又避免了对原图层的破坏，属于非破坏性编辑工具，是Photoshop抠像合成必备工具。

图层蒙版是一种灰度图像，可以通过使用画笔工具、填充命令、滤镜操作等处理蒙版的黑白关系，从而控制图像的显示隐藏。

使用快捷键“Ctrl+O”，打开“素材\09\08.PSD”素材图片，如图9-66所示。我们可以看到这张素材文件包含了两个图层，下面为顶部图层添加不同颜色的蒙版，来观察图层蒙版的变化。

① 为图层添加白色图层蒙版，按照“黑透、白不透、灰半透”的工作原理，此时素材文件窗口完全显示“图层1”的内容，效果如图9-67所示。

② 为图层添加用黑色填充的图层蒙版，按照“黑透、白不透、灰半透”的工作原理，此时素材文件窗口完全显示“图层0”的内容，效果如图9-68所示。

图9-66 打开素材图片

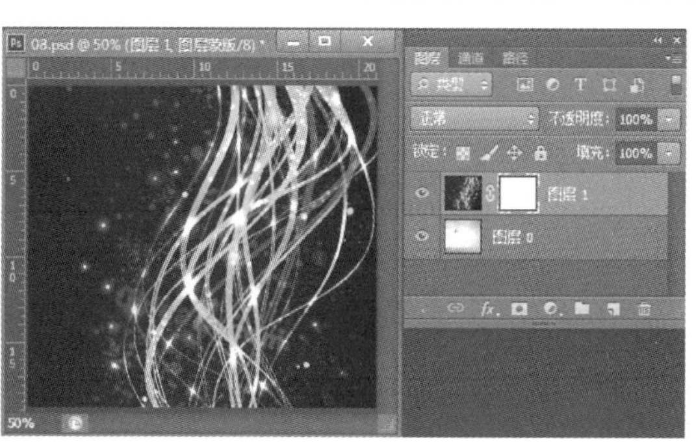

图9-67 添加白色图层蒙版

图9-68 添加黑色图层蒙版

③ 为图层添加用灰色填充的图层蒙版，按照“黑透、白不透、灰半透”的工作原理，此时素材文件窗口“图层1”的内容是半透明显示的，效果如图9-69所示。

④ 为图层添加用黑白渐变色填充的图层蒙版，效果如图9-70所示。

图9-69 添加灰色图层蒙版

图9-70 添加黑白渐变色图层蒙版

9.4.2 矢量蒙版

矢量蒙版与图层蒙版非常相似，都是以隐藏像素代替删除像素的非破坏性编辑方式。矢量蒙版是矢量工具，需要通过钢笔或形状工具在蒙版上绘制路径形状来控制图像显示隐藏，矢量蒙版可以通过调整路径节点，制作出精确的蒙版区域。

① 使用快捷键“Ctrl+O”，打开“素材\09\09.JPG”素材图片，如图9-71所示。打开“图层”面板，找到面板底部的“添加矢量蒙版”按钮，如图9-72所示，按住“Ctrl”键单击后，为图层添加矢量蒙版，鼠标光标移动到“图层蒙版缩略图”处单击，即可编辑矢量蒙版，如图9-73所示。

图9-71 打开素材图片

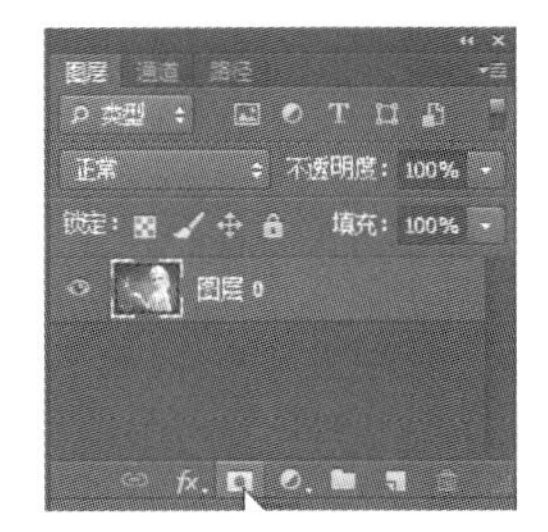

图9-72 创建矢量蒙版

图9-73 选中矢量蒙版

② 设置前景色为黑色，选择“自定形状工具”按钮，设置绘制模式为“路径”，选择形状为雪花形，如图9-74所示，设置完成后，用鼠标在女孩脸的位置拖拽出雪花路径，矢量蒙版发挥了它的作用，路径里面的区域被保留下来，路径外面的区域变成透明，如图9-75所示。

图9-74 自定形状工具设置

图9-75 矢量蒙版效果

9.4.3 快速蒙版

快速蒙版是一种可以创建和编辑选区的工具，进入快速蒙版状态后选区会以“半透明的红色薄膜”形式呈现，可以使用画笔、调整命令、滤镜等对快速蒙版进行编辑，达到编辑选区的目的，退出快速蒙版后即可以“半透明的红色薄膜”覆盖的区域得到选区。快速蒙版与其他蒙版不同，它不具备隐藏画面像素的功能。

① 使用快捷键“Ctrl+O”，打开“素材\09\09.JPG”素材图片，如图9-76所示。选择“魔棒”工具，将“容差”设为50，将素材图片的蓝色背景选出来，如图9-77所示。

图9-76 素材图片

图9-77 蓝色背景

② 在工具箱中单击“以快速蒙版模式编辑”按钮或使用快捷键“Q”，进入快速蒙版模式，如图9-78所示，在“通道”面板中可以观察到一个快速蒙版通道，如图9-79所示，红色的区域表示未选中的区域，非红色区域表示选中的区域。

③ 进入快速蒙版编辑模式后，使用画笔工具，画笔预设如图9-80所示，在图像上绘制，如图9-81所示，绘制区域以红色显示出来，也可以使用橡皮擦工具擦除蒙版。

图9-78 快速蒙版工具

图9-79 快速蒙版通道

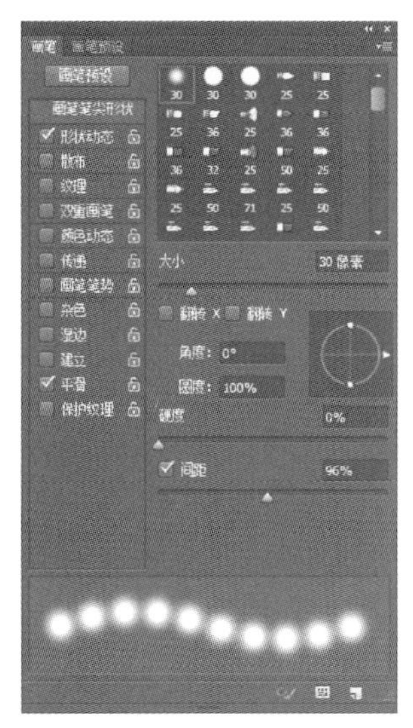

图9-80 画笔预设

图9-81 图片效果

图9-82 选区效果

④ 在工具箱中单击“以快速蒙版模式编辑”按钮 或使用快捷键“Q”，即可退出快速蒙版编辑模式，蒙版以外的部分自动变成选区，增加了步骤③绘制的画笔选区，如图9-82所示。

9.4.4 剪贴蒙版

剪贴蒙版是通过使用处于下方图层的形状来限制上方图层的显示状态。剪贴蒙版由两部分组成，分别是基底图层和内容图层。基底图层用于限定最终图像的形状，而内容图层限定最终图像显示的颜色图案。剪贴蒙版在平面设计中应用广泛。

① 使用快捷键“Ctrl+O”，打开“素材\09\10.PSD”素材图片，如图9-83所示。使用“椭圆”工具画出一个正圆形状，如图9-84所示。

② 选中画好的形状图层，鼠标右键点击弹出“创建剪贴蒙版”，如图9-85所示，剪贴蒙版创建完成，最终效果如图9-86所示。

图9-83 素材图片

图9-84 画圆形效果

图9-85 创建剪贴蒙版

图9-86 最终效果

9.5 蒙版的运用

蒙版最大的特点就是可以反复修改，却不会影响到本身图层的任何构造。如果对蒙版调整的图像不满意，可以去掉蒙版，原图像又会重现，所以蒙版运用在Photoshop中应用特别广泛。

9.5.1 编辑图层蒙版

（1）创建图层蒙版

使用快捷键“Ctrl+O”，打开“素材\09\11.PSD”素材图片，如图9-87所示。单击“图层”面板底部的“添加图层蒙版”按钮，如图9-88所示，即可为图层添加蒙版，如图9-89所示。

图9-87 素材文件

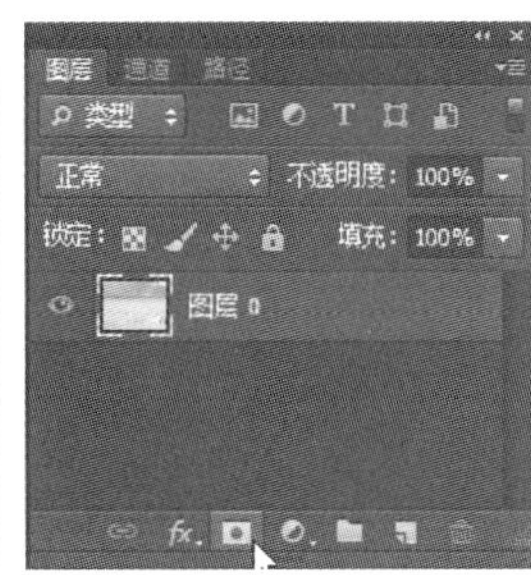

图9-88 “图层”面板

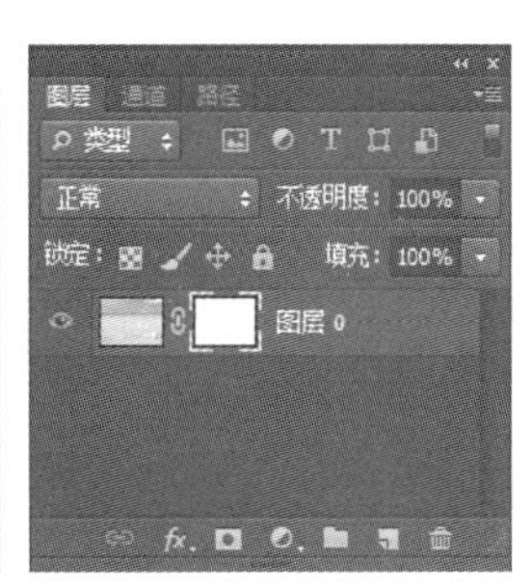

图9-89 添加图层蒙版

（2）编辑图层蒙版

图层蒙版添加完成后，单击该蒙版缩览图即可进入蒙版编辑状态，可以使用黑色画笔进行绘制，切换画笔面板，对画笔笔尖形状进行设置，如图9-90所示；在素材文件中使用画笔，效果如图9-91所示，素材文件只有一个图层，在应用蒙版后，黑色绘画区域会显示透明效果。

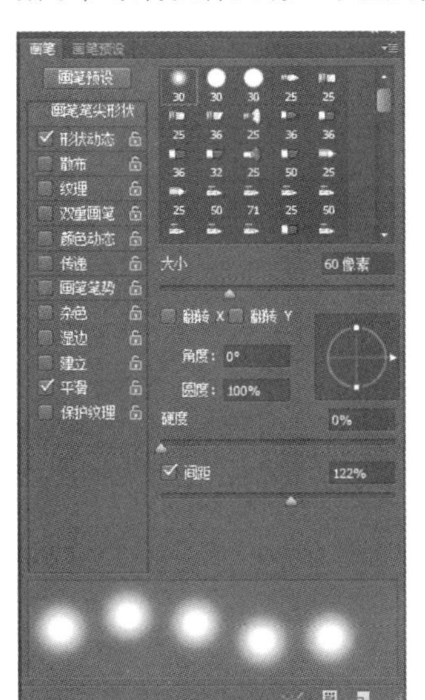

图9-90 画笔预设

正常的编辑状态下，是无法查看图层蒙版的，如果要在图层蒙版视图下进行编辑，按住“Alt”键单击蒙版缩览图，如图9-92所示，将图层蒙版在文件窗口中显示出来，如图9-93所示。

执行“窗口>属性”命令，或双击蒙版缩览图，都可以调出“属性”面板，如图9-94所示，“属性”面板显示与蒙版相关的参数设置。

图9-91 图层蒙版效果

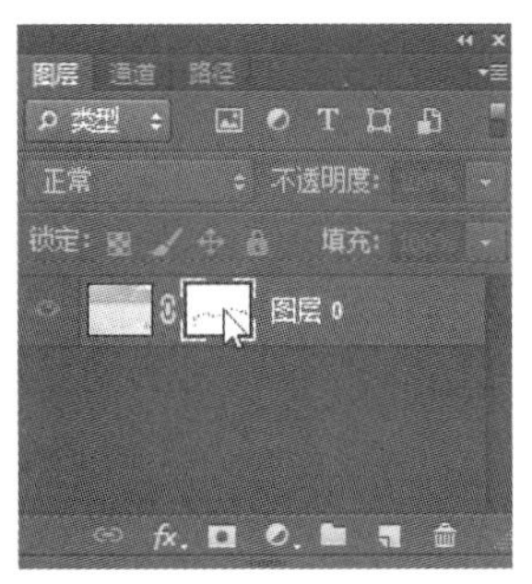

图9-92 缩览图

图9-93 蒙版视图下编辑

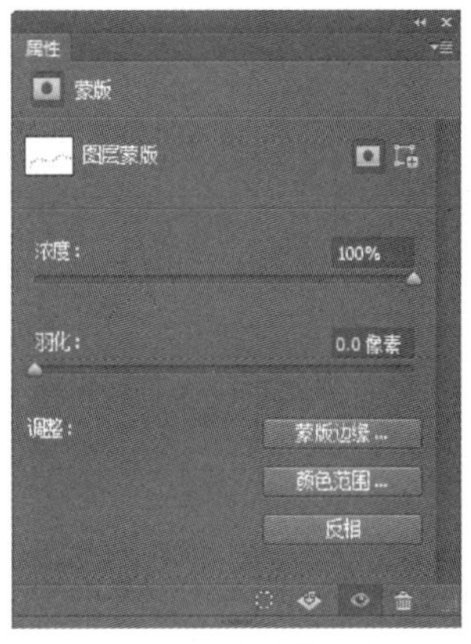

图9-94 “属性”面板

（3）停用与启用图层蒙版

选择要停用的图层蒙版，执行“图层>图层蒙版>停用”命令，或在图层蒙版缩览图上单击鼠标右键，在弹出的快捷菜单中选择“停用图层蒙版”命令，如图9-95所示，停用图层蒙版后的效果如图9-96所示。

如果要启用图层蒙版，可以执行“图层>图层蒙版>启用”命令，或在图层蒙版缩览图上单击鼠标右键，在弹出的快捷菜单中选择“启用图层蒙版”命令，如图9-97所示。

（4）删除图层蒙版

如果要删除图层蒙版，可以执行“图层>图层蒙版>删除”命令；或在图层蒙版缩览图上单击鼠标右键，在弹出的快捷菜单中选择“删除图层蒙版”命令。

（5）图层蒙版与选区

图层蒙版与选区是可以相互转换的。如果当前图像中存在选区，直接单击“图层”面板下的“添加图层蒙版”按钮，可以将当前选区转换为图层蒙版；如果想要得到图层蒙版的选区，按住“Ctrl”键单击蒙版的缩览图就可以载入蒙版的选区。

如果当前画面中包含选区，需要和蒙版中的选区进行计算，在图层蒙版缩览图上右键单击，在弹出的快捷菜单中即可看到3个关于蒙版与选区运算的命令，如图9-98所示。

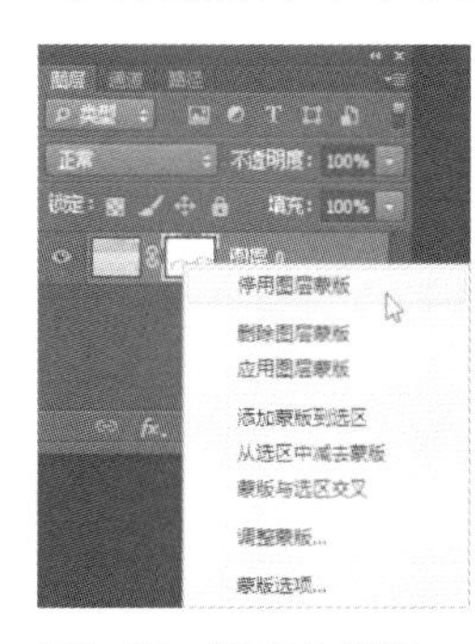

图9-95　停用图层蒙版

图9-96　停用图层蒙版后的效果

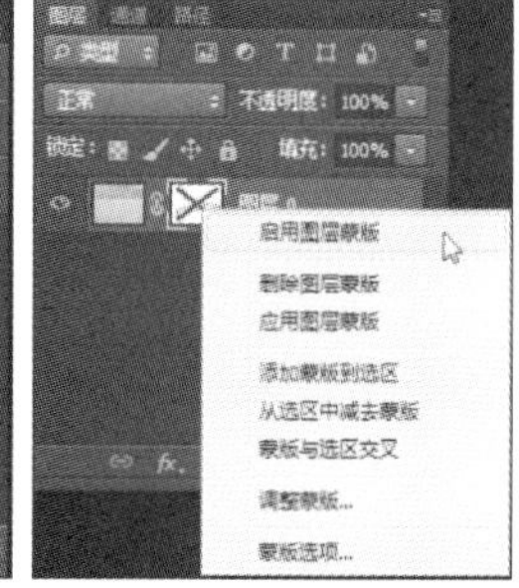

图9-97　启用图层蒙版

9.5.2　调整蒙版边缘

在使用Photoshop抠图时，经常会遇到对象边缘有杂边，和背景不能完美融合，“调整蒙版边缘”这个工具可以解决这个麻烦。

① 使用快捷键“Ctrl+O”，打开“素材\09\12.JPG”素材图片，如图9-99所示。选择“套索”工具把模特的外轮廓选出来，不用选得太仔细，如图9-100所示。

② 执行“选择>调整边缘”命令，如图9-101所示，弹出“调整边缘”对话框，“视图”设为叠加，勾选“智能半径”复选框，“半径”设为80像素，“平滑”值为15，“对比度”设为11%，“移动边缘”设为–44%，勾选“净化颜色”复选框，“输出到”选择“新建带有图层蒙版的图层”，如图9-102所示。

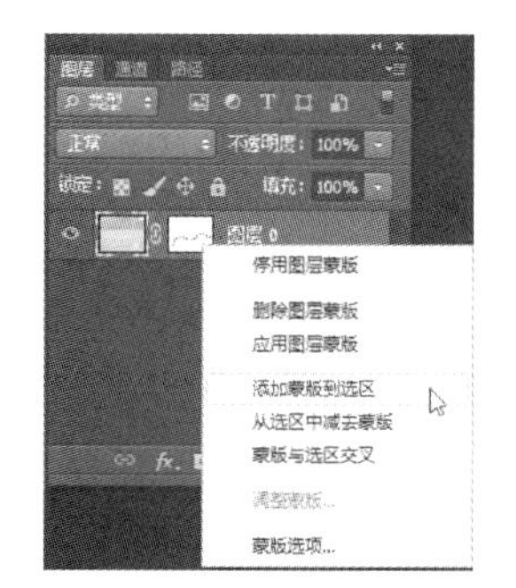

图9-98　蒙版与选区运算的命令

③ 调整后发现模特的头发丝还是有些问题，需要进一步调整，选择“调整半径工具”，如图9-103所示，对模特的头发丝进行涂抹，效果满意后单击“确定”按钮。模特的发丝效果如图9-104所示。

④ 完成“调整边缘”后，已经将模特抠像完成。新建一图层置于模特图层下方，可以使用任意颜色填充作为背景颜色存在，如图9-105所示，最终效果如图9-106所示。

图9-99　素材图片

图9-100　使用“套索”工具

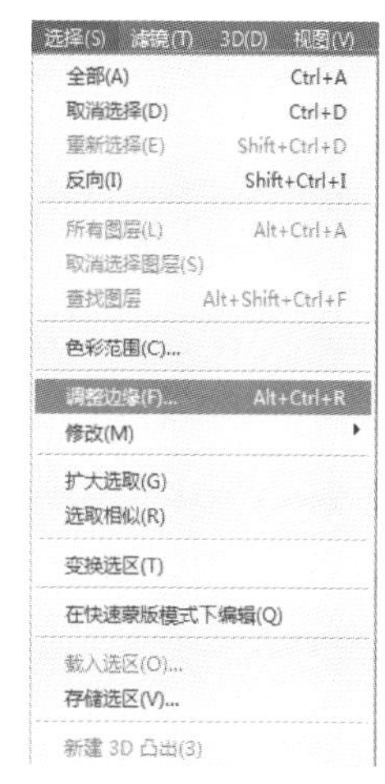

图9-101　调整边缘

图9-102　参数设置

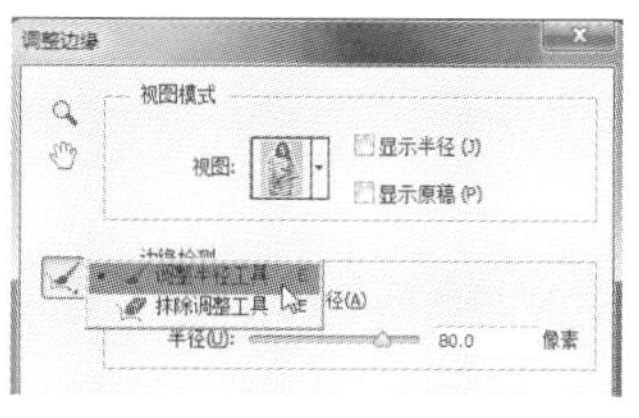

图9-103　调整半径工具

图9-104　发丝效果

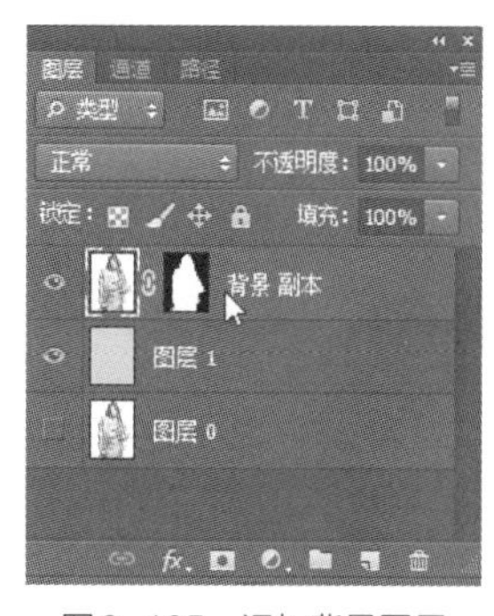

图9-105　添加背景图层

图9-106　最终效果

实例1　抠像——火焰

① 使用快捷键“Ctrl+O”，打开“素材\09\13.JPG”素材图片，如图9-107所示。

② 火焰具有丰富的半透明光影信息，针对火焰抠像不再以明晰的黑白关系作为标准来选择通道，而是以是否包含丰富的灰度信息来作为标准。如图9-108所示，观察3个通道的特点，如果想突出火焰的透亮特点，选择“绿”通道；想突出火焰的形，弱化火焰亮度层次，可以选择“红”通道。

③ 选择“绿”通道，复制“绿”通道，得到名为“绿 副本”的Alpha通道，如图9-109所示。使用快捷键“Ctrl+L”打开“色阶”对话框，设置如图9-110所示，20以下调至纯黑，160以上调至纯亮，中间灰调至1.2，单击“确定”按钮。

图9-107　素材图片

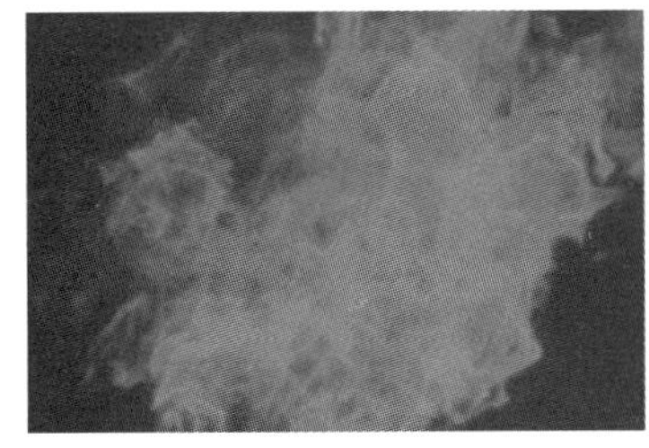
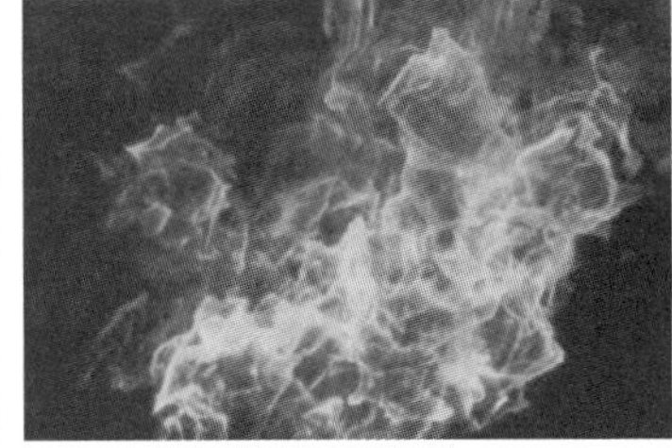

图9-108　通道效果

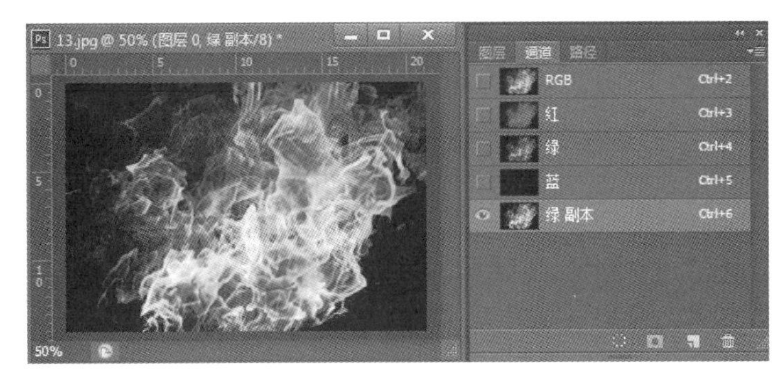

图9-109　复制通道

图9-110　色阶调整

④ 按住“Ctrl”键单击“绿 副本”Alpha通道的缩览图，载入选区，如图9-111所示。

⑤ 回到“图层”面板，确保“图层0”是选中状态，执行“图层>新建>通过拷贝的图层”菜单命令，也可以直接使用快捷键“Ctrl+J”，即可得到如图9-112所示的火焰图层。

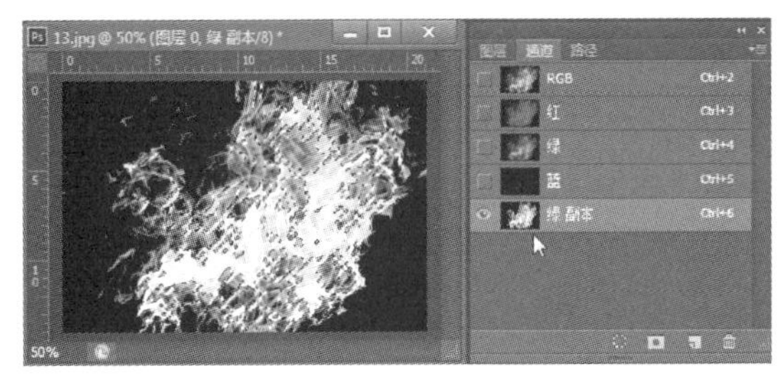

图9-111　载入选区

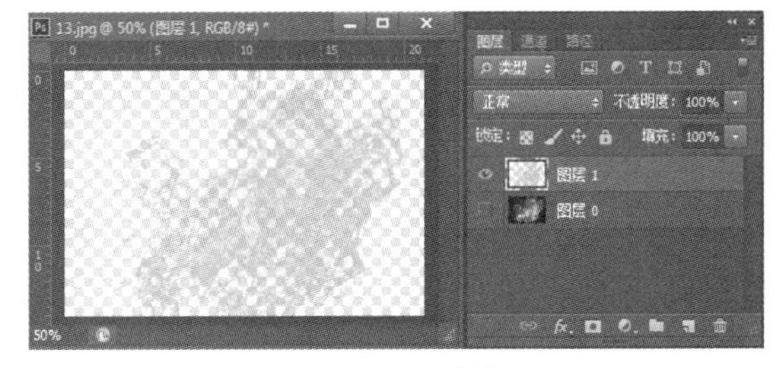

图9-112　火焰效果

实例2　制作特效文字

① 创建一个新的空白文档，使用快捷键“Ctrl+N”，具体参数设置如图9-113所示。打开“通道”面板，新建一个Alpha通道，如图9-114所示。

② 选择“横排文字”工具，在新建的通道中输入“特效文字”四个字，设置字体为“创艺简标宋”、字体大小为80点，并填充白色，如图9-115所示。

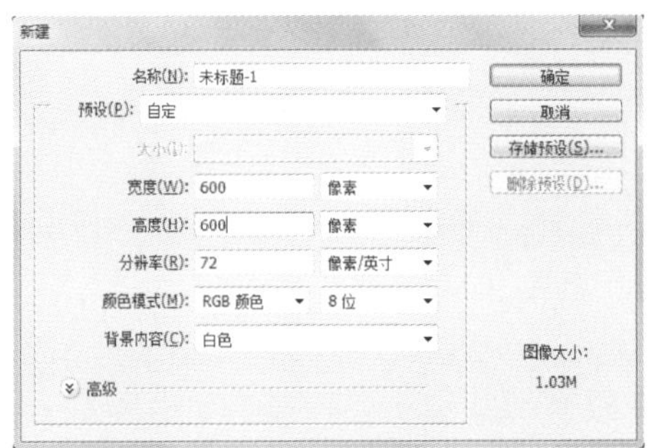

图9-113　新建文件

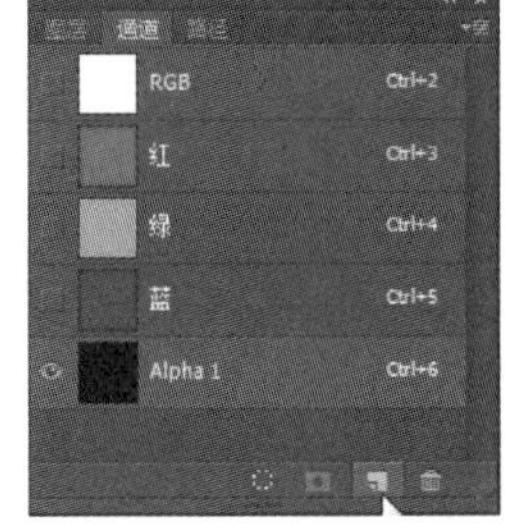

图9-114　新建通道

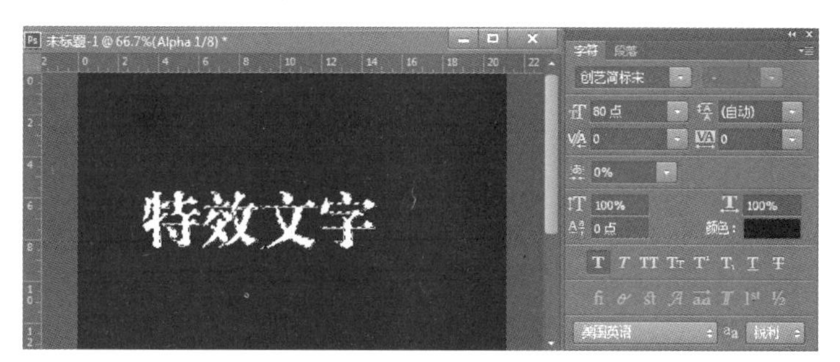

图9-115　输入文字

③ 右键单击“Alpha 1”通道，在弹出的快捷菜单中选择“复制通道”，命名为“最大值”，如图9-116所示。将此通道设为当前通道，执行“滤镜>其他>最大值”命令，在“最大值”对话框中设置“半径”为3像素，如图9-117所示。

④ 右键单击“最大值”通道，在弹出的快捷菜单中选择“复制通道”，命名为“模糊”，如图9-118所示。将此通道设为当前通道，执行“滤镜>模糊>高斯模糊”命令，在“高斯模糊”对话框中设置“半径”为5像素，如图9-119所示。

图9-116　复制通道　　图9-117　滤镜设置　　图9-118　复制通道　　图9-119　滤镜设置

⑤ 按住“Ctrl”键单击“最大值”通道的缩览图，将“最大值”通道载入选区，选择“模糊”通道为当前通道，使用快捷键“Ctrl+Shift+I”反选选区，使用快捷键“Ctrl+L”打开“色阶”对话框调整色阶，将160以上调至纯亮，如图9-120所示，完成操作后使用快捷键“Ctrl+D”取消选区。

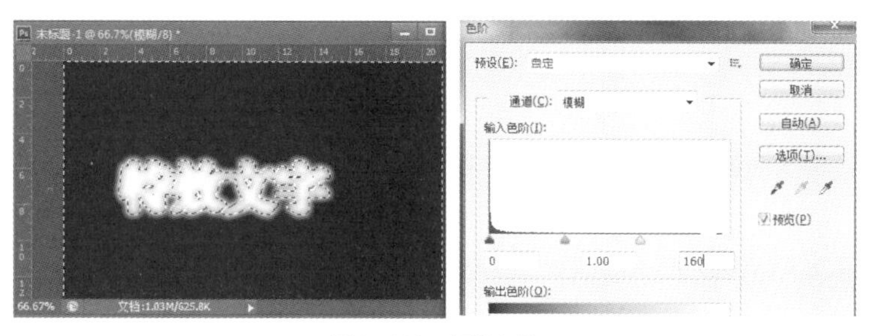

图9-120　调整色阶

⑥ 右键单击“Alpha 1”通道，在弹出的快捷菜单中选择“复制通道”，命名为“最小值”，如图9-121所示。将此通道设为当前通道，执行“滤镜>其他>最小值”命令，在“最小值”对话框中设置“半径”为1像素，如图9-122所示。使用快捷键“Ctrl+L”打开“色阶”对话框调整色阶，中间灰调至2，如图9-123所示。

⑦ 按住“Ctrl”键单击“最小值”通道的缩览图，将“最小值”通道载入选区，回到“图层”面板中新建图层，为选区填充颜色（RGB：255、0、0），如图9-124所示，完成操作后使用快捷键“Ctrl+D”取消选区。

图9-121 复制通道

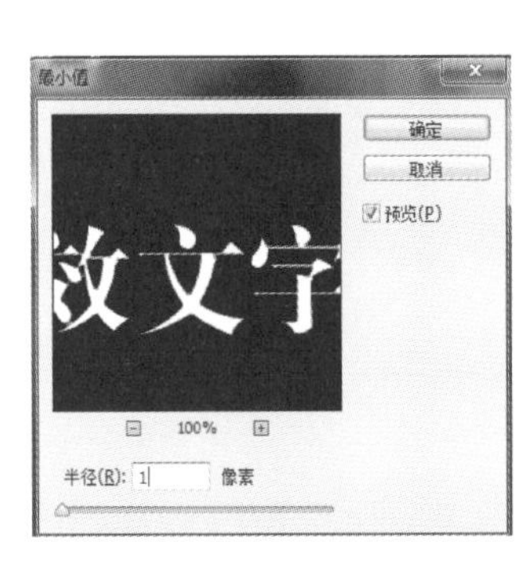

图9-122 滤镜设置

图9-123 色阶设置

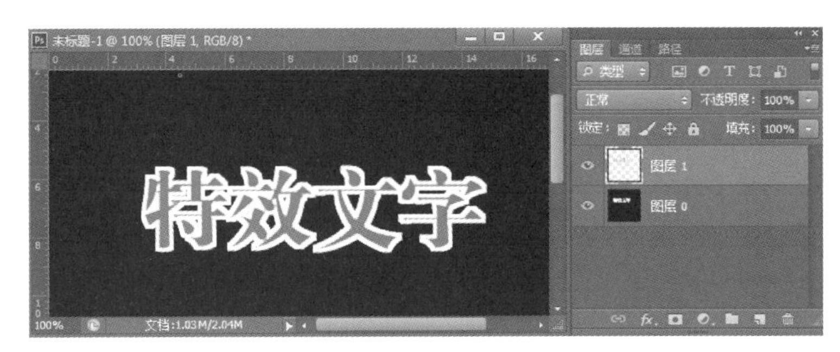

图9-124 新建图层

⑧ 将所有的Alpha通道左侧的显示框打开，都设置可见通道，执行“图像>计算”菜单，参数设置如图9-125所示，最终效果如图9-126所示。

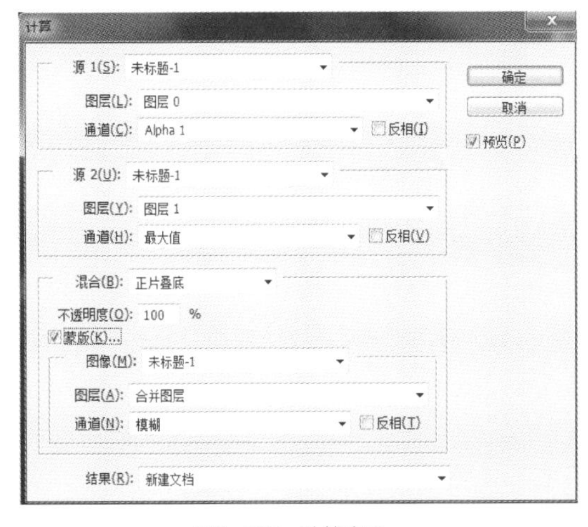

图9-125 计算应用

图9-126 特效文字效果

实例3 走出画面的动物

① 使用快捷键“Ctrl+O”，打开“素材\09\15.JPG、16.JPG”素材图片，如图9-127所示。

② 先把动物从背景中分离出来。选择“套索”工具把动物的外轮廓选出来，不用选得太仔细，如图9-128所示。执行“选择>调整边缘”命令，如图9-129所示，弹出“调整边缘”对话框，“视图”设为黑底，勾选“智能半径”复选框，“半径”设为56像素，“平滑”值为33，“对比度”设为14%，

“移动边缘”设为–36%，勾选“净化颜色”复选框，“输出到”选择“新建带有图层蒙版的图层”，如图9-129所示。边缘处需要选择“调整半径工具”进行调整，最终效果如图9-130所示。

③ 调整边缘后，动物图层自动生成了图层蒙版，如图9-131所示，选中蒙版缩略图，鼠标单击右键，选择“应用图层蒙版”命令，如图9-132所示。

④ 将抠像完成的动物图层拖拽到15.JPG素材文件中，并使用快捷键“Ctrl+T”调整动物图层的大小，如图9-133所示，调整大小后再将位置放置好，如图9-134所示。

图9-127　打开素材文件

图9-128　画出选区

图9-129　调整边缘

图9-130　完成效果

图9-131　应用图层蒙版

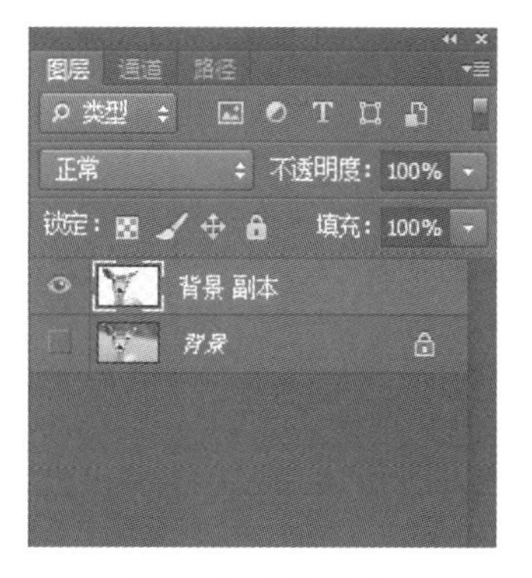

图9-132　完成效果

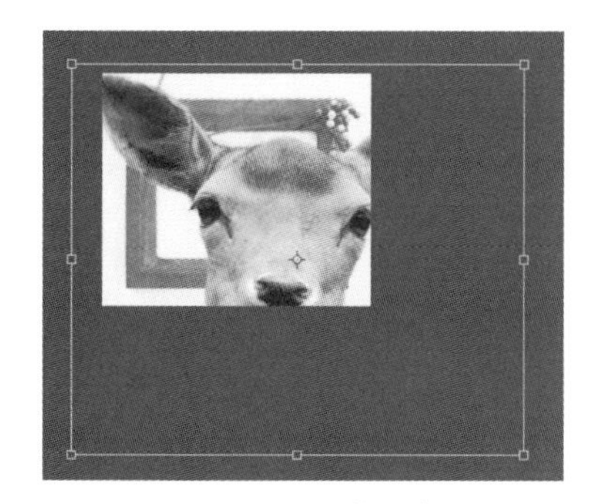

图9-133　调整尺寸

图9-134　调整位置

⑤ 为动物图层添加图层蒙版，将图层蒙版填充为黑色，如图9-135所示，隐藏动物图层。使用矩形选框工具沿着相框内部区域绘制选区，并填充为白色，如图9-136所示，动物的头已经显示出一部分。

⑥ 设置前景色为白色，使用画笔工具，选中蒙版缩览图，绘制出动物的耳朵，最终效果如图9-137所示。

图9-135 添加图层蒙版

图9-136 显示效果

综合实例 汽车海报

① 使用快捷键“Ctrl+O”，打开“素材\09\18.JPG”素材图片，如图9-138所示。

② 使用“钢笔工具”绘制出汽车的外部轮廓，如图9-139所示。此时，在“路径”面板中可以看到汽车外轮廓的工作路径，如图9-140所示。

③ 在“图层”面板或者“路径”面板中，按住“Ctrl”键同时单击底部的“添加蒙版”按钮，这样可以将绘制的路径转换成矢量蒙版，在“图层”面板中可以看到矢量蒙版的缩略图，如图9-141所示，将路径转成矢量蒙版后，汽车从背景图片中分离出来。

④ 步骤②将汽车分离出来后，我们发现汽车的玻璃仍然是不透明的，需要制作出半透明效果。继续选择钢笔工具，在选项栏中将“路径运算”设置为“排除重叠形状”，如图9-142所示。选中当前的矢量蒙版，在该蒙版上绘制出玻璃的轮廓路径，如图9-143所示，绘制完成后，玻璃范围内包含的图像就变成了透明。

图9-137 最终效果

图9-138 素材图片

图9-139 汽车轮廓路径

图9-140 “路径”面板

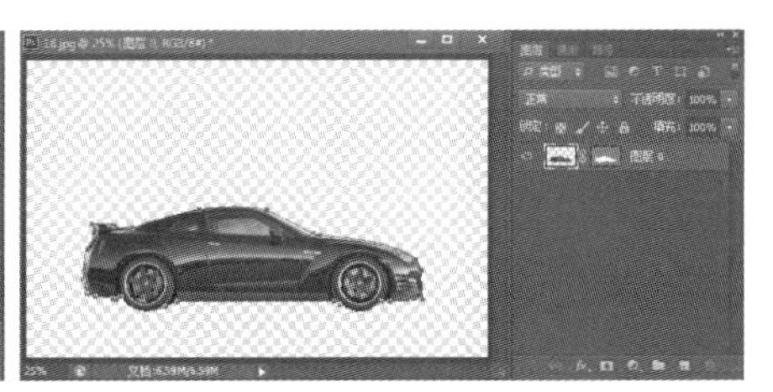

图9-141 创建矢量蒙版

⑤ 正常的汽车玻璃是半透明状态，我们需要进一步处理透明的玻璃效果。选择汽车所在的图层并使用快捷键“Ctrl+J”进行复制，得到一个原图层副本，如图9-144所示。

选中副本图层上的矢量蒙版缩略图，使用“路径选择工具”将汽车外轮廓路径删除，现在汽车玻璃范围变成完全不透明状态，如图9-145所示。

⑥ 由于矢量蒙版不具备半透明效果，汽车玻璃需要依靠图层的不透明度参数来降低不透明度，将不透明度设为50%，从而达到半透明效果，如图9-146所示。

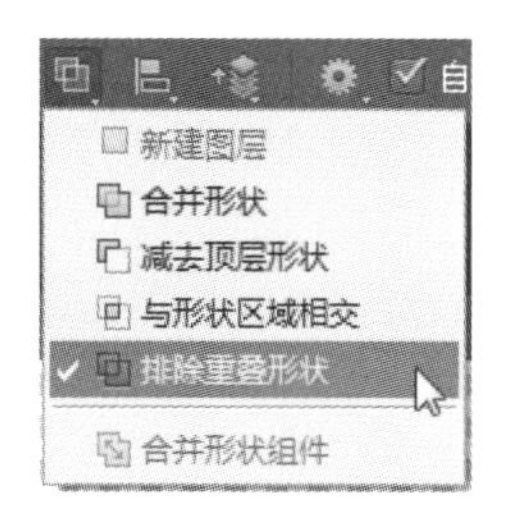

图9-142　路径运算

图9-143　抠出汽车玻璃

图9-144　复制图层

图9-145　删除汽车路径

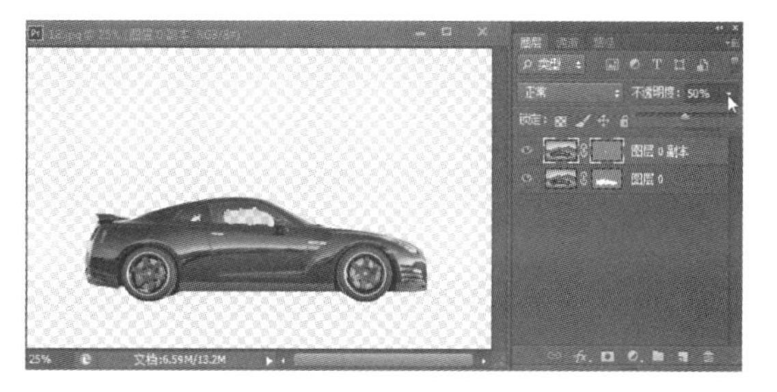

图9-146　调整图层不透明度

⑦ 选中两个图层，使用快捷键“Ctrl+E”将两个图层合并。

⑧ 使用快捷键“Ctrl+O”，打开“素材\09\19.JPG”素材图片，如图9-147所示。将制作完成的汽车图片拖拽到19.JPG图片中，并适当调整大小和位置，如图9-148所示。

⑨ 使用快捷键“Ctrl+O”，打开“光盘\素材\09\20.PSD”素材图片，如图9-149所示。将素材光影图层拖拽到19.JPG图片中，并适当调整大小和位置，如图9-150所示。

⑩ 选中车的图层，单击“图层”下方的“添加矢量蒙版”工具，为车添加蒙版。选择渐变工具，设置黑白渐变，点击蒙版缩览图后，在画布上沿水平方向拉出渐变，如图9-151所示，将车的尾部和光影效果进行融合。

图9-147　背景图片

图9-148　图片效果

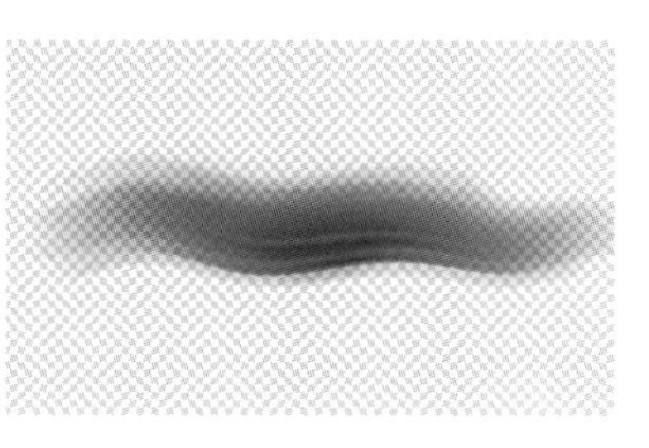

图9-149　素材图片

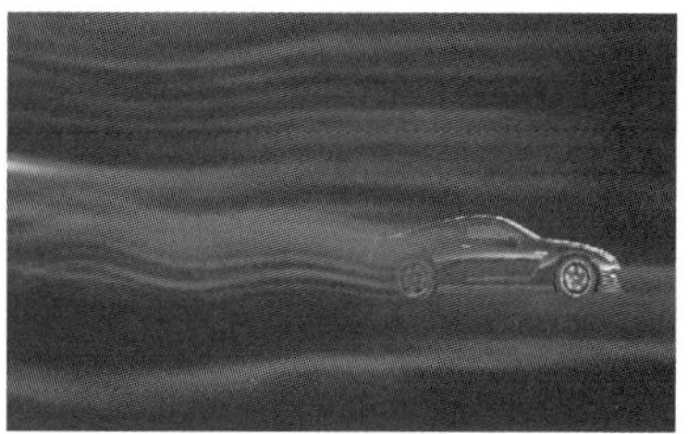

图9-150　图片效果

⑪ 选中汽车图层后，使用快捷键“Ctrl+J”进行复制，得到一个原图层副本，使用快捷键“Ctrl+R”进行图形变换，选择“垂直翻转”命令，并调整适当位置，为汽车制作投影效果，

如图9-152所示。

⑫ 选择渐变工具，设置黑白渐变，点击蒙版缩览图后，在画布上沿垂直方向拉出渐变，如图9-153所示，制作出车的倒影效果。

⑬ 选择文字工具，输入“自由如风”，具体的文字设置和效果如图9-154所示。并为“自由如风”设置图层样式，如图9-155所示。

⑭ 使用快捷键“Ctrl+J”复制“光影”图层，得到一个原图层副本，图层位置移动到文字图层上方，画布中的位置移动到“自由如风”偏下的位置，如图9-156所示。

⑮ 选中“光影 副本”图层，确定“光影 副本”的图层就在文字图层的上方，右键单击后选择“创建剪贴蒙版”命令，最终效果如图9-157所示。

图9-151　图片效果

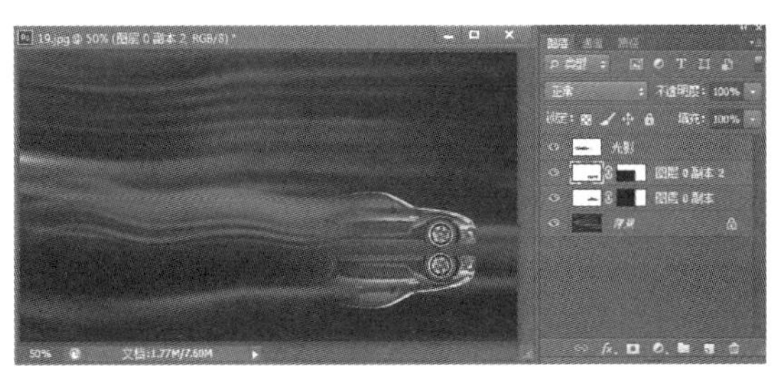

图9-152　投影效果

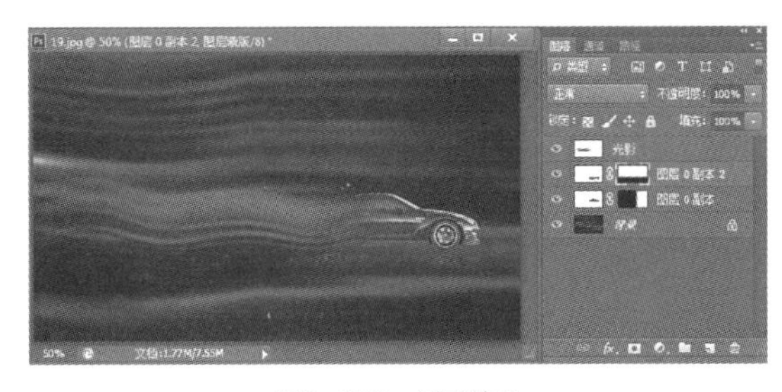

图9-153　倒影效果

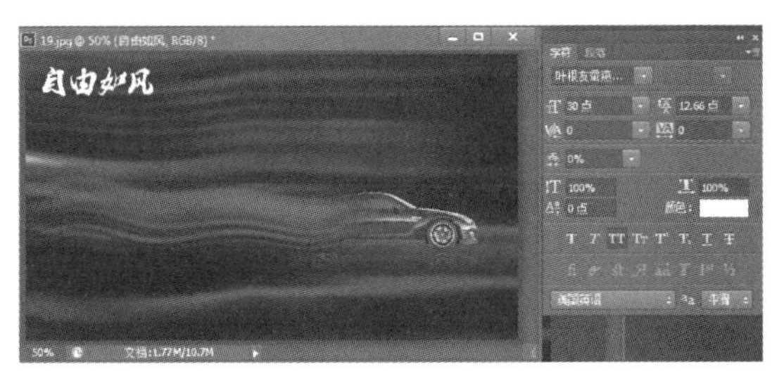

图9-154　文字效果

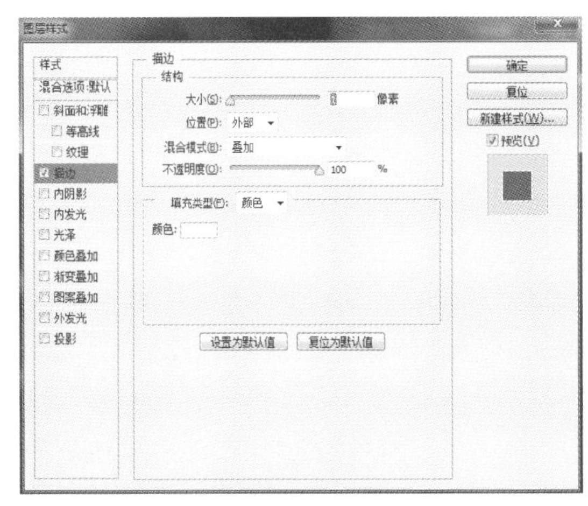

图9-155　图层样式

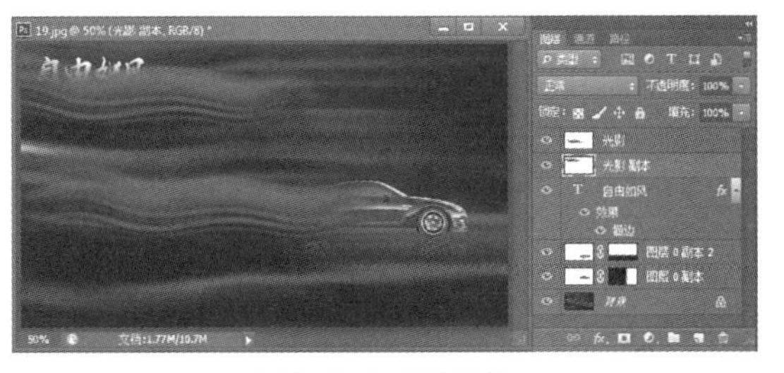

图9-156　光影效果

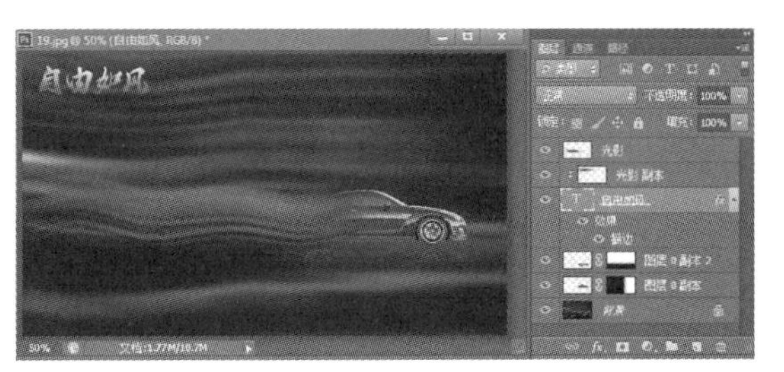

图9-157　最终效果

第10章 滤镜的运用

滤镜原本是摄影师们为了丰富照片的图像效果，在照相机的镜头前加上各种特殊影片，如图10-1所示，这样拍摄得到的照片就包含了所加镜片的特殊效果。在计算机制图软件中引用了特殊镜片这一概念，从而产生了“滤镜”。

滤镜是Photoshop中最具有吸引力的功能之一，是一种特殊的图像效果处理技术，它是通过改变图片像素的位置或颜色来生成特效。Photoshop提供的滤镜显示在滤镜菜单中，要使用滤镜，在滤镜菜单中选取相应的子菜单命令，如图10-2所示。

图10-1 “相机”滤镜

上次滤镜操作(F) Ctrl+F
转换为智能滤镜
滤镜库(G)...
自适应广角(A)... Shift+Ctrl+A
镜头校正(R)... Shift+Ctrl+R
液化(L)... Shift+Ctrl+X
油画(O)...
消失点(V)... Alt+Ctrl+V
风格化
模糊
扭曲
锐化
视频
像素化
渲染
杂色
其它
Digimarc
浏览联机滤镜...

图10-2 滤镜子菜单

10.1 认识滤镜库

10.1.1 预览滤镜效果

在滤镜的菜单栏中显示灰色的滤镜命令是不能使用的。在通常情况下，RGB模式的图像可以使用所有的滤镜，CMYK可以使用一部分的滤镜，位图模式和索引模式的图片不能使用滤镜。点击滤镜库弹出对话框，如图10-3所示。应注意以下几点。

图10-3 对话框设置

① 可以预览修改过程中的图像，单击左下方的按钮可以设置预览的大

小。如图10-4所示。

② 使用一个滤镜后，滤镜菜单的第一个选项会出现该滤镜的名称，如图10-5所示，点击或按“Ctrl+F”快捷键可以应用这一滤镜。需要修改这一滤镜可按“Alt+Ctrl+F”快捷键。

③ 按住“Alt”键，“取消”按钮就会变成“复位”按钮，如图10-6所示，点击可以将参数恢复到初始状态。

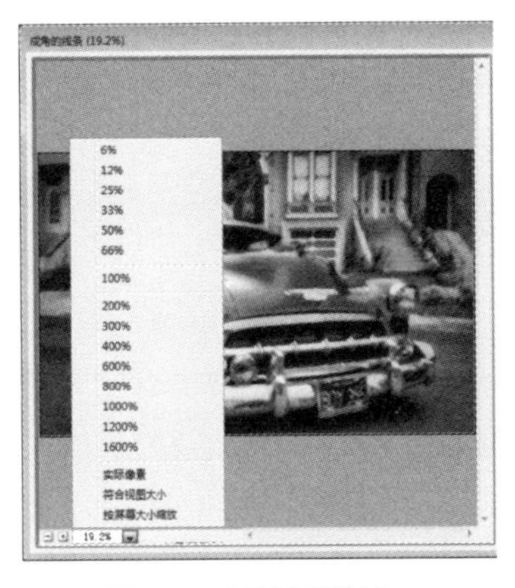

图10-4　滤镜库预览区

图10-5　菜单

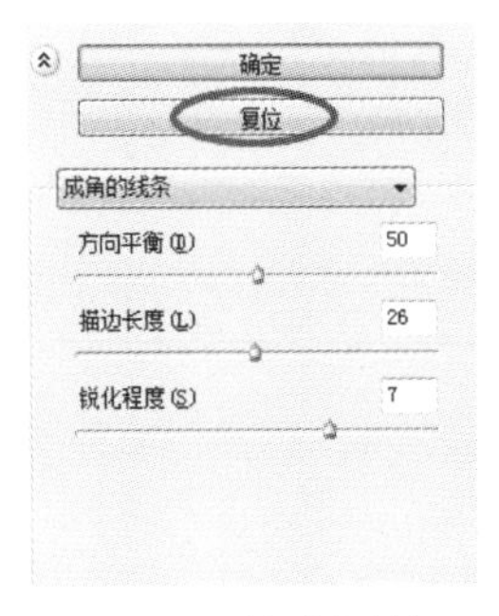

图10-6　“复位”按钮

④ 要快速终止正在使用的滤镜处理，按“Esc”键即可关闭窗口。

⑤ 使用滤镜处理图像后，可立即点击“编辑>渐隐”（快捷键“Shift+Ctrl+F”）可以修改滤镜效果的不透明度和模式。

10.1.2　新建/删除效果图层

滤镜库的对话框右下角有效果图层，单击“新建效果图层”按钮，可以添加一个效果图层，多次添加滤镜，图形效果也会变得更加丰富，如图10-7所示。

滤镜库的对话框右下角效果图层，按钮可以隐藏该滤镜的效果，或者点击按钮可以删除该效果图层。

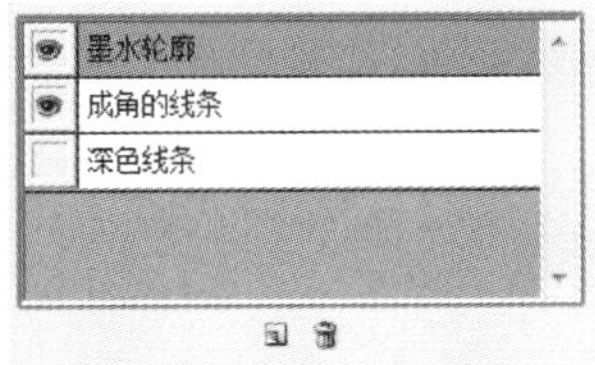

图10-7　多个效果图层

10.1.3　“描边”滤镜组

（1）成角的线条

“成角的线条”滤镜可以产生斜笔画风格的图像，亮部区域为一个方向的线条绘制，暗部区域为相反方向的线条，类似于我们使用画笔按某一角度在画布上用油画颜料所涂画出的斜线，线条修长、笔触锋利。原图如图10-8所示。

“成角的线条”滤镜效果及参数如图10-9所示。

图10-8　原图

（2）墨水轮廓

“墨水轮廓”滤镜可以产生使用钢笔勾画图像轮廓线的效果，使图像具有比较明显的轮廓，如图10-10所示。

（3）喷溅

“喷溅”滤镜模拟喷枪，可以产生如同在画面上喷墨后形成的效果，或有一种被雨水打湿的视觉效果，如图10-11所示。

（4）喷色描边

“喷色描边”滤镜可以产生一种按一定方向喷洒水花的艺术效果，如图10-12所示。

（5）强化的边缘

“强化的边缘”滤镜类似于我们使用白色笔来勾画图像边界而形成的效果，使图像有一个比较明显的边界线，如图10-13所示。

（6）深色线条

该滤镜通过用短而密的线条来绘制图像中的深色区域，用长而白的线条来绘制图像中颜色较浅的区域，从而产生一种很强的黑色阴影效果，如图10-14所示。

（7）烟灰墨

“烟灰墨”滤镜可以通过计算图像中像素值的分布，对图像进行概括性的描述，进而产生用饱含黑色墨水的画笔在宣纸上进行绘画的效果，如图10-15所示。

（8）阴影线

“阴影线”滤镜可以产生具有十字交叉线网格风格的图像，就如同我们在粗糙的画布上使用笔刷画出十字交叉线作画时所产生的效果一样，给人一种随意编制的感觉，如图10-16所示。

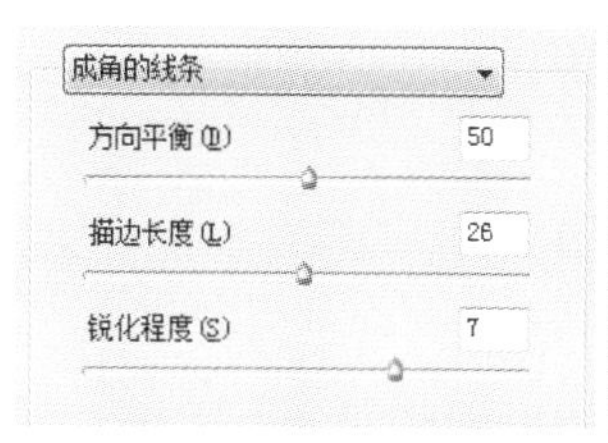

图10-9 “成角的线条”滤镜参数及效果

图10-10 “墨水轮廓”滤镜参数及效果

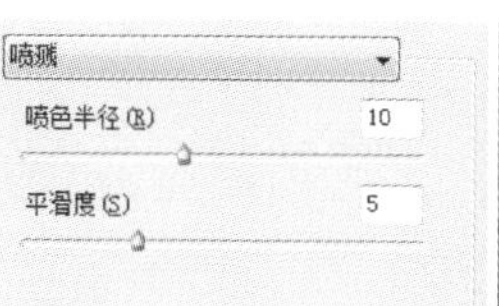

图10-11 “喷溅”滤镜参数及效果

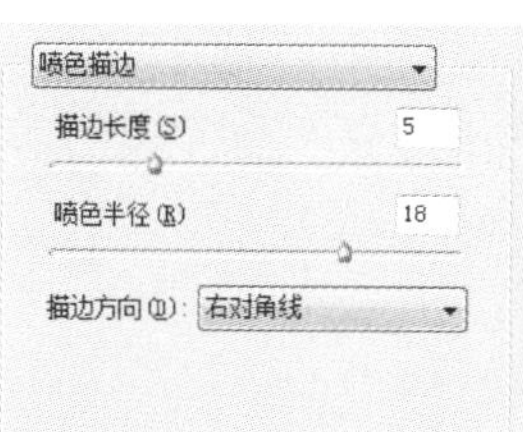

图10-12 “喷色描边”滤镜参数及效果

图10-13 “强化的边缘”滤镜参数及效果

图10-14 “深色线条”滤镜参数及效果

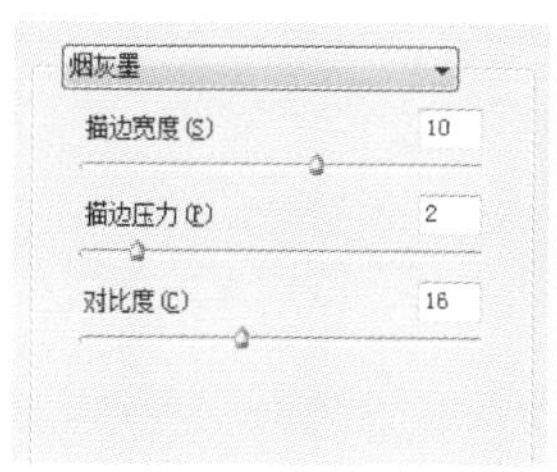

图10-15 “烟灰墨”滤镜参数及效果

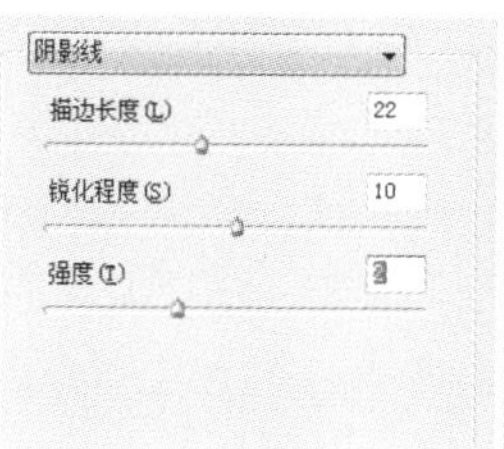

图10-16 “阴影线”滤镜参数及效果

10.1.4 “素描”滤镜组

“素描”滤镜用来在图像中添加纹理，使图像产生模拟素描、速写及三维的艺术效果。需要注意的是，许多“素描”滤镜在重绘图像时使用前景色和背景色。

（1）半调图案

“半调图案”滤镜使用前景色和背景色在当前图片中产生半色调图案的效果。执行完半调图案之后，图像以前的色彩将被去掉，以灰色为主。原图如图10-17所示。滤镜参数如图10-18所示。

图案类型有三种，分别如图10-19～图10-21所示。

（2）便条纸

“便条纸”滤镜能够产生好像是手工制纸构成的图像。图像中较暗部分用前景色处理，较亮部分用背景色处理，如图10-22所示。

（3）粉笔和炭笔

“粉笔和炭笔”滤镜可以重绘高光和中间调，粗糙粉笔绘制中间调的灰色背景。炭笔用前景色绘制，粉笔用背景色绘制，如图10-23所示。

图10-17　原图

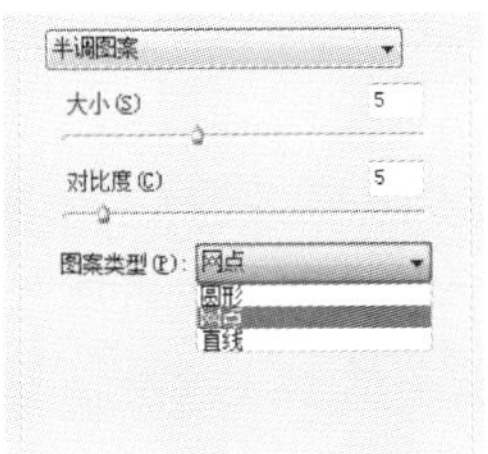

图10-18　参数

图10-19　圆形效果

图10-20　网点效果

图10-21　直线效果

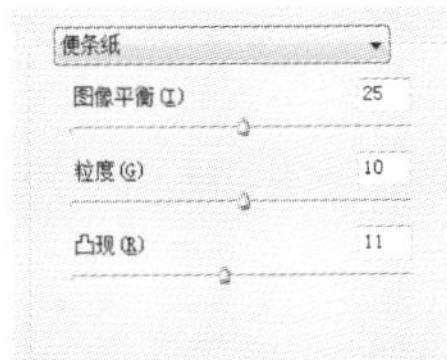

图10-22　“便条纸”滤镜参数及效果

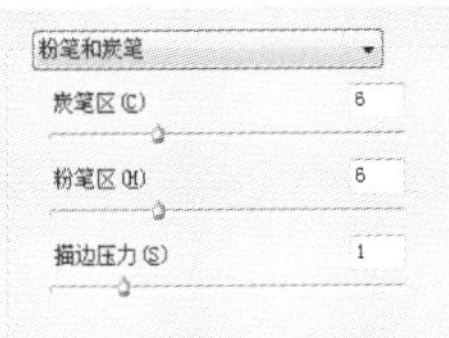

图10-23　“粉笔和炭笔”滤镜参数及效果

（4）铬黄渐变

“铬黄渐变”滤镜产生光滑的铬质效果。执行完滤镜铬黄命令之后，图像的颜色将失去，只存在黑灰两种，但表面会根据图像进行铬黄纹理，如图10-24所示。

（5）绘图笔

“绘图笔”滤镜使用精细的、直线油墨线条来捕捉原图像中的细节，产生一种素描的效果。对油墨线条使用前景色，对纸张使用背景色来替换原图像中的颜色，如图10-25所示。

（6）基底凸现

该滤镜产生一种粗糙类似浮雕的效果，并用光线照射强调表面变化的效果。在图像较暗区域使用前景色，较亮的区域使用背景色，如图10-26所示。

（7）石膏效果

“石膏效果”滤镜可以按3D效果塑造图像，然后使用前景色与背景色为图像着色，图像中的暗区凸起，亮区凹陷，如图10-27所示。

（8）水彩画纸

“水彩画纸”滤镜使图像好像是绘制在潮湿的纤维上，颜色溢出、混合、产生渗透的效果，如图10-28所示。

（9）撕边

“撕边”滤镜重新组织图像为被撕碎的纸片效果，然后使用前景色和背景色为图片上色。比较适合有文本或对比度高的图象，如图10-29所示。

（10）炭笔

该滤镜产生色调分离的涂抹效果。图像中主要的边缘用粗线绘画，中间色调用对角细线条素描。其中炭笔为前景色，纸张为背景色，如图10-30所示。

（11）炭精笔

“炭精笔”滤镜可以在图像上模拟浓黑和纯白的炭笔纹理，暗区使用前景色，亮区使用背景色，如图10-31所示。

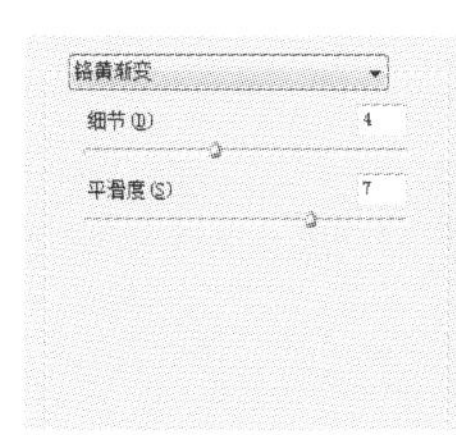

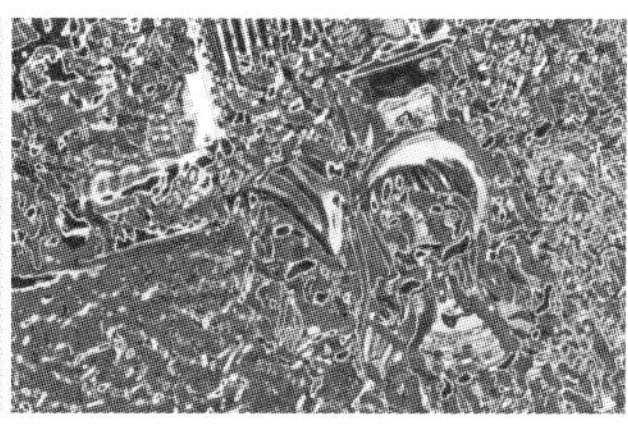

图10-24 “铬黄渐变”滤镜参数及效果

图10-25 “绘图笔”滤镜参数及效果

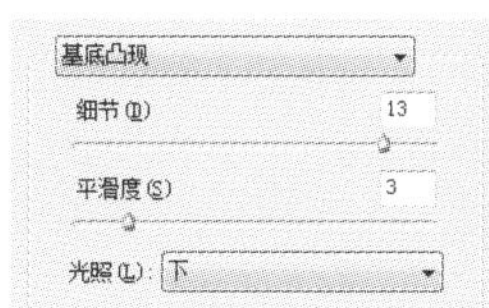

图10-26 “基底凸现”滤镜参数及效果

图10-27 “石膏效果”滤镜参数及效果

图10-28 “水彩画纸”滤镜参数及效果

图10-29 “撕边”滤镜参数及效果

图10-30 “炭笔”滤镜参数及效果

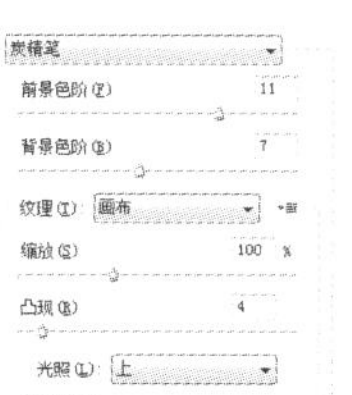

图10-31 “炭精笔”滤镜参数及效果

（12）图章

“图章”滤镜使图像简化、突出主体，看起来像是用橡皮或木制图章盖上去的效果，如图10-32所示。

（13）网状

“网状”滤镜模仿胶片感光乳剂的受控收缩和扭曲的效果，使图像的暗色调区域好像被结块，高光区域好像被轻微颗粒化，如图10-33所示。

（14）影印

“影印”滤镜可以模拟影印图像的效果，大的暗区拷贝边缘，中间色调为纯黑或纯白，如图10-34所示。

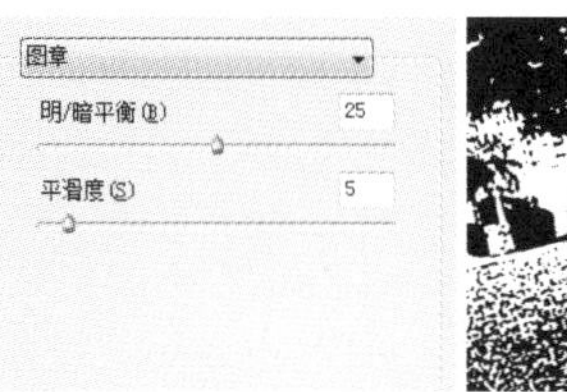

图10-32 “图章”滤镜参数及效果

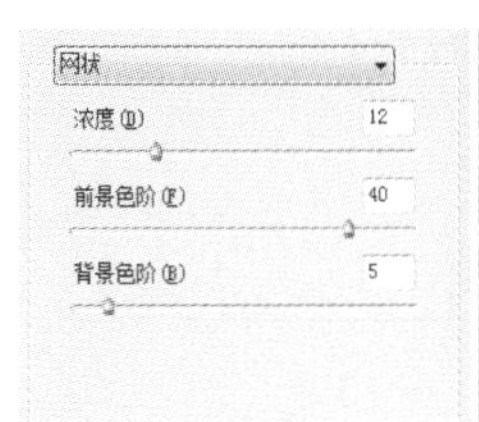

图10-33 “网状”滤镜参数及效果

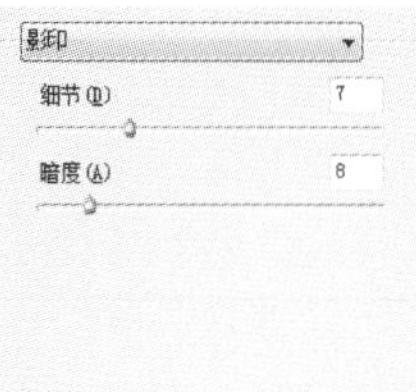

图10-34 “影印”滤镜参数及效果

10.1.5 “纹理”滤镜组

“纹理”滤镜组中共有6种滤镜，主要用于生成具有纹理效果的图案，使图像具有质感。

（1）龟裂缝

“龟裂缝”滤镜可以产生将图像弄皱后所具有的凹凸不平的皱纹效果，与龟甲上的纹路十分相似，原图如图10-35所示。“龟裂缝”滤镜的效果及参数如图10-36所示。

图10-35 原图

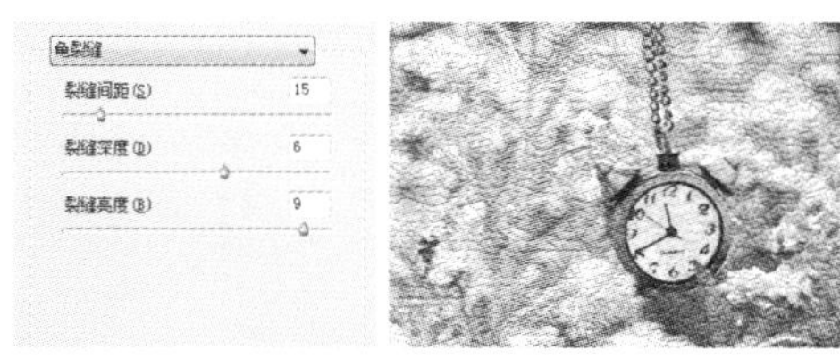

图10-36 “龟裂缝”滤镜的参数及效果

（2）颗粒

“颗粒”滤镜可以为图像增加一些杂色点，使图像表面产生颗粒效果，这样图像看起来就会显得有些粗糙，如图10-37所示。

（3）马赛克拼贴

“马赛克拼贴”滤镜用于产生类似马赛克拼成的图像效果，它制作出的是位置均匀分布但形状不规则的马赛克，如图10-38所示。

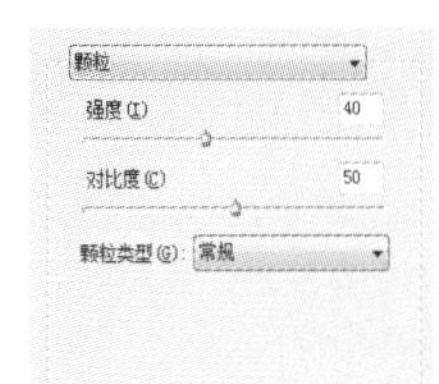

图10-37 “颗粒”滤镜的参数及效果

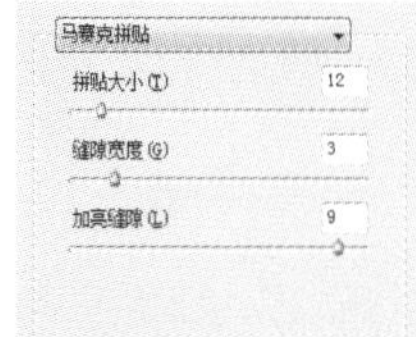

图10-38 “马赛克拼贴”滤镜的参数及效果

（4）拼缀图

“拼缀图”滤镜可以将图像分成规则排列的正方形块，每一个方块使用该区域的主色填充，如图10-39所示。

（5）染色玻璃

“染色玻璃”滤镜可以将图像分割成不规则的多边形色块，前景色填充色块之间的缝隙，产生一种视觉上的彩色玻璃效果，如图10-40所示。

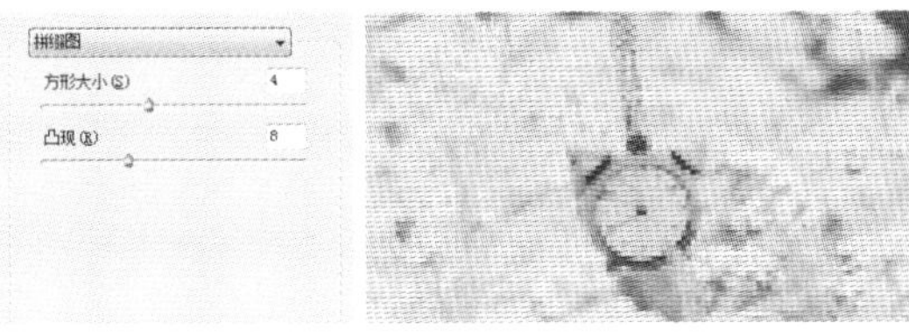

图10-39 “拼缀图”滤镜的参数及效果

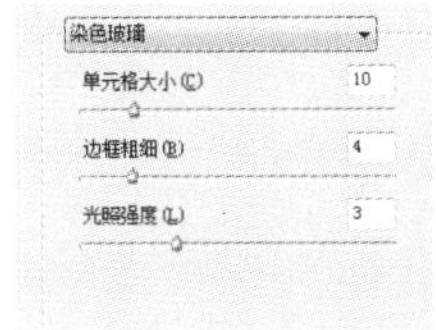

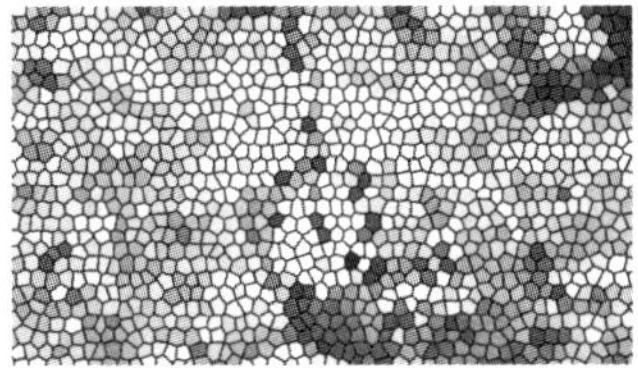

图10-40 “染色玻璃”滤镜的参数及效果

（6）纹理化

“纹理化”滤镜可以往图像中添加不同的纹理，使图像看起来富有质感。滤镜参数如图10-41所示。可选择的纹理包括：“砖形”如图10-42所示；“粗麻布”，如图10-43所示；“画布”，如图10-44所示；“砂岩”，如图10-45所示。

图10-41 “纹理化”滤镜参数

图10-42 “纹理化砖形”滤镜的效果

图10-43 “纹理化粗麻布”滤镜的效果

图10-44 “纹理化画布”滤镜的效果

图10-45 “纹理化砂岩”滤镜的效果

10.1.6 “艺术效果”滤镜组

“艺术效果”滤镜包含15种滤镜，模仿绘画效果，且绘画形式不拘一格。它能产生油画、水彩画、铅笔画、粉笔画、水粉画等各种不同的艺术效果。

图10-46 原图

（1）壁画

“壁画”滤镜能强烈地改变图像的对比度，使暗调区域的图像轮廓更清晰，最终形成一种类似古壁画的效果。原图如图10-46所示。

“壁画”滤镜的效果及参数如图10-47所示。

图10-47 “壁画”滤镜的参数及效果

（2）彩色铅笔

“彩色铅笔”滤镜模拟使用彩色铅笔在纯色背景上绘制图像。主要的边缘被保留并带有粗糙的阴影线外观，纯背景色通过较光滑区域显示出来，如图10-48所示。

（3）粗糙蜡笔

“粗糙蜡笔”滤镜可以产生具有在粗糙物体表面（即纹理）上绘制图像的效果，如图10-49所示。

图10-48 “彩色铅笔”滤镜的参数及效果

图10-49 “粗糙蜡笔”滤镜的参数及效果

（4）底纹效果

“底纹效果”滤镜能够产生具有纹理的图像，看起来图像好像是从背面画出来的。它的“纹理”等选项与“粗糙画笔”滤镜相应的选项作用相同，如图10-50所示。

（5）干画笔

“干画笔”滤镜能模仿干画笔进行作画，简化图像，如图10-51所示。

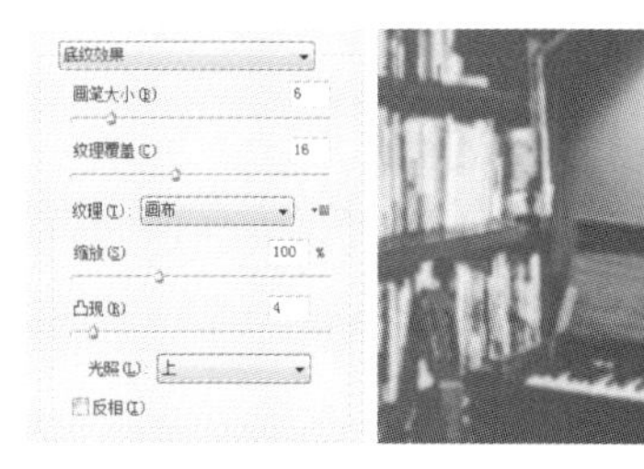

图10-50 “底纹效果”滤镜的参数及效果

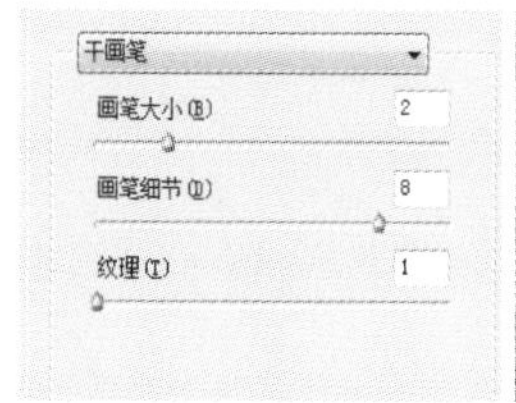

图10-51 “干画笔”滤镜的参数及效果

（6）海报边缘

“海报边缘”滤镜的作用是增加图像对比度并沿边缘的细微层次加上黑色，能够产生具有招贴画边缘效果的图像，也有点木刻画的近似效果，如图10-52所示。

（7）海绵

“海绵”滤镜将模拟在纸张上用海绵轻轻扑颜料的画法，产生图像浸湿后被颜料洇开的效果，如图10-53所示。

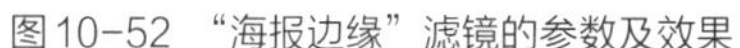

图10-52 “海报边缘”滤镜的参数及效果

图10-53 “海绵”滤镜的参数及效果

（8）绘画涂抹

“绘画涂抹”滤镜可以使用简单、未处理光照、暗光、宽锐化、宽模糊和火花等不同类型的画笔创建绘画效果，如图10-54所示。

（9）胶片颗粒

“胶片颗粒”滤镜能够在给原图像加上一些杂色的同时，调亮并强调图像的局部像素。它可以产生一种类似胶片颗粒的纹理效果，如图10-55所示。

图10-54 “绘画涂抹”滤镜的参数及效果

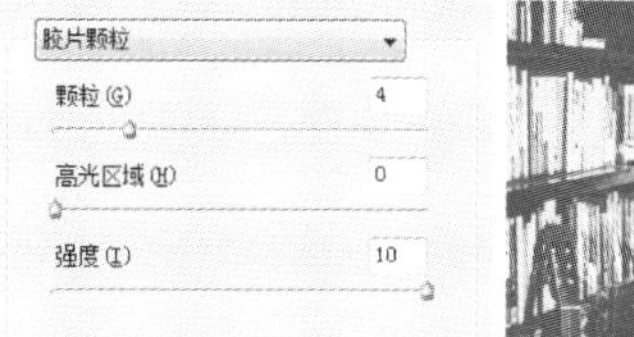

图10-55 “胶片颗粒”滤镜的参数及效果

（10）木刻

“木刻”滤镜使图像好像由粗糙剪切的彩纸组成，高对比度图像看起来黑色剪影，而彩色图像看起来像由几层彩纸构成，如图10-56所示。

（11）霓虹灯光

“霓虹灯光”滤镜可以在柔化图像外观时给图像着色，看起来有一种氖光照射的效果，如图10-57所示。

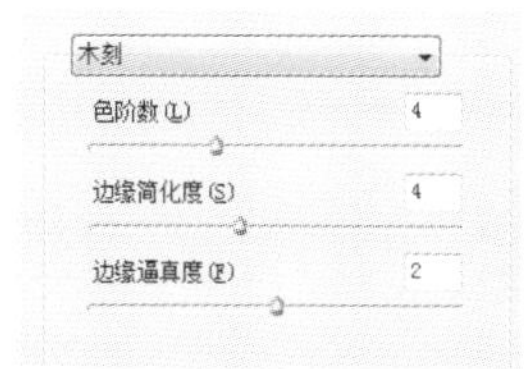

图10-56 “木刻”滤镜的参数及效果

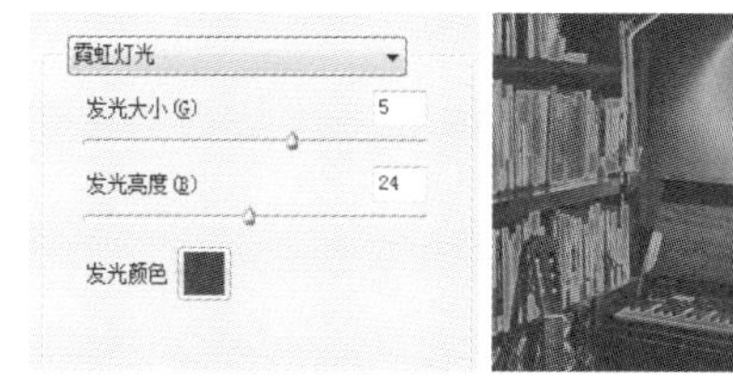

图10-57 “霓虹灯光”滤镜的参数及效果

（12）水彩

“水彩”滤镜可以描绘出图像中景物形状，同时简化颜色，进而产生水彩画的效果，如图10-58所示。

（13）塑料包装

“塑料包装”滤镜可以产生塑料薄膜封包的效果，使“塑料薄膜”沿着图像的轮廓线分布，从而令整幅图像具有鲜明的立体质感，如图10-59所示。

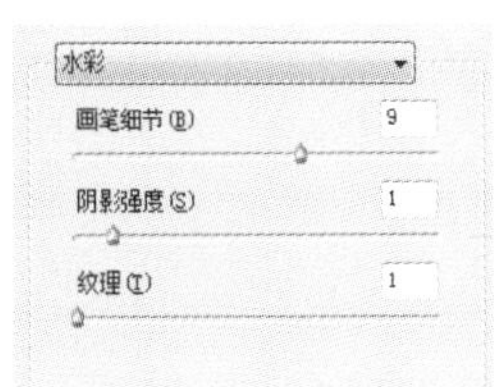

图10-58 “水彩”滤镜的参数及效果

图10-59 “塑料包装”滤镜的参数及效果

（14）调色刀

“调色刀”滤镜可以使图像中相近的颜色相互融合，减少了细节，以产生写意效果，如图10-60所示。

（15）涂抹棒

“涂抹棒”滤镜可以产生使用粗糙物体在图像进行涂抹的效果。它能够模拟在纸上涂抹粉笔画或蜡笔画的效果，如图10-61所示。

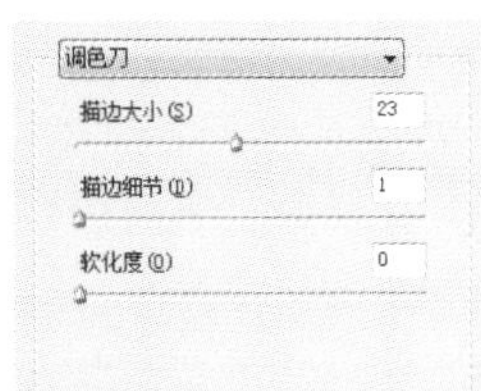

图10-60 “调色刀”滤镜的参数及效果

涂抹棒
描边长度(S) 2
高光区域(H) 15
强度(I) 10

图10-61 “涂抹棒”滤镜的参数及效果

10.2 独立滤镜的运用

10.2.1 “镜头校正”滤镜

Photoshop的“镜头校正”滤镜可以修复用数码相机拍摄照片中出现的桶形失真、枕形失真、色差及晕影等缺陷。

打开图像文件，点击“滤镜>镜头矫正”，打开“镜头矫正”对话框，包括“自动校正”和“自定”两个选项面板。“自动校正”面板如图10-62所示。

校正下方有三个可以解决的问题待选择。如果校正后导致图像超出了原始尺寸，可勾选“自动缩放图像”选项。

“自定”面板如图10-63所示。

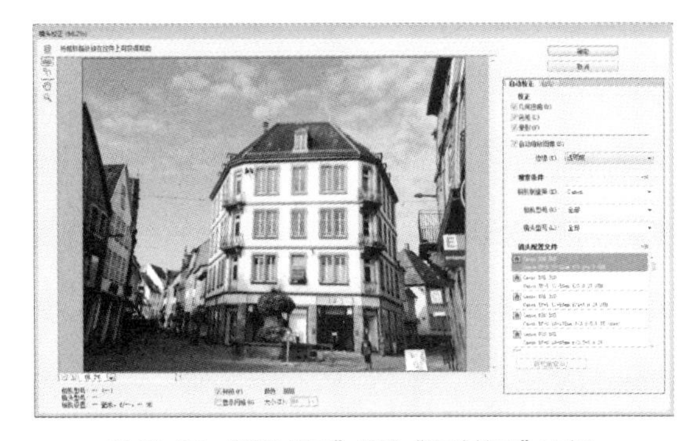

图10-62 “镜头校正”滤镜“自动校正”面板

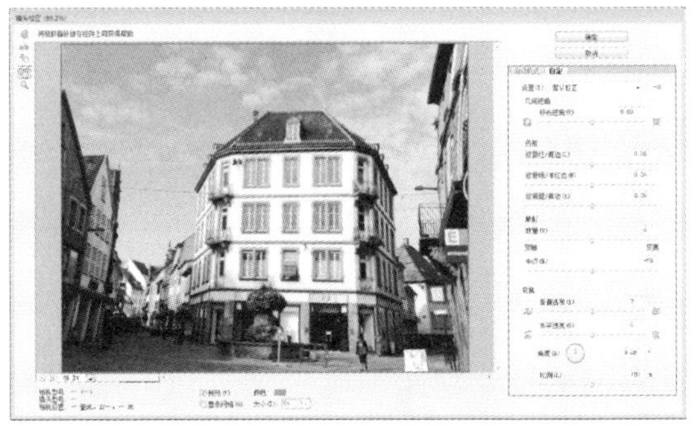

图10-63 “镜头校正”滤镜“自定”面板

"移去扭曲工具▦"可以校正图片中的桶形或枕形失真。向中心拖动或拖离中心以校正失真。"晕影"调整图像的晕影效果。

10.2.2 "液化"滤镜

"液化"滤镜可以对图像进行推、拉、旋转、膨胀等变形操作，使用方法简单，功能强大，还可以对图像细部进行扭曲调整，可以修饰图像的任意区域。

点击"滤镜>液化"，打开"液化"对话框，如图10-64所示。对话框从左至右为工具栏、图像预览与操作窗口、参数控制选项栏。

使用变形工具在图像上单击并拖动鼠标即可进行变形操作，变形跟随画笔中心区域，鼠标在某个区域中的重复拖动而得到增强。如图10-65～图10-73所示。

图10-64 "液化"滤镜对话框

图10-65 向前变形工具

图10-66 重建工具

图10-67 顺时针旋转扭动工具

图10-68 逆时针旋转扭动工具

图10-69 褶皱工具

图10-70 膨胀工具

图10-71 左推工具

图10-72 右推工具

图10-73 冻结蒙版工具

10.2.3 “消失点”滤镜

“消失点”滤镜在选定的图像区域内进行克隆、喷绘、粘贴图像等操作时，操作会自动应用透视原理，按照透视的角度和比例来自适应图像的修改。

点击“滤镜>消失点”菜单项，打开“消失点”对话框，如图10-74所示。对话框左侧为工具栏，其他部分为预览区。

图10-74 “消失点”对话框

10.2.4 “自适应广角”滤镜

“自适应广角”滤镜主要用于广角镜头、鱼眼镜头拍摄的照片中常见的变形现象，校正弯曲。

点击“滤镜>自适应广角”菜单项，打开“自适应广角”对话框，如图10-75所示。

点击“校正”下拉菜单，共有“鱼眼”“透视”“自动”“完整球面”4种校正方式。

图10-75 “自适应广角”滤镜对话框

10.3 其他滤镜的运用

10.3.1 “风格化”滤镜组

“风格化”滤镜通过置换像素并且查找和提高图像中的对比度，产生一种绘画艺术效果。

(1) 照亮边缘

“照亮边缘”滤镜可以按照色彩变化大的区域标识颜色的边缘，具有在黑暗中彩色霓虹灯的效果，原图如图10-76所示。“照亮边缘”滤镜效果如图10-77所示。

图10-76 原图

图10-77 “照亮边缘”滤镜的参数及效果

(2) 查找边缘

“查找边缘”滤镜能自动搜寻主要颜色变化区域并强化其过渡像素，高反差区变亮，低反差区变暗，使图像看起来像用铅笔勾画过轮廓一样，如图10-78所示。

图10-78 “查找边缘”滤镜的效果

(3) 等高线

“等高线”滤镜可以在图像的亮处和暗处的边界绘出比较细、颜色比较浅的线条，如图10-79所示。

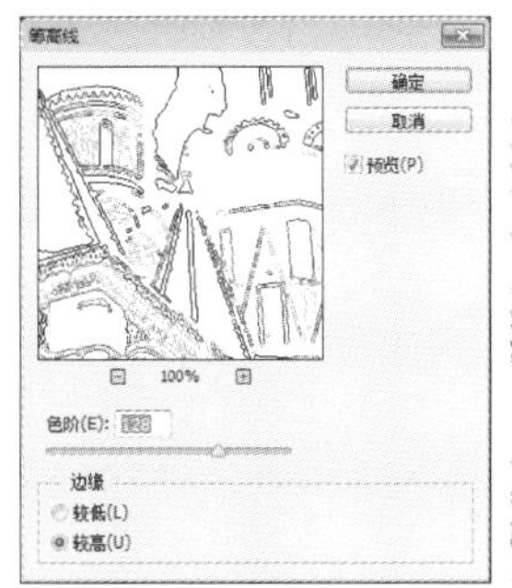

图10-79 “等高线”滤镜的参数及效果

(4) 风

“风”滤镜在图像中增加细小的水平线以模拟风的动感效果，如图10-80所示。风的方向只有水平方向，如果想要其他方向可先将图片旋转。

图10-80 “风”滤镜的参数及效果

（5）浮雕效果

“浮雕效果”滤镜能通过勾画图像的轮廓和降低周围色值来产生灰色的凸起或凹陷的浮雕效果。执行此命令后，图像会自动变为深灰色，如图10-81所示。

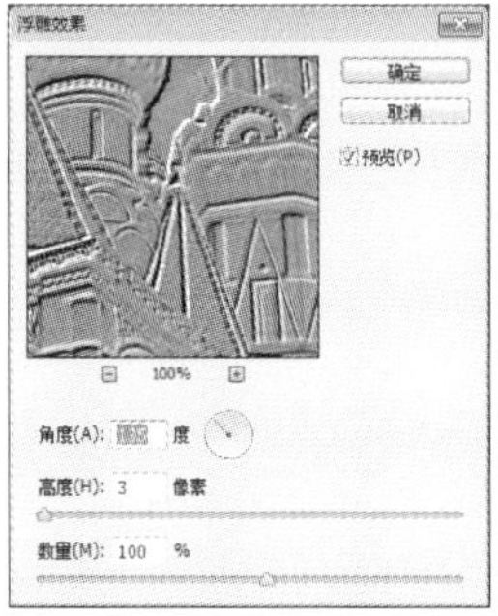

图10-81 “浮雕效果”滤镜的参数及效果

（6）扩散

“扩散”滤镜通过随即移动像素，使图像看起来像是透过磨砂玻璃观察的模糊效果。如图10-82所示。

图10-82 “扩散”滤镜的参数及效果

（7）拼贴

“拼贴”滤镜能根据参数设置对话框中的参数值将图像分成许多小方块，使其偏离原位置，如图10-83所示。

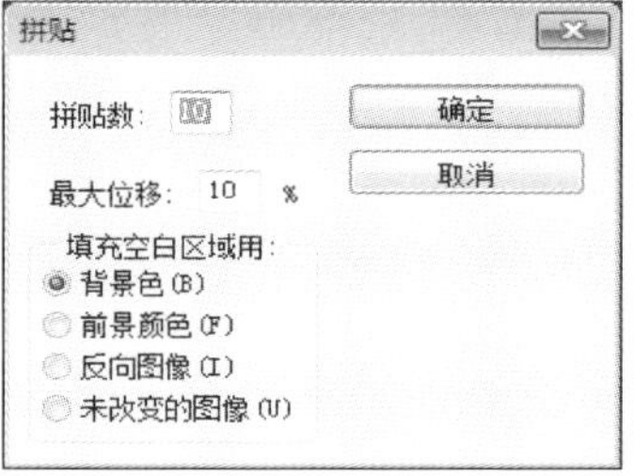

图10-83 “拼贴”滤镜的参数及效果

（8）曝光过度

“曝光过度”滤镜产生图像正片和负片混合的效果，类似摄影中的底片曝光，如图10-84所示。

图10-84 “曝光过度”滤镜的效果

（9）凸出

凸出滤镜根据在对话框中设置的不同选项，为选择区或图层制作一系列的立方体或金字塔的三维纹理，如图10-85所示。

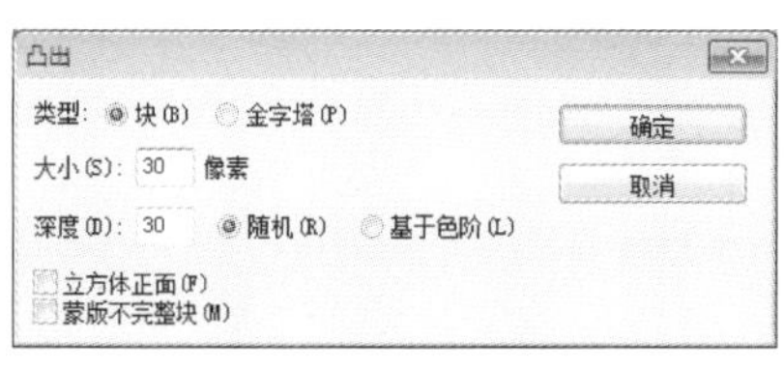

图10-85 “凸出”滤镜的参数及效果

10.3.2 “模糊”滤镜组

“模糊”滤镜可以用来光滑边缘过于清晰或对比度过于强烈的区域，产生模糊效果来柔化边缘。在去除图像的杂色，或者创建特殊效果时会经常用到此类滤镜。

（1）场景模糊

点击“滤镜>模糊>场景模糊”菜单项，打开“场景模糊”滤镜对话框，如图10-86所示。

图10-86 “场景模糊”滤镜对话框

场景 模糊滤镜可以通过一个或者多个图钉对照片场景中不同位置应用模糊，如图10-87所示。

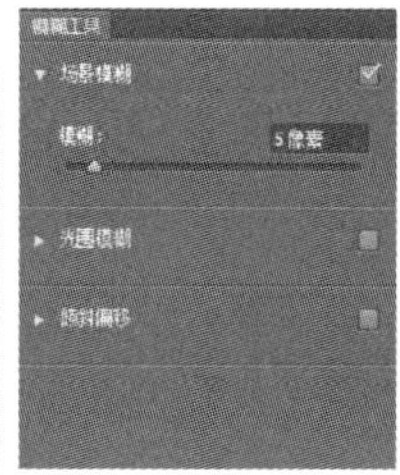

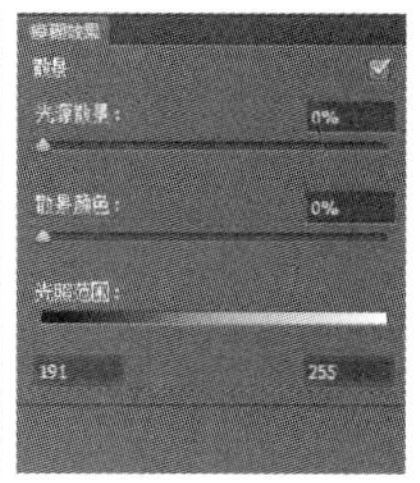

图10-87 “场景模糊”滤镜效果及参数

（2）光圈模糊

“光圈模糊”滤镜能够模拟柔焦镜头，各工具与场景模糊用法相同，不同之处是光圈模糊创建一个圆形的焦点范围，如图10-88所示。

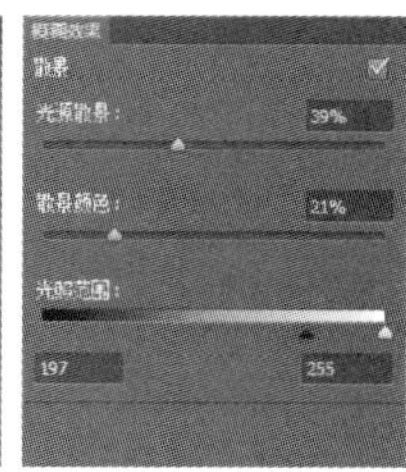

图10-88 “光圈模糊”滤镜效果及参数

（3）倾斜偏移

“倾斜偏移”滤镜能够模拟移轴镜头，点击“滤镜>模糊>倾斜偏移”菜单项，打开要“倾斜偏移”滤镜对话框，如图10-89所示。

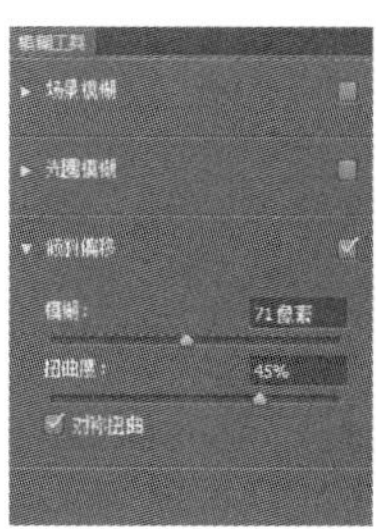

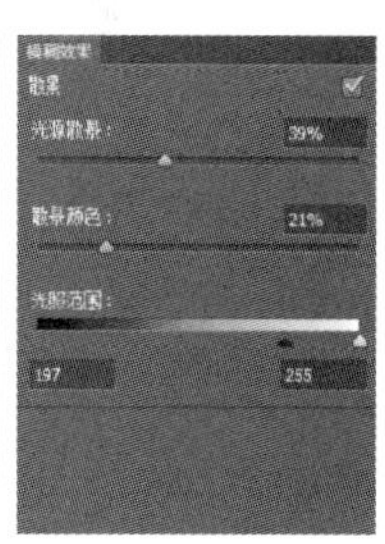

图10-89 “倾斜偏移”滤镜效果及参数

（4）表面模糊

“表面模糊”滤镜能够在保留边缘的同时模糊图像，可用来创建特殊效果并消除杂色或颗粒，如图10-90所示。

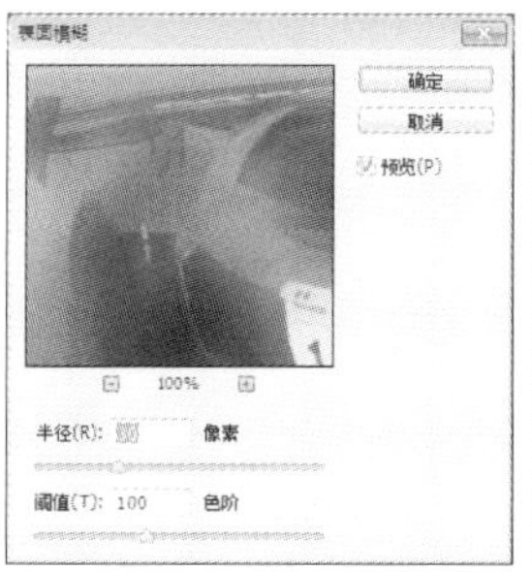

图10-90 “表面模糊”滤镜参数及效果

（5）动感模糊

“动感模糊”滤镜模仿拍摄运动物体的手法，通过对某一方向上的像素进行线性位移产生运动模糊效果，把当前图像的像素向两侧拉伸，如图10-91所示。

图10-91 “动感模糊”滤镜参数及效果

（6）方框模糊

“方框模糊”滤镜运用相邻像素的平均颜色值来模糊图像，生成类似于方块状的特殊模糊效果，半径值可以调整与计算给定像素的平均值的区域大小，如图10-92所示。

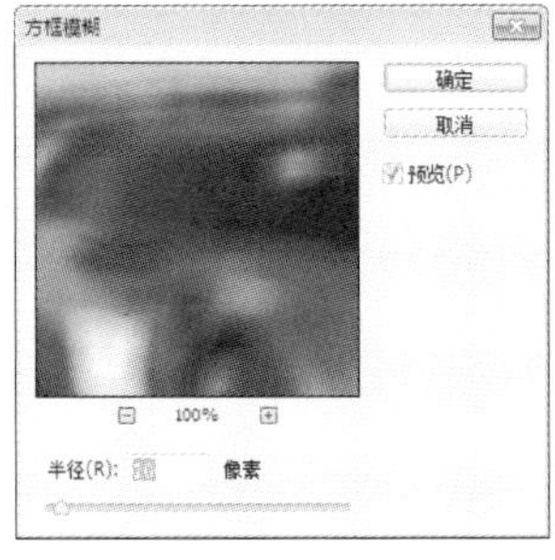

图10-92 “方框模糊”滤镜参数及效果

（7）高斯模糊

“高斯模糊”滤镜可根据数值快速地模糊图像，产生很好的朦胧效果。半径是对当前图像模糊的程度进行调整，数值越高，模糊的效果越强烈，如图10-93所示。

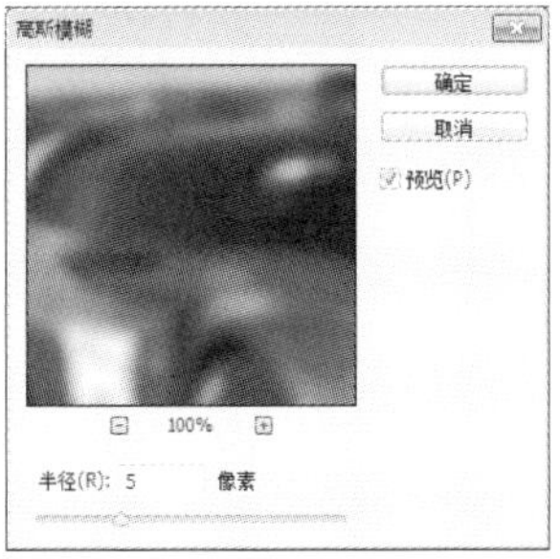

图10-93 “高斯模糊”滤镜参数及效果

（8）模糊与进一步模糊

“模糊与进一步模糊”都是对图像进行轻微模糊的滤镜，可以在图像中有显著颜色变化的地方消除杂色。其中，“模糊”滤镜对于边缘过于清晰、对比度过于强烈的区域进行光滑处理，生成极轻微的模糊效果；“进一步模糊”滤镜所产生的效果要比“模糊”滤镜强3～4倍。

（9）径向模糊

“径向模糊”滤镜可模拟相机前后移动或旋转产生的模糊效果，如图10-94所示。

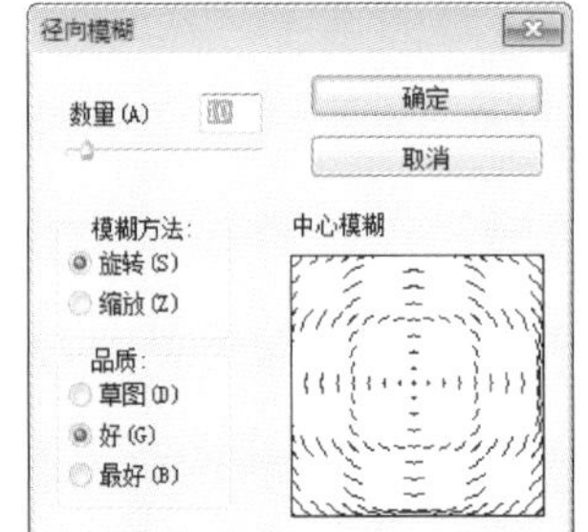

图10-94 “径向模糊”滤镜参数及效果

（10）镜头模糊

“镜头模糊”滤镜可以向图像中添加模糊以产生景深效果，使图像中一些对象在焦点内，让另一些区域变模糊，在使用时用Alpha通道或图层蒙版的深度值来影射像素的位置。

用快速选择工具选取图像中主体部分，按反选按键（Ctrl+Shift+I）进行反选，如图10-95所示。

点击“滤镜>模糊>镜头模糊”菜单项，弹出对话框，对图像选中的区域进行调整，如图10-96、图10-97所示。

图10-95　选取图像主体部分

图10-96　“镜头模糊”滤镜效果

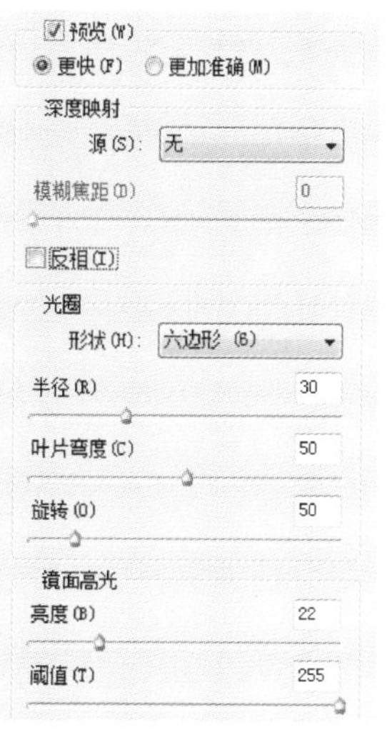

图10-97　“镜头模糊”滤镜参数

（11）平均

“平均”滤镜可以查找图像中的平均色，然后以该颜色填充图像，原图如图10-98所示。“平均”滤镜的效果如图10-99所示。

图10-98　原图

图10-99　“平均”滤镜效果

（12）特殊模糊

“特殊模糊”滤镜能找出图像的边缘并对边界线以内的区域进行模糊处理，可以精确地模糊图像，如图10-100所示。

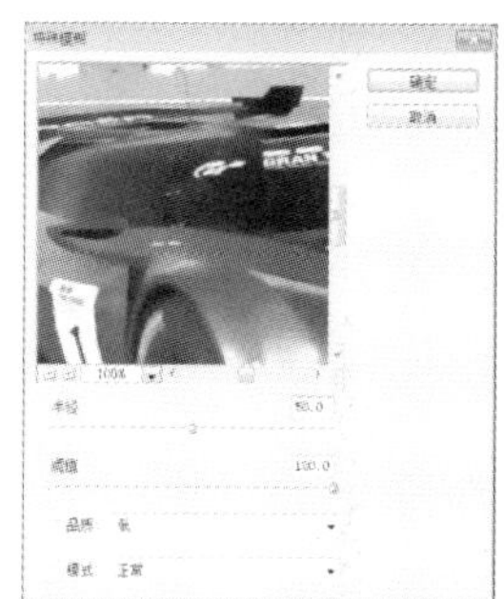

图10-100　“特殊模糊”滤镜参数及效果

“模式”下拉列表中“正常”不会添加特殊效果；选择“边缘优先”当前图像背影自动变为黑色，留下了图片中物体的边缘为白色，如图10-101所示；选择“叠加边缘”会把当前图像的边缘变为白色，如图10-102所示。

图10-101 “特特殊模”糊滤镜中边缘优先效果

图10-102 “特殊模糊”滤镜中叠加边缘效果

（13）形状模糊

“形状模糊”滤镜点击列表中的一个形状即可使用该形状模糊图像，使用“半径”来调整大小，如图10-103所示。

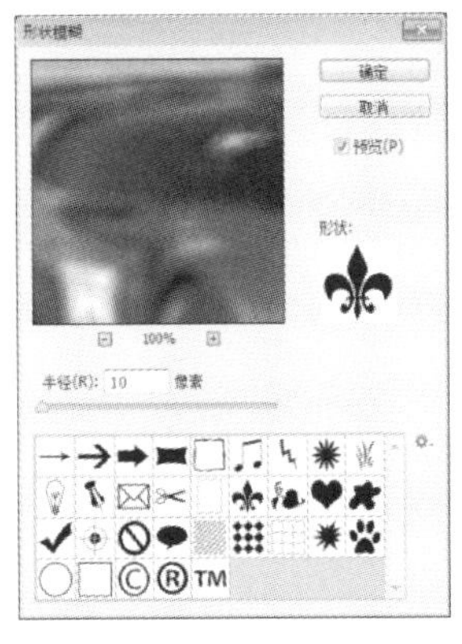

图10-103 “形状模糊”滤镜参数及效果

10.3.3 “扭曲”滤镜组

“扭曲”滤镜对图像进行几何变形，创建三维或其他变形效果。在处理图像时，这些滤镜会占用大量内存，可先在小尺寸的图像上试验。

（1）海洋波纹

“海洋波纹”滤镜为图像表面增加随机间隔的波纹，使图像看起来好像是在水面下，如图10-104所示。

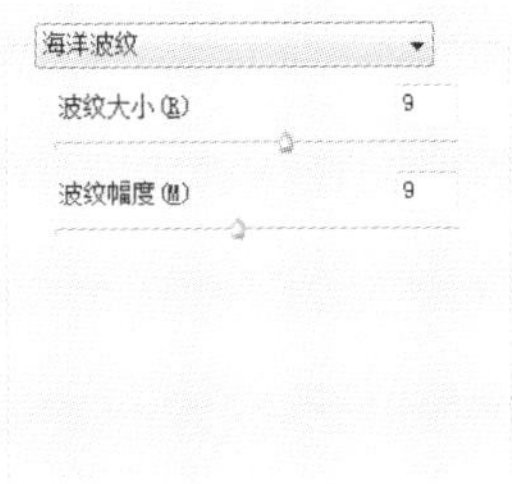

图10-104 “海洋波纹”滤镜效果及参数

（2）扩散亮光

“扩散亮光”滤镜可以产生一种图像中添加白色杂色，产生一种光芒四射的效果，如图10-105所示。

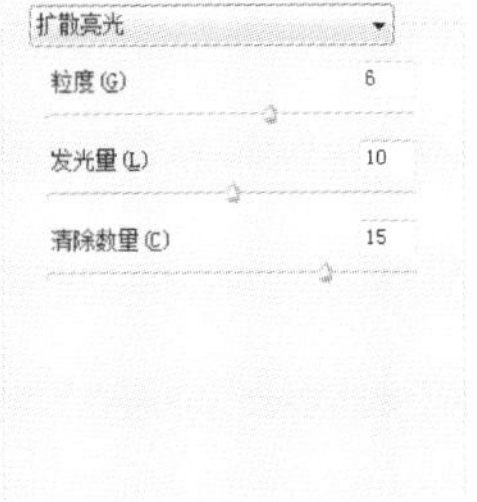

图10-105 “扩散亮光”滤镜效果及参数

（3）玻璃

“玻璃”滤镜能模拟透过玻璃来观看图像的效果，并能根据用户选用的玻璃纹理来生成不同的变形效果。原图 如图10-106所示。该滤镜的参数选项如图10-107所示。

图10-106　原图

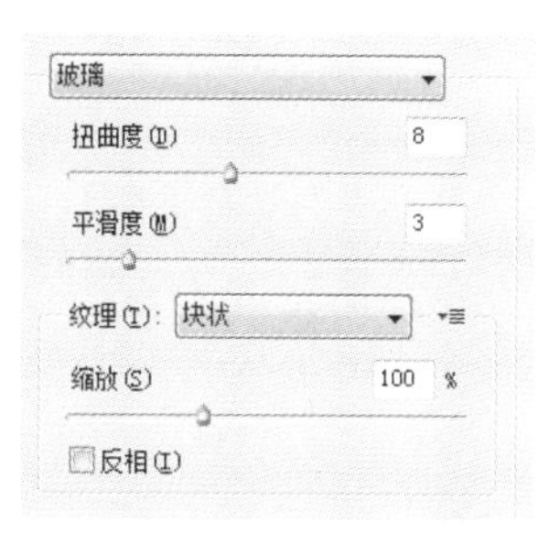

图10-107　“玻璃”滤镜参数

在下拉列表中可以选择扭曲时的纹理，包括块状、画布、磨砂、小镜头四种，如图10-108所示。

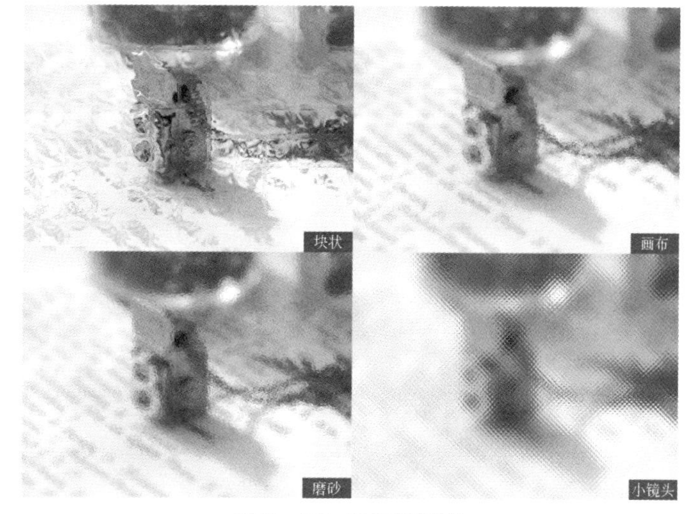

图10-108　玻璃滤镜效果

（4）波浪

“波浪”滤镜可根据设定的波长等参数产生波动的效果，如图10-109所示。

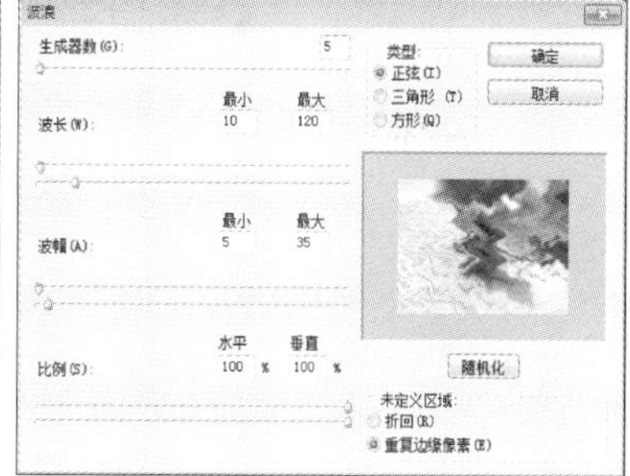

图10-109　“波浪”滤镜效果及参数

（5）波纹

“波纹”滤镜与波浪的效果类似，同样可产生水波荡漾的涟漪效果。拖动滑块进行波纹数量的调整；可以选择波纹的大小，如图10-110所示。

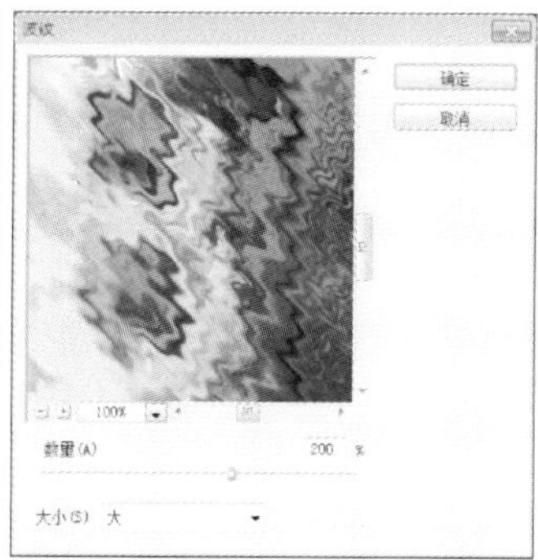

图10-110　“波纹”滤镜效果及参数

（6）极坐标

“极坐标”滤镜的工作原理是重新绘制图像中的像素，使它们从平行坐标系转换成极坐标系，或者从极坐标系转换到平行坐标系 。

“平面坐标到极坐标”是由图像的中间为中心点进行极坐标旋转，如图10-111所示。“极坐标到平面坐标”是由图像的底部为中心然后进行旋转的，如图10-112所示。

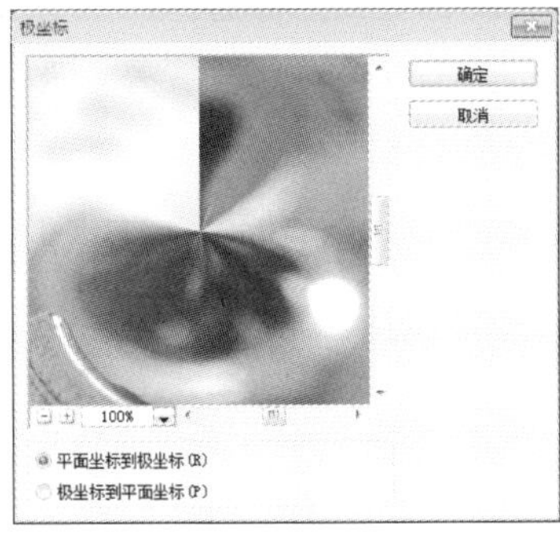

图10-111 “极坐标”滤镜平面坐标到极坐标效果及参数

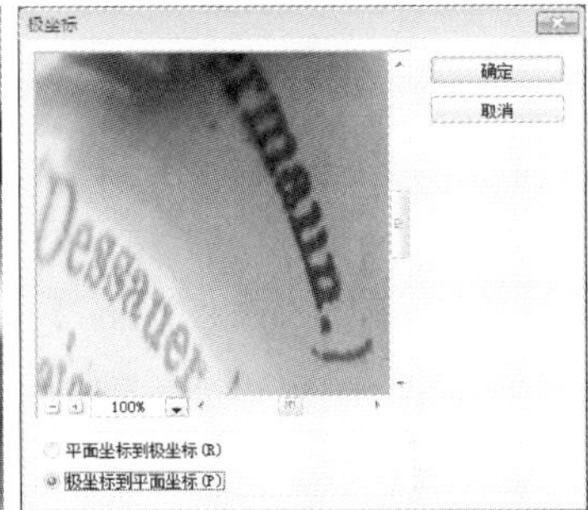

图10-112 “极坐标”滤镜极坐标到平面坐标效果及参数

（7）挤压

“挤压”滤镜能模拟膨胀或挤压的效果，能缩小或放大图像中的选择区域，使图像产生向内或向外挤压的效果。“数量”用于控制挤压程度，如图10-113所示。

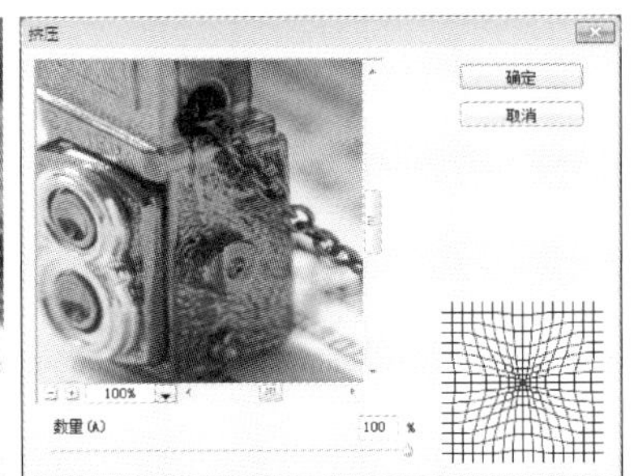

图10-113 “挤压”滤镜效果及参数

（8）切变

“切变”滤镜能根据用户在对话框中设置的垂直曲线来使图像发生扭曲变形，产生比较复杂的扭曲效果。在调整上面缩略图时，我们可以进行加点调整，减点调整。点击缩略图上的线即可加点；单击鼠标左键，按住点往外拖拽即可减点；点击“默认”按钮，即可将曲线恢复到初始状态。

“折回”可在空白区域填入溢出的内容，如图10-114所示。“重复边缘像素”可填入原图形边缘的像素颜色，如图10-115所示。

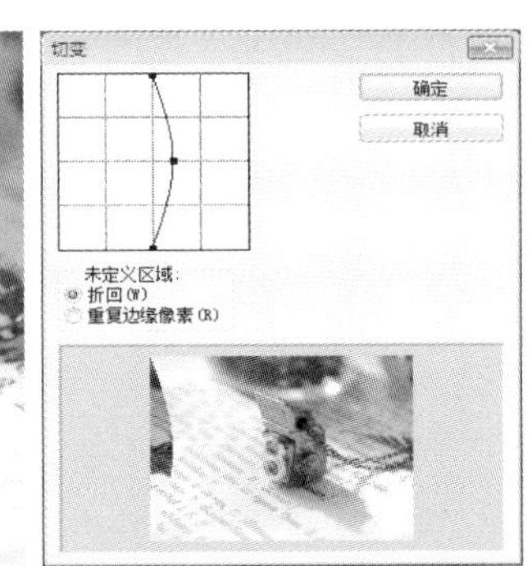

图10-114 “切变”滤镜“折回”选项效果及参数

图10-115 “切变”滤镜“重复边缘像素”选项效果及参数

（9）球面化

“球面化”滤镜能使图像区域膨胀，实现球形化，形成类似将图像贴在球体或圆柱体表面的效果，如图10-116所示。

图10-116 “球面化”滤镜效果及参数

（10）水波

“水波”滤镜在图像中产生的波纹就像在水池中抛入一块石头所形成的涟漪，它尤其适于制作同心圆类的波纹，如图10-117所示。

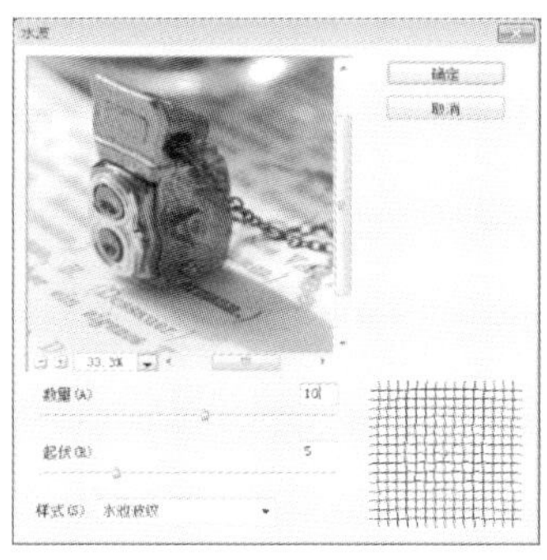

图10-117 “水波”滤镜效果及参数

（11）旋转扭曲

“旋转扭曲”滤镜可使图像产生类似于风轮旋转的效果。“角度”值为正值时沿顺时针方向扭曲；为负值时沿逆时针方向扭曲，如图10-118所示。

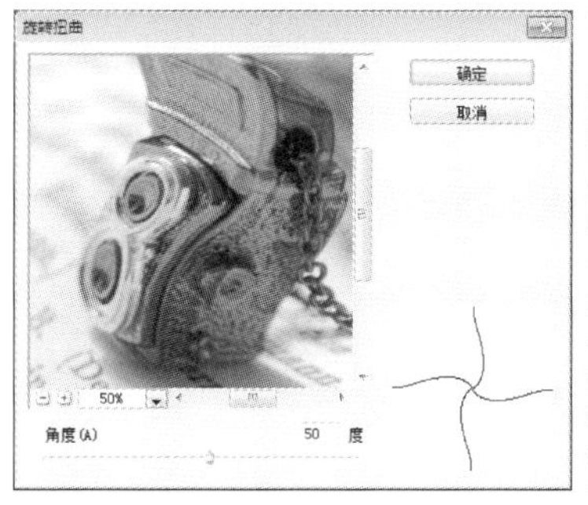

图10-118 “旋转扭曲”滤镜效果及参数

（12）置换

“置换”滤镜是一个比较复杂的滤镜。它可以使图像产生位移，位移效果不仅取决于设定的参数，而且取决于位移图（即置换图）的选取；它会读取位移图中像素的色度数值来决定位移量，并处理当前图像中的各个像素；置换图必须是一幅PSD格式的图像。

① 点击“滤镜>扭曲>置换”菜单项，弹出对话框如图10-119所示。

② 修改参数后单击“确定”，打开PSD格式的置换图。置换图如图10-120所示。

③ 图10-121为置换后的效果图。

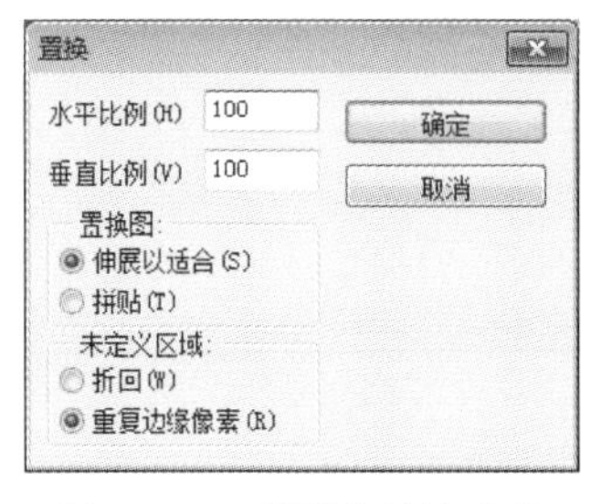

图10-119 “置换”滤镜对话框

图10-120 置换图

图10-121 置换滤镜效果

10.3.4 “锐化”滤镜组

在处理图像的过程中，经常发现图像比较模糊，应用“锐化”滤镜组中的5种滤镜，使图像变得清晰。

（1）锐化与进一步锐化

“锐化”滤镜可以对图像进行轻微的锐化处理，通过增加像素间的对比度使图像变得清晰，图10-122为原图，图10-123为锐化后效果。“进一步锐化”滤镜比“锐化”滤镜的效果更加强烈，如图10-124所示。

图10-122 原图

图10-123 “锐化”滤镜效果

图10-124 “进一步锐化”滤镜效果

（2）锐化边缘与USM锐化

“锐化边缘”滤镜只锐化图像的边缘，同时保留总体的平滑度。“USM锐化”滤镜调整细节的对比度，点击“滤镜>锐化>USM锐化”菜单，弹出对话框如图10-125所示，图10-126为USM锐化后效果。

图10-125 “USM锐化”对话框

图10-126 “USM锐化”滤镜效果

（3）智能锐化

“智能锐化”滤镜可以设置锐化算法、控制阴影和高光区域的锐化量，如图10-127所示。

图10-127　“智能锐化”滤镜参数及效果

在“智能锐化”对话框中勾选“高级”选项后，可设置“锐化”“阴影”“高光”面板参数，如图10-128所示。

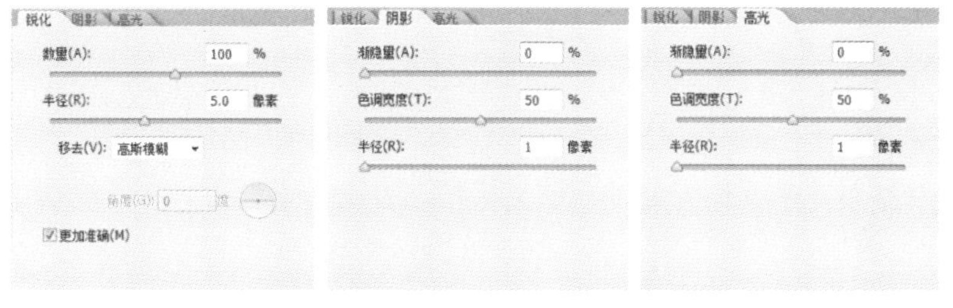

图10-128　“智能锐化”滤镜中“锐化”“阴影”“高光”对话框

10.3.5 “像素化”滤镜组

“像素化”滤镜主要用于不同程度地将图像进行分块处理，使图像分解成肉眼可见的像素颗粒，如方形、不规则多边形和点状等，视觉上看就是图像被转换成由不同色块组成的图像。

（1）彩块化

“彩块化”滤镜通过将纯色或相似颜色的像素结为彩色像素块。执行完彩块化之后，我们要对图像放大，才能看到执行彩块化的效果是如何，它会把图像从规律的像素块变成无规律的彩块化。

（2）彩色半调

“彩色半调”滤镜可以将图像中的每种颜色分离，将一幅连续色调的图像转变为半色调的图像，使图像看起来类似彩色报纸印刷效果或铜版化效果。原图如图10-129所示。“彩色半调”滤镜应用的参数及效果图如图10-130所示。

图10-129　原图

彩色半调

最大半径(R):	8	(像素)
网角(度):		
通道 1(1):	108	
通道 2(2):	162	
通道 3(3):	90	
通道 4(4):	45	

确定　取消

图10-130　“彩色半调”滤镜的参数与效果

（3）点状化

“点状化”滤镜可将图像随机分布为彩色小点，点内使用平均颜色填充，点与点之间使用背景色填充，从而生成一种点画派作品效果。通过单元格大小可调整点的大小，如图10-131所示。

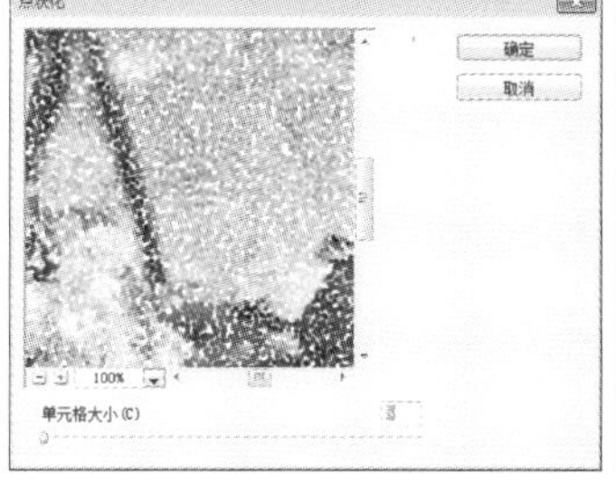

图10-131　“点状化”滤镜的参数与效果

（4）晶格化

“晶格化”滤镜可以将图像中颜色相近的像素集中到一个多边形网格中，从而把图像分割成许多个多边形的小色块，产生晶格化的效果。如图10-132所示。

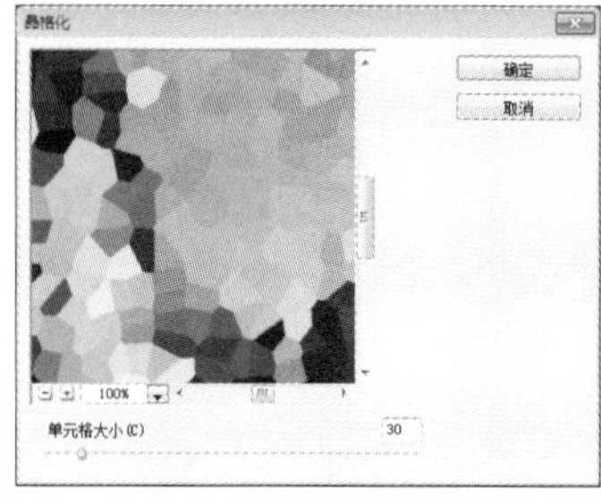

图10-132 “晶格化”滤镜的参数与效果

（5）马赛克

“马赛克”滤镜可将图像分解成许多规则排列的小方块，实现图像的网格化，每个网格中的像素均使用本网格内的平均颜色填充，从而产生一种马赛克效果。如图10-133所示。

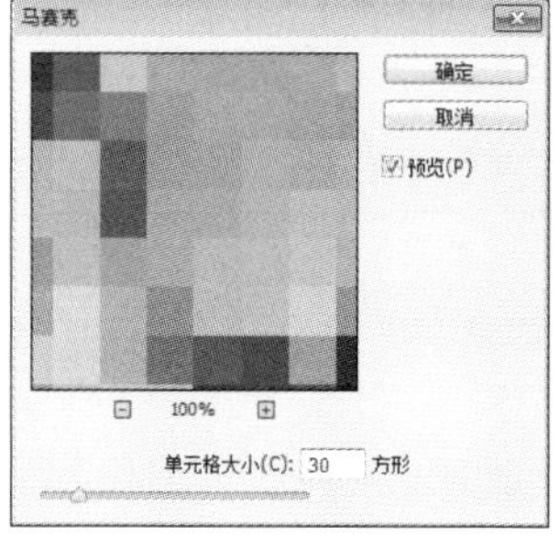

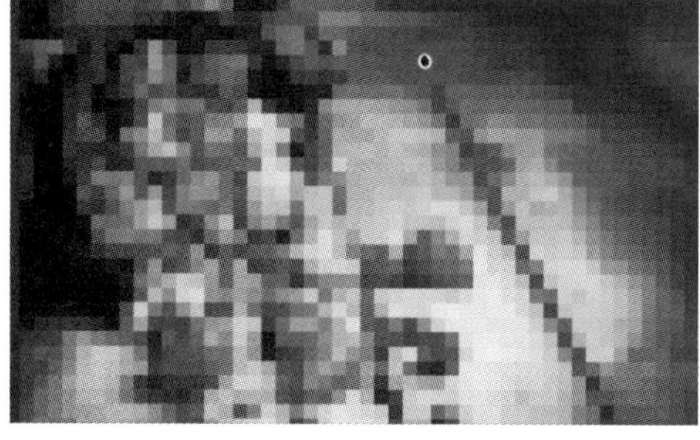

图10-133 “马赛克”滤镜的参数与效果

（6）碎片

“碎片”滤镜可以把图像的像素复制4次，并将它们移位、平均，以生成一种不聚焦的效果，视觉上看则能表现出一种经受过振动但未完全破裂的效果。执行碎片命令后，图像会变得模糊，变得重影，如图10-134所示。

图10-134 “碎片”滤镜的参数与效果

（7）铜版雕刻

“铜版雕刻”滤镜能够使用指定的点、线条和笔画重画图像，产生版刻画的效果，也能模拟出金属版画的效果。在“类型”下拉列表中可选择一种网点图案，如图10-135所示。

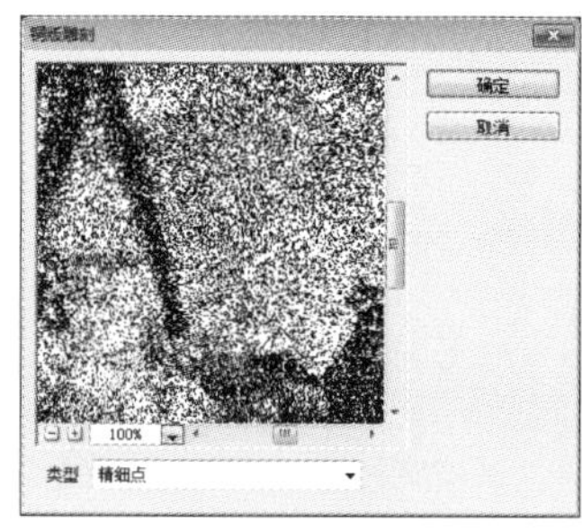

图10-135 “铜版雕刻”滤镜的参数与效果

10.3.6 “渲染”滤镜组

“渲染”滤镜主要用于不同程度地使图像产生三维造型效果或光线照射效果，或给图像添加特殊的光线，如云彩、镜头折光等效果。

（1）分层云彩

“分层云彩”滤镜可以使用前景色和背景色对图像中的原有像素进行差异运算，产生的图像与云彩背景混合并反白的效果。原图如图10-136所示。单次使用分层云彩效果如图10-137所示。多次使用分层云彩后的效果如图10-138所示。

图10-136　原图

图10-137　单次使用分层云彩效果

图10-138　多次使用分层云彩效果

（2）光照效果

“光照效果”滤镜是灯光效果制作的滤镜，点击“滤镜>渲染>光照效果”弹出对话框，如图10-139所示。

“光照”包括聚光灯、点光、无限光三种类型，进行点击可增加光源。“预设”下拉菜单中可选择光源，如图10-140所示。

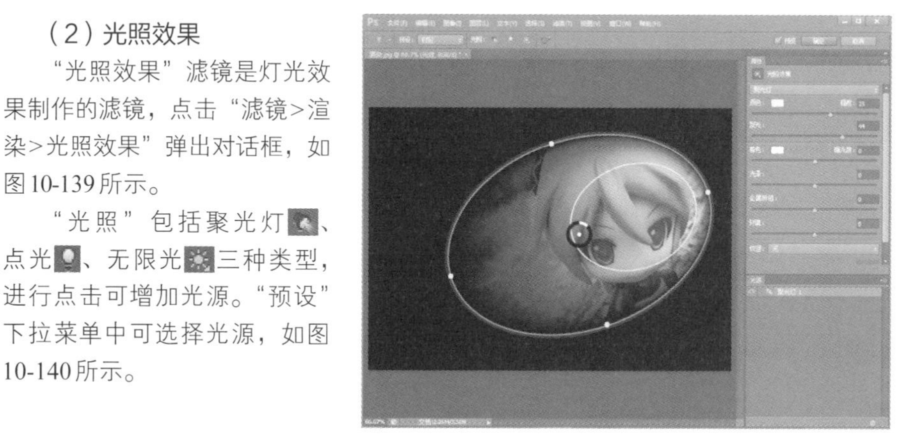

图10-139　“光照效果”滤镜对话框

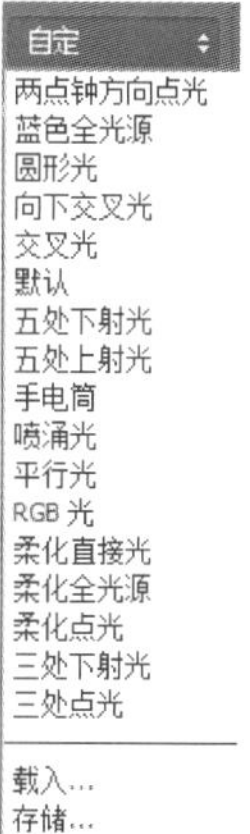

图10-140　“预设”下拉菜单

（3）镜头光晕

“镜头光晕”滤镜可以在图像上模拟亮光照射到相机镜头所产生的折射。打开对话框可调节光照的亮度，在“镜头类型”选项中有四种选项可供选择，如图10-141所示。

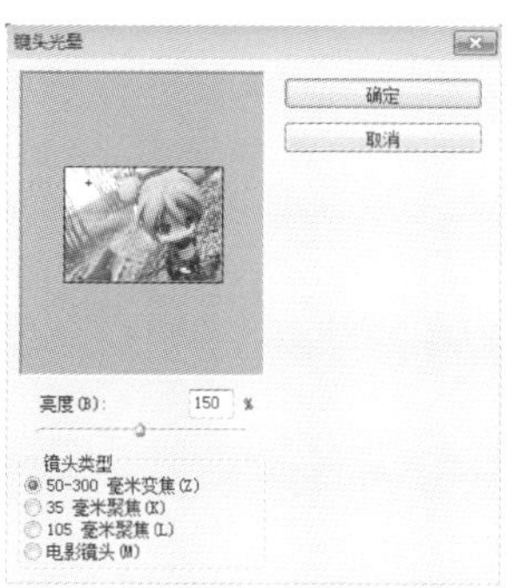

图10-141　“镜头光晕”滤镜参数及效果

（4）纤维

“纤维”滤镜可以使用前景色和背景色创建编制纤维效果，如图10-142所示。

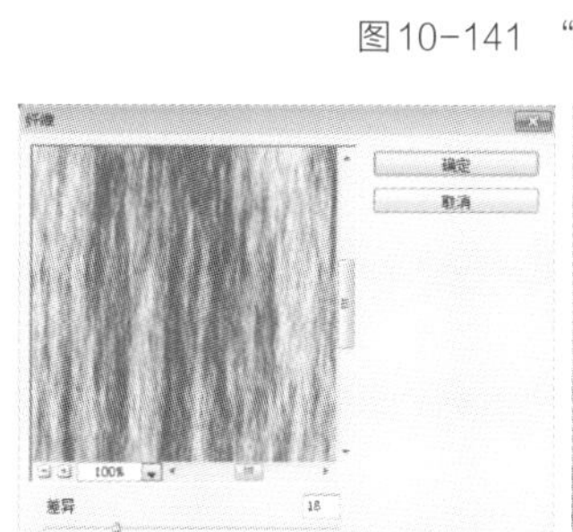

图10-142　“纤维”滤镜参数及效果

（5）云彩

“云彩”滤镜可以使用前景色和背景色随机生成云彩图案，如图10-143所示。

图10-143 “云彩”滤镜效果

10.3.7 “杂色”滤镜组

“杂色”滤镜可以给图像添加或去除一些随机产生的杂色点，创建不同的纹理效果。

（1）减少杂色

“减少杂色”滤镜可以消除图像中的杂色，通过对图像或者是选取范围内的图像稍加模糊，来遮掩杂点，点击“滤镜>杂色>减少杂色”菜单栏，弹出对话框如图10-144所示。

“高级”选项设置可以单独调整每个通道的杂色。通过“强度”“保留细节”滑块来减少通道中的杂色，如图10-145所示。

图10-144 “减少杂色”滤镜“基本”对话框

图10-145 “减少杂色”滤镜“高级”对话框

（2）蒙尘与划痕

“蒙尘与划痕”滤镜可以更改不同的像素减少杂色，用于去除图像中的杂点和折痕。调节“半径”和“阈值”可以有效去除杂点。半径值越高，越模糊；阈值用于定义杂点，值越高去除杂点的效果越弱，原图如图10-146所示，“蒙尘与划痕”滤镜的参数及效果如图10-147所示。

图10-146 原图

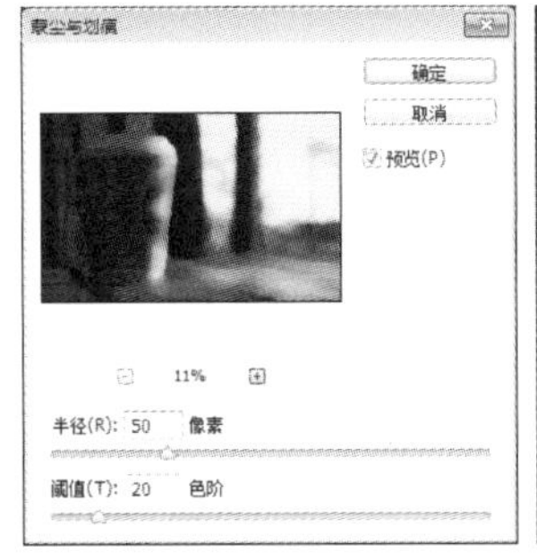

图10-147 “蒙尘与划痕”滤镜参数及效果

(3) 添加杂色

“添加杂色”滤镜可随机地将杂点混合到图像，并可使混合时产生的色彩有漫散效果，如图10-148所示。

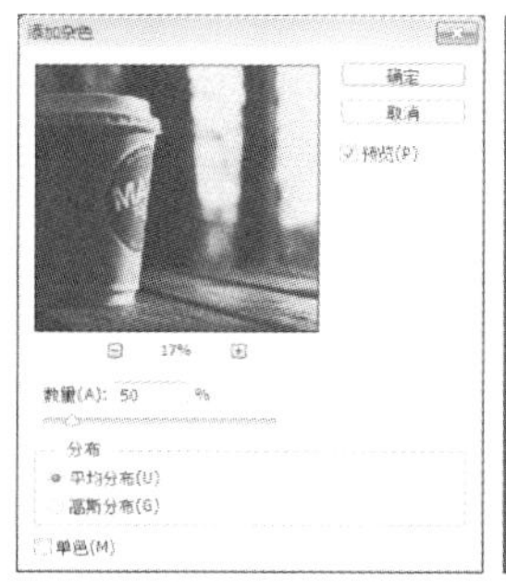

图10-148 “添加杂色”滤镜参数及效果

(4) 中间值

“中间值”滤镜也是一种用于去除杂色点的滤镜，可以减少图像中杂色的干扰。单击中间值，弹出“中间值”对话框以后，可以对话框底部的滑块进行拖动，也可输入数值，得到中间值的效果。数值越大，图像变得越模糊，越柔和，如图10-149所示。

图10-149 “中间值”滤镜参数及效果

10.3.8 “其他”滤镜组

(1) 高反差保留

“高反差保留”滤镜用来删除图像中亮度逐渐变化的部分，而保留色彩变化最大的部分，使图像中的阴影消失而突出亮点，原图如图10-150所示。“高反差保留”滤镜的参数及效果如图10-151所示。

图10-150 原图

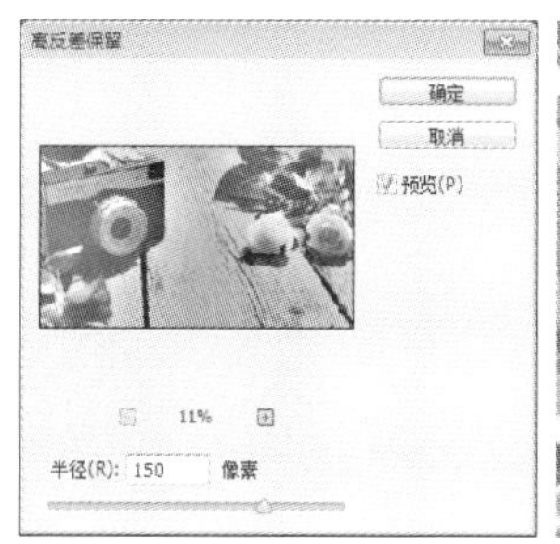

图10-151 “高反差保留”滤镜参数及效果

(2) 位移

“位移”滤镜可以在参数设置对话框里设置参数值来控制图像的偏移。

“水平”设置水平偏移的距离，如图10-152所示。“垂直”设置垂直偏移的距离，如图10-153所示。

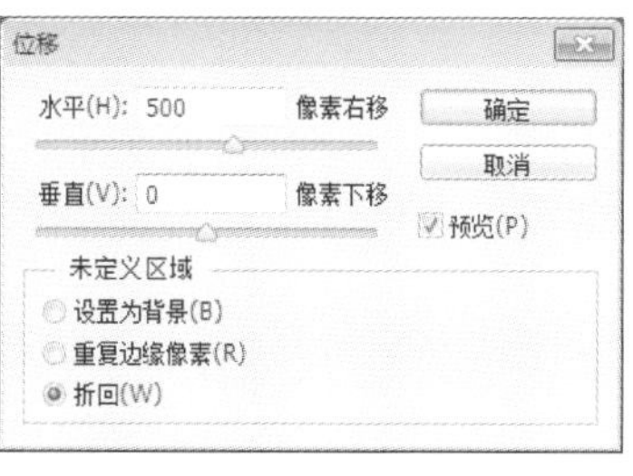

图10-152 “位移”滤镜水平位移参数及效果

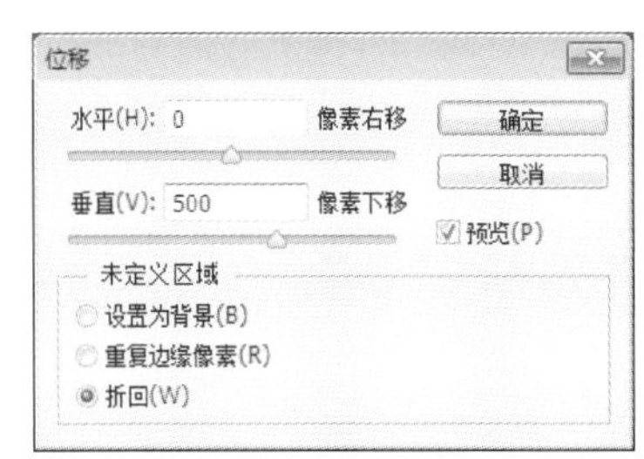

图10-153 “位移”滤镜垂直位移参数及效果

(3) 自定

“自定”滤镜可以使用户定义自己的滤镜，可以控制所有被筛选的像素的亮度值。Photoshop重新计算图像或选择区域中的每一个像素亮度值。用户可以存储创建的“自定”滤镜，用于其他图像。图10-154为“自定”对话框。

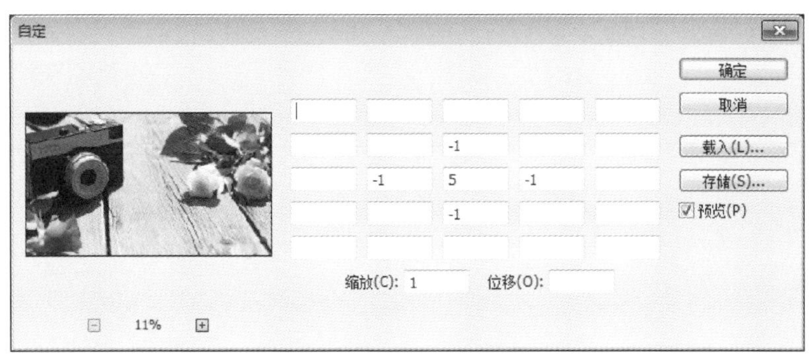

图10-154 “自定”滤镜对话框

(4) 最大值

“最大值”滤镜向外扩展白色区域并收缩黑色区域，如图10-155所示。

图10-155 “最大值”滤镜参数及效果

(5) 最小值

“最小值”滤镜向外扩展黑色区域并收缩白色区域，如图10-156所示。

图10-156 “最小值”滤镜参数及效果

10.4 智能滤镜

在图片上直接应用滤镜会改变图片的原始数据，不利于之后取消与修改。而智能滤镜是作为图层效果出现在“图层”面板中，不改变图像中的像素，可以随时修改滤镜参数，或删除滤镜。

10.4.1 应用智能滤镜

打开图像，点击“滤镜>转换为智能滤镜”，智能滤镜是一种非破坏性质的滤镜，把滤镜的效果应用于智能对象上，不会修改图像的原始数据，直接运用滤镜后效果及“图层”面板如图10-157所示。转为智能滤镜后效果及“图层”面板如图10-158所示。两种效果相同。

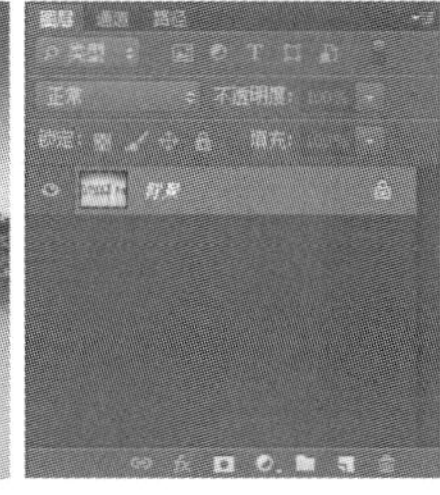

图10-157 运用滤镜后效果及“图层”面板

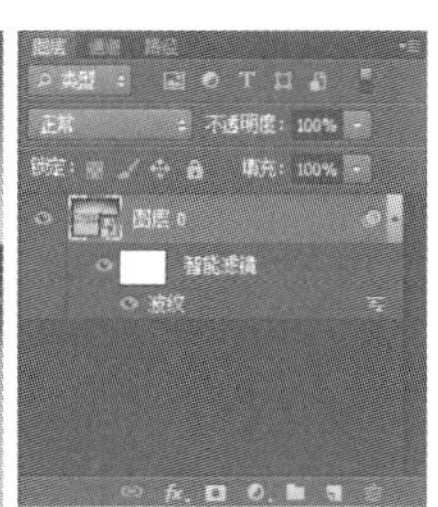

图10-158 转化为智能滤镜后效果及“图层”面板

10.4.2 修改智能滤镜

智能滤镜的优势在于单独为一个图层，利于对滤镜的修改。右键图标，可选择停用或清除智能滤镜。右键右下角图标可以进行滤镜的修改，可以设置不透明度和混合模式等，如图10-159、图10-160所示。

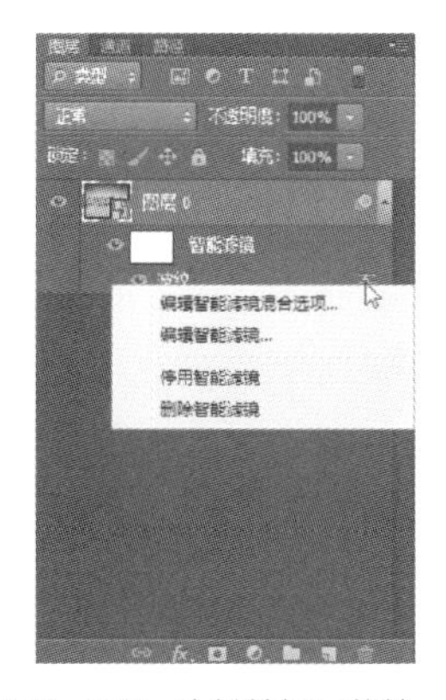

图10-159 右键按钮后菜单

图10-160 修改智能滤镜模式与不透明度

10.4.3 遮盖智能滤镜

智能图层包含一个图层蒙版，编辑蒙版可以有选择性地遮盖智能滤镜，使滤镜只修改图像的一部分。单击智能滤镜的蒙版，填充黑色可以遮盖某一处的滤镜效果；填充白色则显示滤镜效果，如图10-161所示。运用渐变工具可以使滤镜的效果成渐变式展现，如图10-162所示。

图10-161 使用智能滤镜填充一半黑色蒙板

图10-162 使用智能滤镜填充黑白渐变蒙板

10.4.4 排序、复制智能滤镜

对一个图层应用了多个智能滤镜后，如图10-163所示，可以在图层列表中调整智能滤镜的顺序，顺序能够改变图像应用滤镜的效果，如图10-164所示。

在“图层”面板中，按住“Alt”键，将智能滤镜从一个智能对象上拖到另一个智能对象上就完成了复制一个该智能滤镜，如图10-165所示。如果要复制一个智能对象上的全部滤镜，可按住“Alt”键并向需要复制的智能对象拖动图标，如图10-166所示。

图10-163 使用多种智能滤镜

图10-164 调整使用多种智能滤镜的顺序

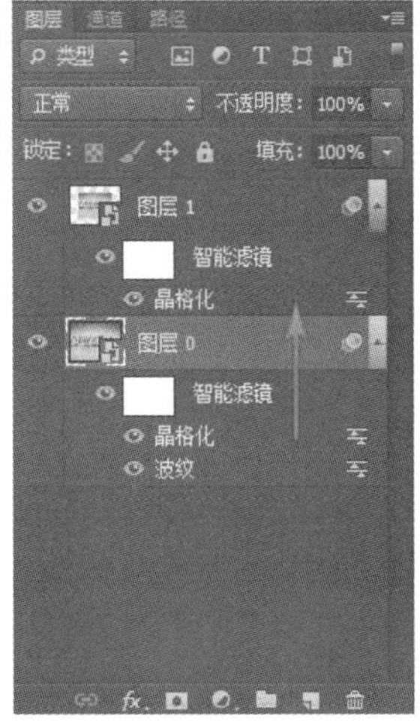

图10-165 复制一个智能滤镜

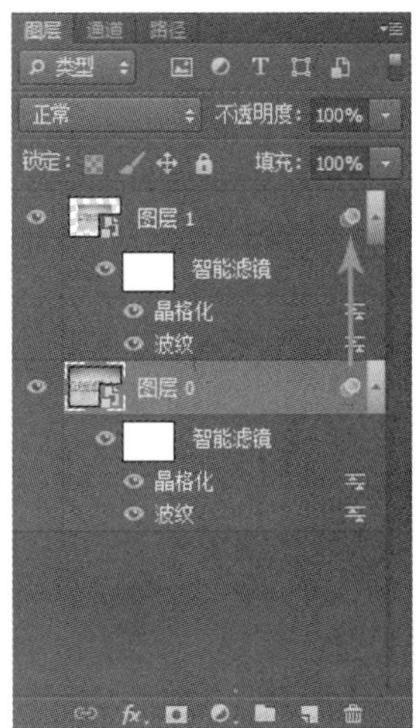

图10-166 复制全部智能滤镜

实例1 制作水波纹

运用渲染、模糊、素描等滤镜，制作水波纹，最终效果图如图10-167所示。

操作步骤如下：

① 新建文件“Ctrl+N”，背景填充黑色，如图10-168所示。

图10-167 水波纹最终效果图

图10-168 背景填充黑色

② 点击“滤镜>渲染>云彩”，如图10-169所示。

③ 点击“滤镜>模糊>径向模糊”，参数如图10-170所示。

图10-169 “云彩”滤镜效果

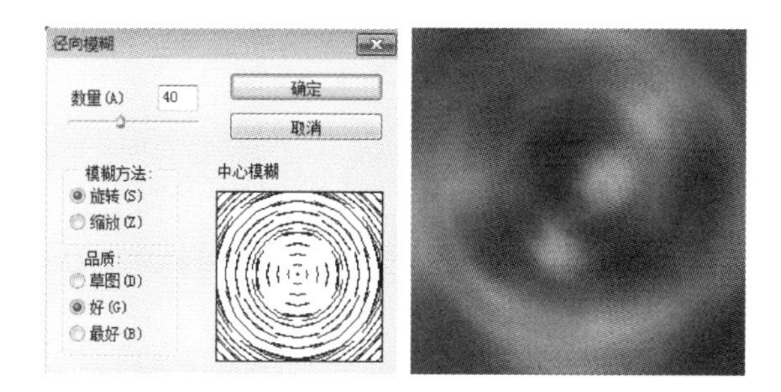

图10-170 “径向模糊”滤镜参数及效果

④ 点击“滤镜>滤镜库>素描>基底凸现”，设置参数如图10-171所示。

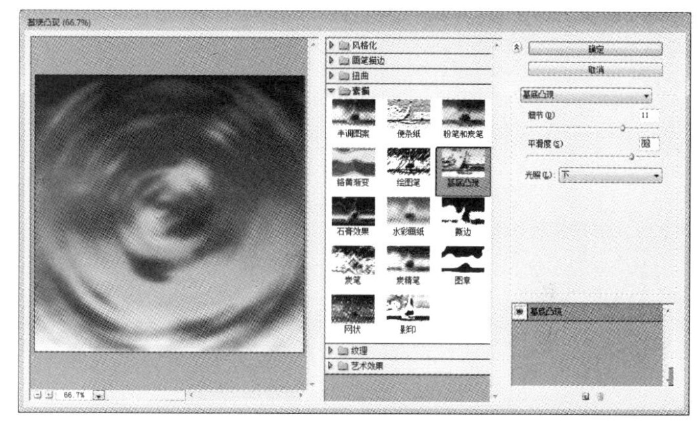

图10-171 “基底凸现”滤镜对话框

⑤ 新建效果图层继续选择“铬黄渐变”，设置如图10-172所示。

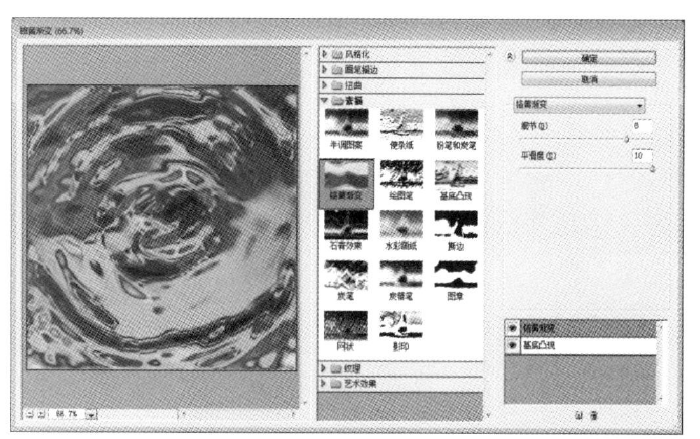

图10-172 “铬黄渐变”滤镜对话框

⑥ 点击“滤镜>扭曲>水波”，设置如图10-173所示。

⑦“Ctrl+U”调整色相、饱和度，勾选“着色”，如图10-174所示。

⑧ 完成，得到最终效果图。

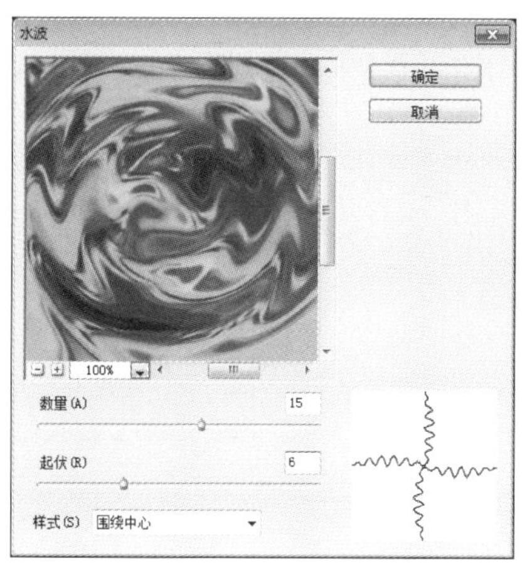

图10-173 “水波”滤镜参数

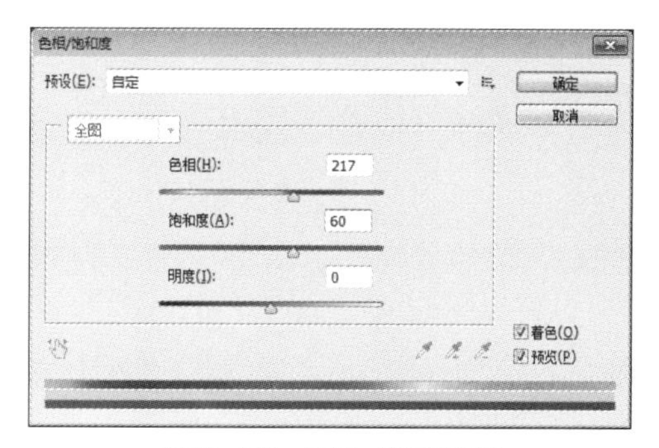

图10-174 色相、饱和度参数

实例2 制作半月光辉

运用渲染、风格化、极坐标等滤镜，制作半月光辉，最终效果图如图10-175所示。操作步骤如下。

① 新建文件“Ctrl+N”，背景填充黑色，如图10-176所示。

② 点击“滤镜>渲染>镜头光晕”，打开对话框后调整中心点放在画布中间，亮度100%，镜头选50～300，如图10-177所示。

③ 点击“滤镜>风格化>风”，选“风”，方向“从右”，如图10-178所示。

④ 再次选择“风”，方向“从左”，如图10-179所示。

⑤ 点击“滤镜>极坐标”，选“平面坐标到极坐标”，确定，如图10-180所示。

⑥ 点击“图像>图像旋转>90° 顺时针”旋转画布90° ，如图10-181所示。

⑦“Ctrl+U”调整色相、饱和度，勾选“着色”，如图10-182所示。

⑧ 完成，得到最终效果图。

图10-175　月亮最终效果图

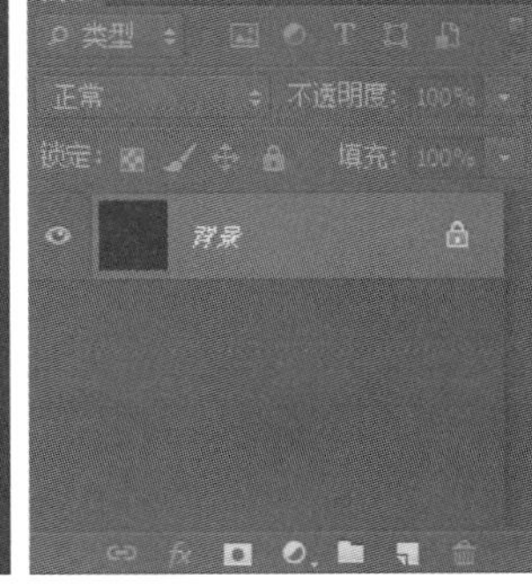

图10-176　背景填充黑色

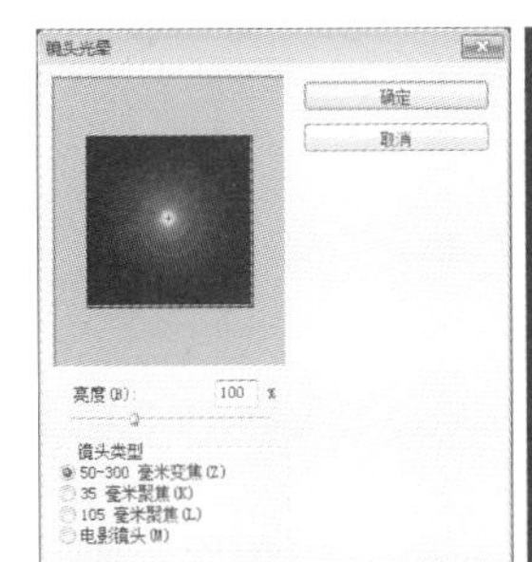

图10-177　“镜头光晕”滤镜参数与效果

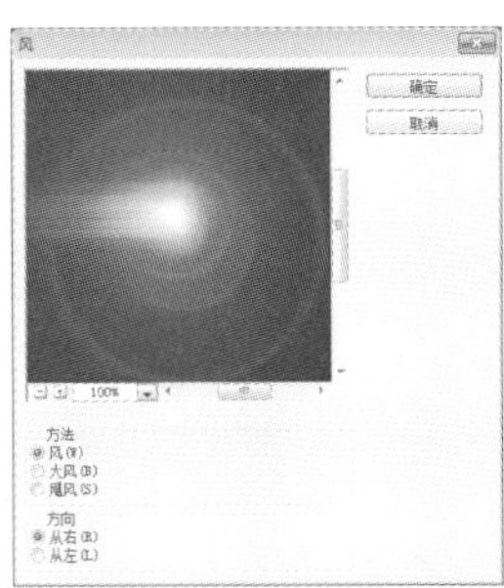

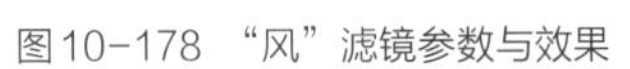

图10-178　“风”滤镜参数与效果

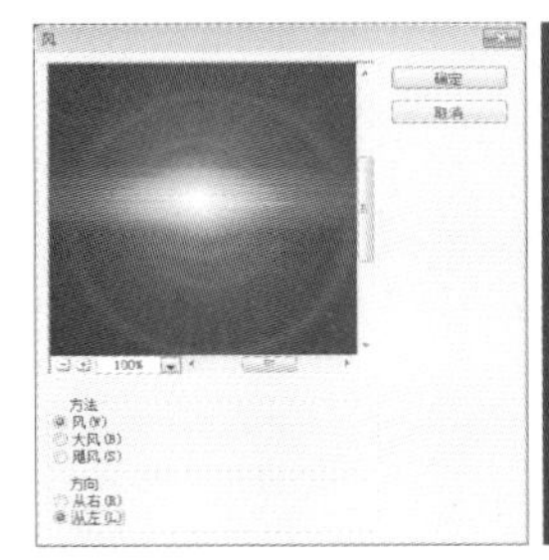

图10-179　再次“风”滤镜参数与效果

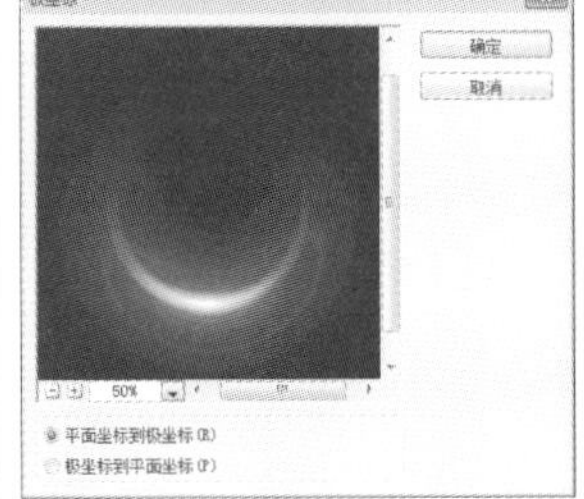

图10-180　“极坐标”滤镜参数与效果

图10-181 旋转图像效果

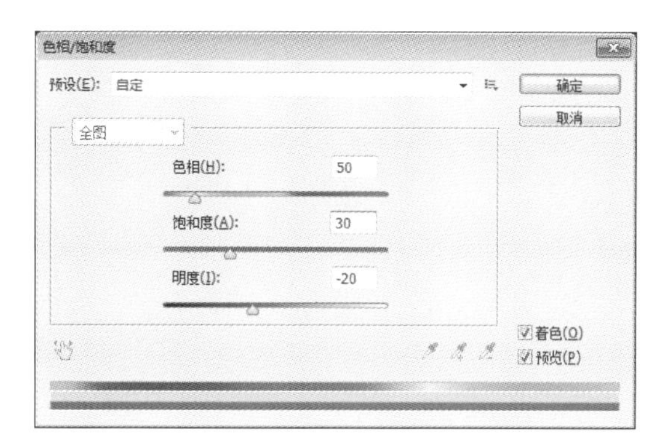

图10-182 色相、饱和度参数

实例3 利用液化修饰人物

通过“液化”滤镜的液化变形功能，对人物的身形进行调整，为人物瘦身、调整脸型等，让人物展现更完美的身材。

下面是利用“液化”滤镜功能给模特改变脸形的实例，原图如图10-183所示。效果图如图10-184所示。操作步骤如下。

图10-183 原图

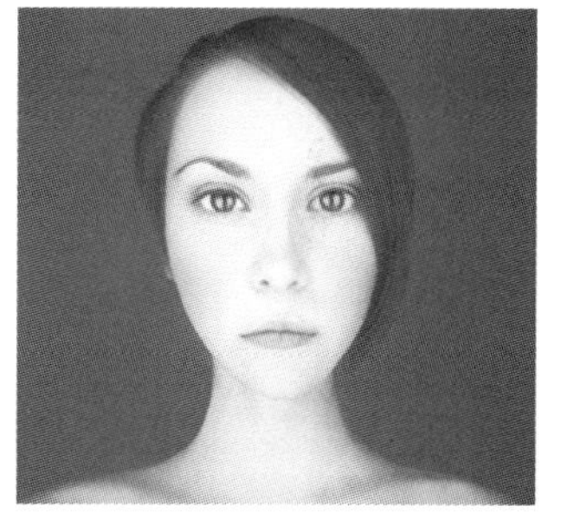

图10-184 效果图

① 选择“文件>打开”命令，打开“素材\10\01.JPG”素材图片。在“图层”面板中复制“背景”图层，得到“背景副本”图层。

② 点击“滤镜>液化”命令对模特脸部进行瘦面，放大眼睛，缩小嘴唇。参数设置如图10-185所示。

③“Ctrl+U”调整色相、饱和度，如图10-186所示。

④ 新建图层1，点击拾色器选择唇膏颜色，用笔刷工具沿着嘴唇涂满颜色，如图10-187所示。图层模式改为“颜色”，如图10-188所示。

⑤ 新建图层2，点击拾色器选择腮红颜色，用笔刷工具画出腮红，如图10-189所示。图层模式改为“正片叠底”，如图10-190所示。

⑥ 完成，如图10-191所示。

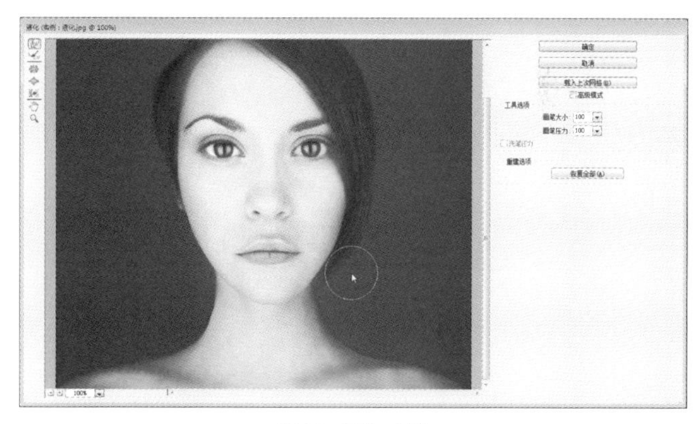

图10-185 液化

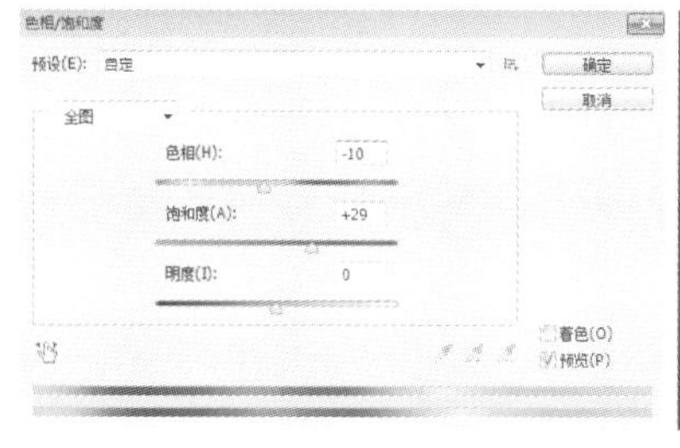

图10-186 色相、饱和度参数及效果

图10-187　嘴唇涂色

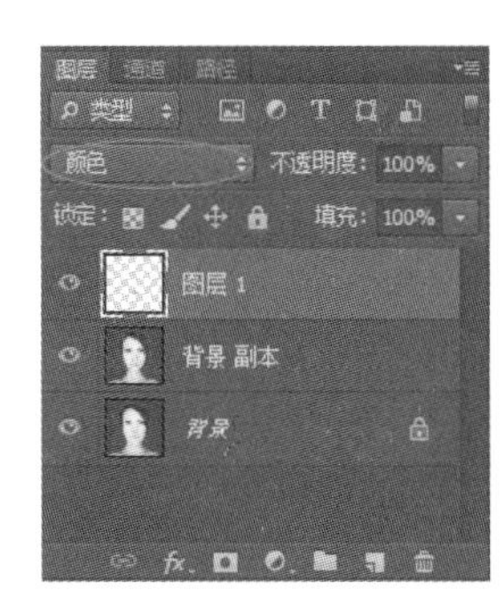

图10-188　嘴唇效果

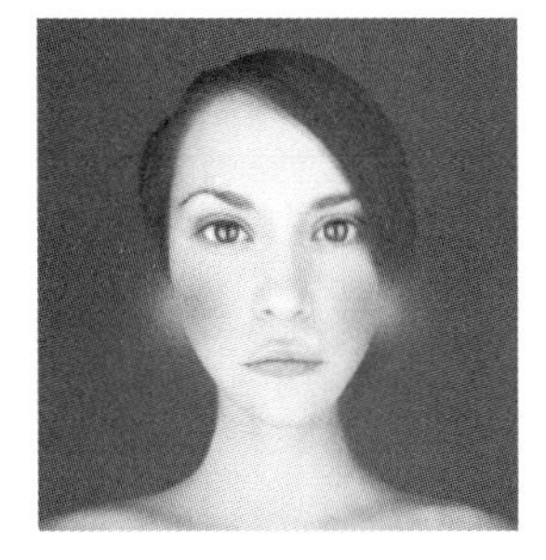

图10-189　腮红涂色

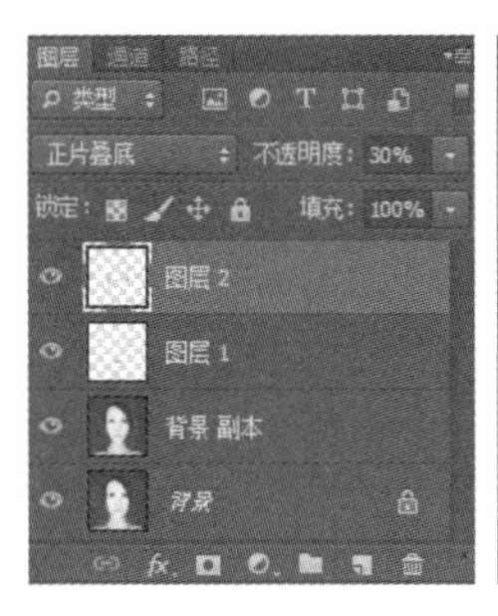

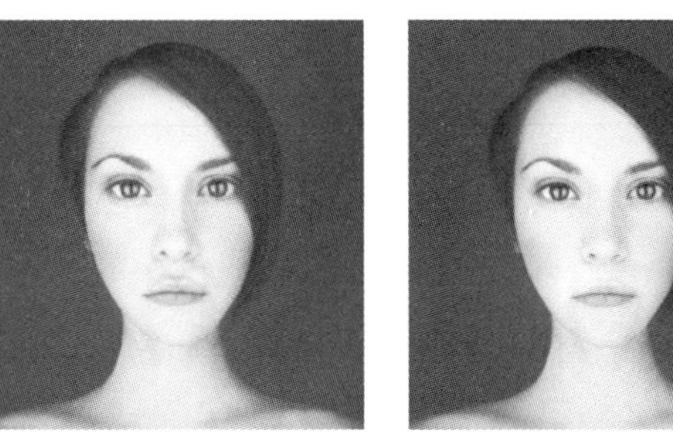

图10-190　腮红效果

图10-191　完成

实例4　制作运动镜头特效

运用“模糊”滤镜，制作运动中动感的拍摄画面，原图如图10-192所示。最终效果图如图10-193所示。操作步骤如下。

图10-192　原图

图10-193　效果图

① 选择“文件>打开”命令，打开“素材\10\02.JPG”素材图片。点击“滤镜>转换为智能滤镜”命令，如图10-194所示。

图10-194　智能滤镜

②点击“滤镜>模糊>径向模糊”命令，参数设置及效果如图10-195所示。

图10-195　径向模糊参数及效果

③修改径向模糊的中心，右键“图层”面板按钮，选择“编辑智能滤镜”，把中心点向左上方移动，如图10-196所示。

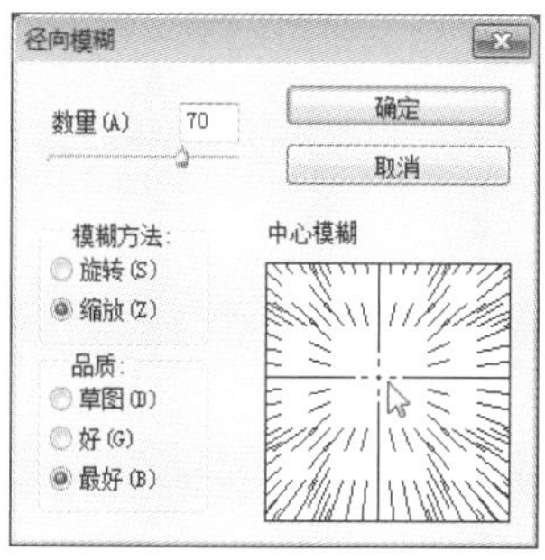

图10-196　修改径向模糊参数及效果

④点击“图层”面板上的白色蒙板如图10-197所示。

⑤点击渐变工具，选择径向渐变，点击渐变编辑器，选择“黑，白渐变”，如图10-198所示，单击“确定”。

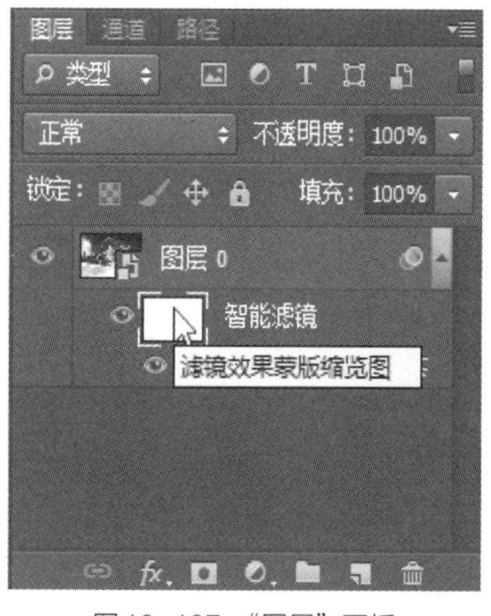

图10-197　“图层”面板白色蒙版

图10-198　渐变编辑器

⑥按图示绘制渐变（记住此时“图层”面板被选中的是“智能滤镜”），如图10-199所示。

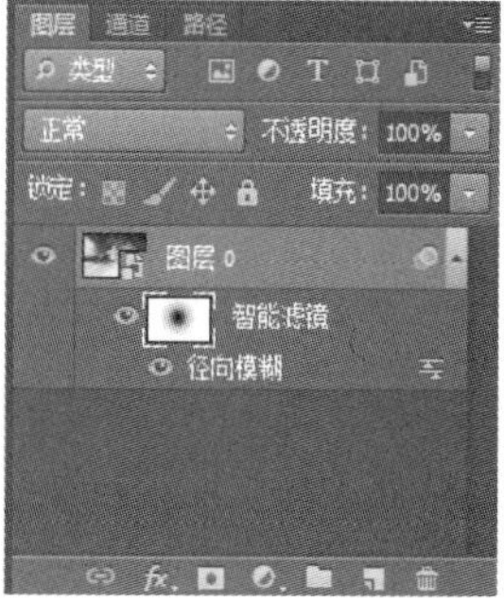

图10-199　绘制渐变

⑦ 双击“图层”面板，打开混合选项，不透明度值设置为70%，如图10-200所示。

⑧ 完成，如图10-201所示。

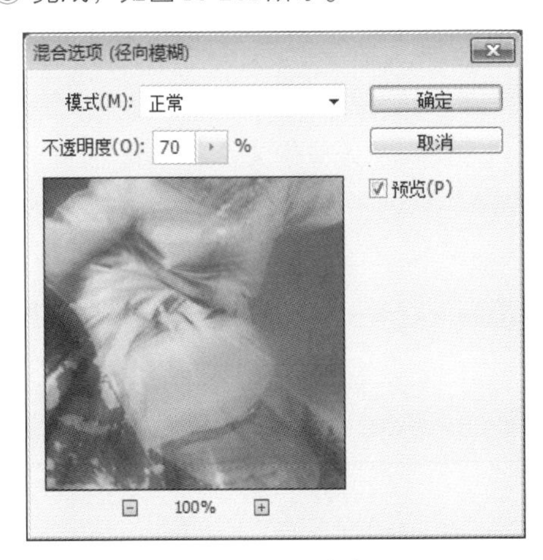

图10-200 混合选项

图10-201 效果

综合实例 制作下雪特效

运用“像素化”滤镜和“模糊”滤镜制作下雪特效，图10-202为原图，最终效果图如图10-203所示。操作步骤如下。

图10-202 原图

图10-203 效果图

① 选择“文件>打开”命令，打开“素材\10\03.JPG”素材图片。右键背景图层，选择复制图层，如图10-204所示。

② 点击“滤镜>像素化>点状化”命令，参数设置及效果如图10-205所示。

③ 点击“滤镜>模糊>动感模糊”命令，参数设置及效果如图10-206所示。

④ 点击“图像>调整>去色”命令，快捷键“Shift+Ctrl+U”，对图片进行“去色”处理，效果如图10-207所示。

⑤ 修改图层的“图层混合模式”设置为“滤色”，如图10-208所示。

⑥ 完成，如图10-209所示。

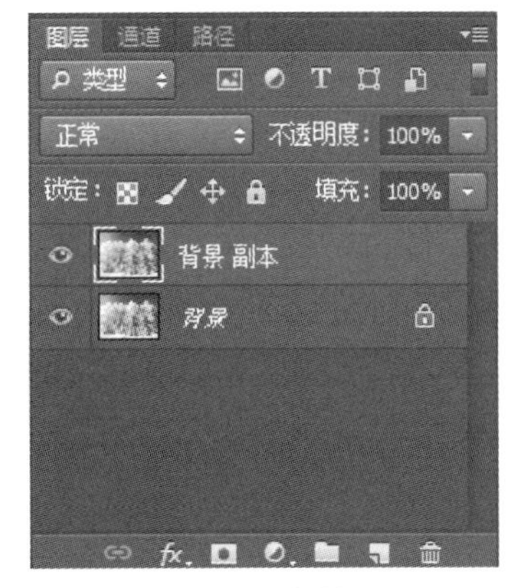

图10-204 复制图层

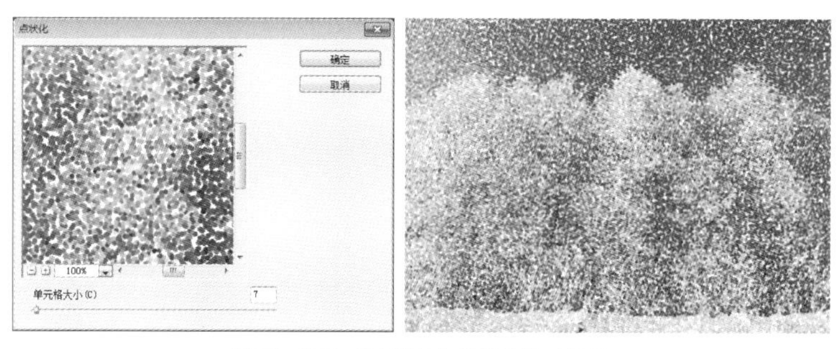

图10-205 “点状化”滤镜参数及效果

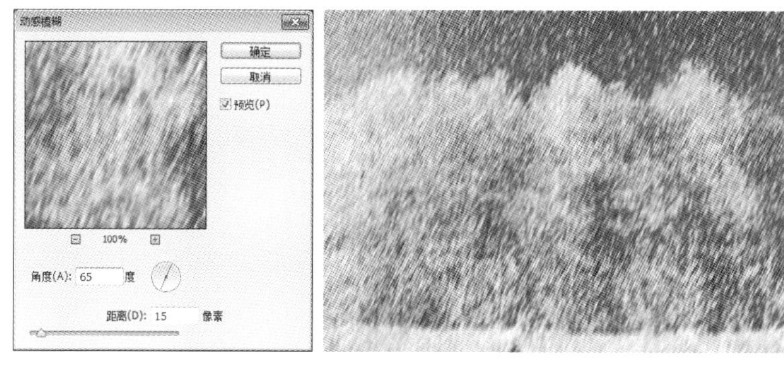

图10-206 “动感模糊”滤镜参数及效果

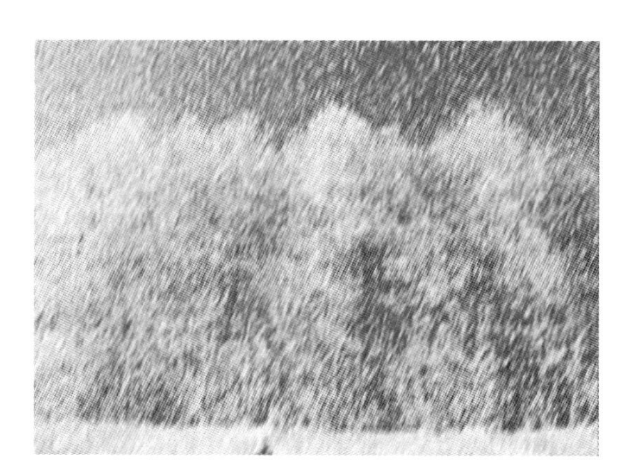

图10-207 去色效果

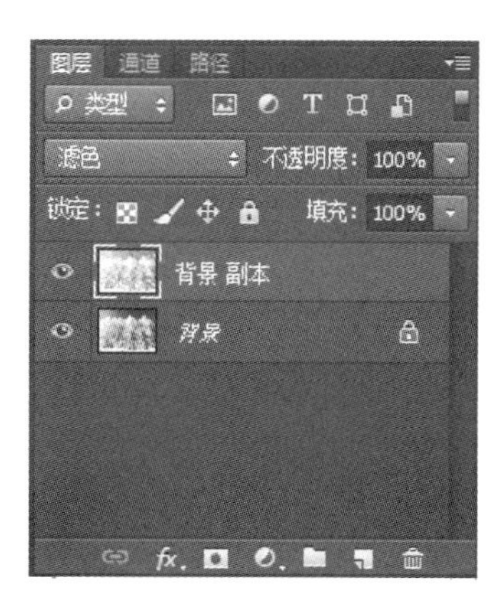

图10-208 图层混合模式为“滤色”

图10-209 最终效果

第11章 动作与动画

在图像处理的最后阶段，可通过动作、批处理功能，快速完成单个或多个文件的最终操作。在Photoshop CS6中可制作的动画模式有两种，一种为帧动画，另一种为时间轴动画。利用相应的面板即可创建动画，并存储为动画文件格式。

11.1 动作的应用

动作是可处理单个文件或者批量文件的一系列命令。通过动作将图像在软件中的处理过程记录下来，当其他图像需要同样的处理方法时，可以进行自动操作。

11.1.1 “动作”面板

“动作”面板用于创建、播放、修改和删除动作，点击“窗口>动作”菜单项，打开“动作”面板，快捷键“Alt+F9”如图11-1所示。下拉面板有其他动作，如图11-2所示。点击按钮，可选择一些动作，可将其载入到面板中，如图11-3所示。点击按钮模式，如图11-4所示。

① 切换项目开/关：如果动作组、动作和命令前显示有该图标，表示这个动作组、动作和命令可以执行。如果没有该图标，则不能被执行。

② 切换对话开/关：如果命令前显示该图标，表示动作执行到该命令时会暂停，并打开相应的对话框，此时可修改命令的参数，按下“确定”按钮可继续执行动作；如果动作组和动作前出现该图标，则表示该动作中有部分命令设置了暂停。

③ 动作组/动作/命令：动作组是一系列动作的集合；动作是一系列操作命令的集合；单击命令前按钮可以展开命令列表。

④ 停止播放/记录：用来停止播放动作和停止记录动作。

⑤ 开始记录：单击该按钮，可录制动作。

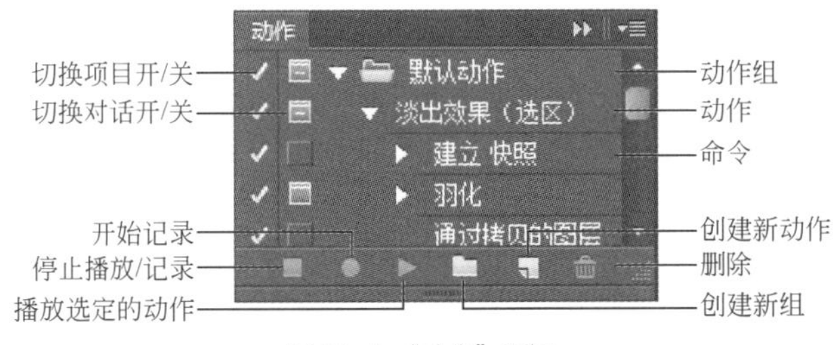

图11-1 “动作”面板

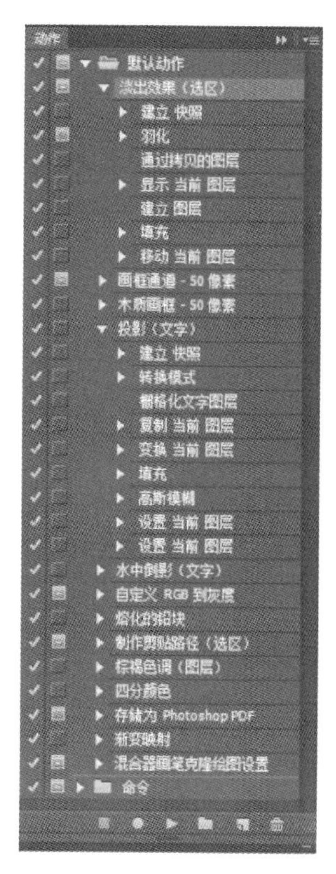

图11-2 “动作”面板

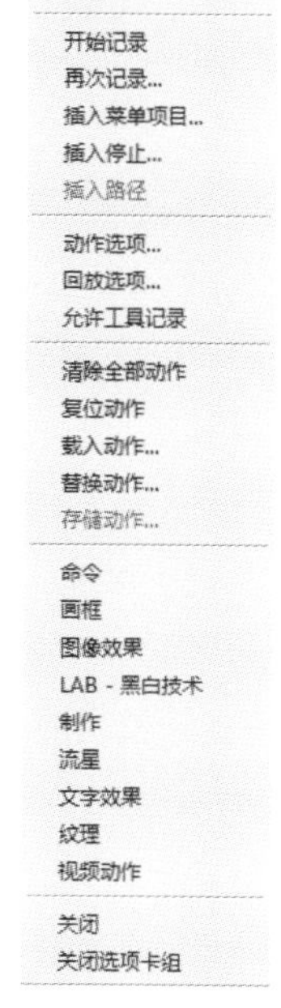

图11-3 菜单

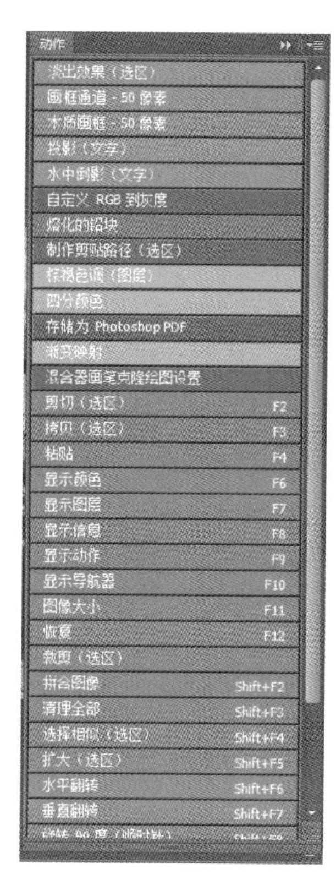

图11-4 按钮模式

⑥ 播放选定的动作：选择一个动作后，单击该按钮进行播放。

⑦ 创建新组：创建一个新动作组。

⑧ 创建新动作：创建一个新的动作。

⑨ 删除：删除选定的动作组、动作和命令。

11.1.2 创建与记录动作

① 在“动作”面板上，点击按钮，建立一个动作组，重命名，如图11-5所示。新建组别有利于区别其他的众多组，便于后期管理。

② 点击建立动作，如图11-6所示，输入该动作的名称，选择新建的组、快捷键和外观颜色。确定后，即可开始录制。

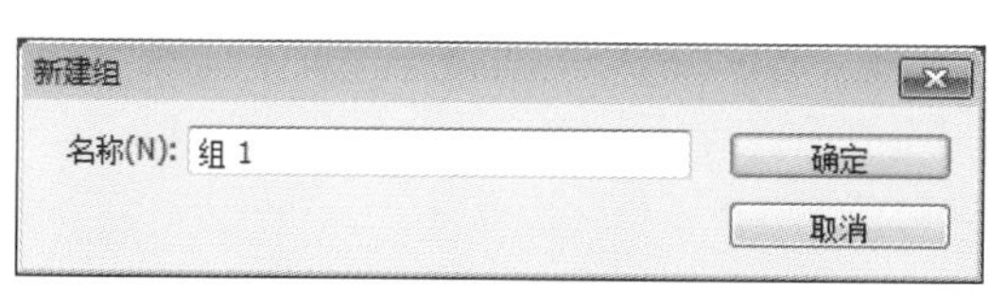

图11-5 新建组

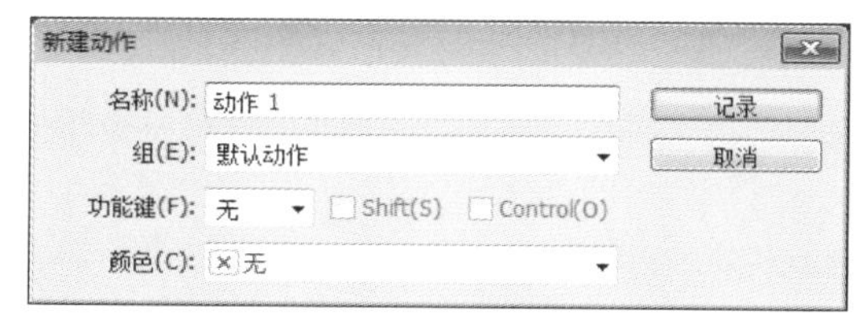

图11-6 新建动作

③ 开始具体的操作，这些操作会被动作所录制。

④ 如需要提示，或提醒用户设置何种参数，可插入一个停止。点击面板选项菜单，选择“插入停止”，勾选窗口下方的“允许继续”选项。

⑤ 录制过程中，可以点击“停止”按钮临时停止，点击“录制”按钮继续录制。

⑥ 点击“停止”按钮，记录完毕。

在Photoshop中，使用选框、移动、多边形、套索、魔棒、裁剪、切片、魔术橡皮擦、渐变、油漆桶、文字、形状、注释、吸管和颜色取样器等工具进行的操作均可录制为动作。也可以记录色板、颜色、图层、样式、路径、通道、历史记录、动作面板的操作。对于不能被记录的操作，可以插入菜单项目或者停止命令。

11.1.3 编辑动作

（1）在动作中插入命令

点击要插入命令位置的前一个文件，插入的命令将在此命令后面。记录要插入的动作，记录完毕之后即可插入命令。

（2）在动作中插入菜单项目

在动作中插入菜单项目，可以将不能录制的命令插入到动作中，如绘画和色调工具、视图和窗口菜单中的命令等。

点击要插入菜单项目位置的前一个文件，插入的菜单项目将在此命令后面。执行面板菜单中的“插入菜单项目”命令，随后点击需要添加的菜单，执行命令后单击“确定”，在动作中插入菜单项目完成。

（3）动作中插入停止

插入停止是指让动作播放到某一处时自动停止，接下来手动执行无法录制为动作的任务，如使用绘画工具进行绘制等。

点击要插入停止命令的文件，播放到此命令后会自动停止。执行面板菜单中的“插入停止”命令，输入提示信息，勾选窗口下方的“允许继续”选项。单击“确定”按钮关闭对话框，可将停止插入到动作中。

（4）在动作中插入路径

插入路径指的是将路径作为动作的一部分包含在动作内。插入的路径可以是用钢笔和形状工具等创建的路径。路径完成后，点击要插入路径位置的前一个文件，执行面板菜单中的“插入路径”命令，即可完成插入。

11.1.4 播放动作

① 点击“动作”面板的“播放”按钮或操作已定义的快捷键，则按顺序播放。

② 按“Ctrl”双击命令项，或选中命令项，按“Ctrl+播放”，将只执行该条命令。

③ 执行过程中可按“停止”或“Esc”键暂停动作的编辑。

④ 取消动作前的切换项目☑，这些命令便不能够播放。

11.1.5 重排、复制与删除动作

在“动作”面板中，可将动作或命令拖移至新位置，即可重新排列动作和命令。

按住“Alt”键移动动作和命令，或者将动作和命令拖至创建新动作按钮上，可以将其复制。

选择要删除的命令或动作，点击“删除”按钮，即可删除。点击执行面板菜单中的“清除全部动作”命令，则会删除所有的动作。点击执行面板菜单中的“复位动作”命令，即可将面板恢复为默认的动作。

11.1.6 修改动作名称和参数

点击需要修改名称的动作组和动作，然后执行面板菜单中的“组选项”或“动作选项”命令，打开对话框进行设置，如图11-7所示。在命令上双击，即可打开该命令的对话框进行修改，如图11-8所示。

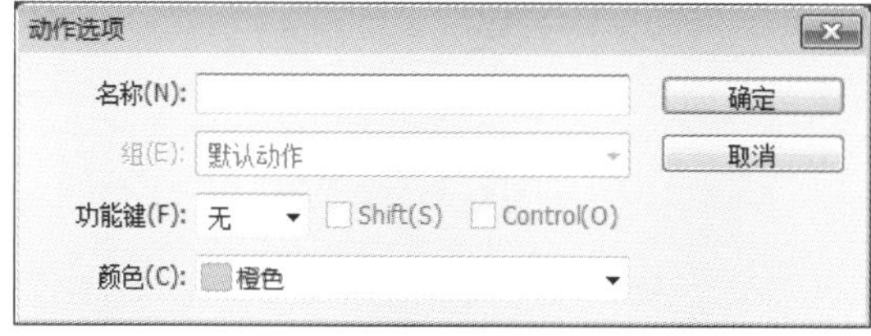

图11-7 动作选项

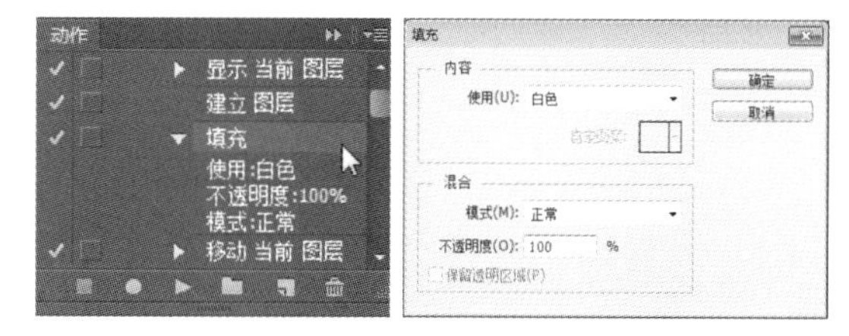

图11-8 修改动作参数

11.1.7 载入动作组

打开面板选项菜单，点击“载入动作”菜单项，选择需要载入的动作，然后单击“载入”按钮，如图11-9所示。

图11-9 载入动作

11.2 文件的批处理

批处理能够使大量的、重复性的操作的文件快速地处理，节省时间，提高工作效率。

11.2.1 使用“批处理”命令

点击“文件>自动>批处理”菜单，打开“批处理”对话框，如图11-10所示。

① 播放：选择要播放的动作组和动作。

② 源：下拉列表中可以选择要处理的文件。选择“文件夹”并点击下面的“选择”按钮，可在打开的对话框选择一个文件夹，批处理文件夹中的所有文件；选择“导入”，可以处理来自数码相机、扫描仪或PDF文档的图像；选择“打开的文件”，可以处理当前所有打开的文件；选择“Bridge”，可以处理Adobe Bridge中选定的文件。

③ 覆盖动作中的“打开”命令：在批处理时忽略动作中记录的“打开”命令。

④ 包含所有子文件夹：将批处理应用到所选文件夹中包含的子文件夹。

⑤ 禁止显示文件打开选项对话框：批处理时不会打开文件选项对话框。

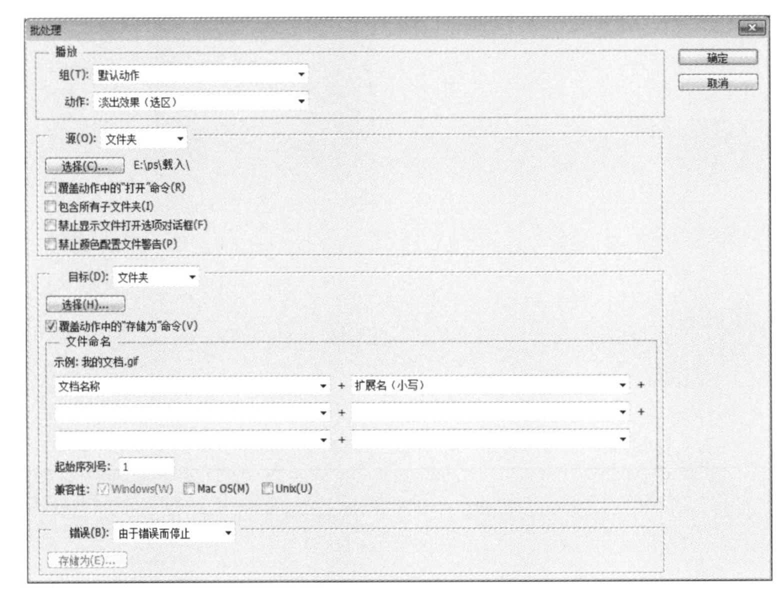

图11-10 “批处理”对话框

⑥ 禁止颜色配置文件警告：关闭颜色方案信息的显示。

⑦ 目标：在“目标”下拉列表中可以选择完成批处理后文件的保存位置。选择“无”，则不保存文件，文件为打开状态；选择“存储并关闭”，可以将文件保存在原文件夹中，并覆盖原始文件。选择“文件夹”并单击选项下面的“选择”按钮，可指定用于保存文件的文件夹。

⑧ 覆盖动作中的“存储为”命令：勾选此项，在批处理时，动作中的“存储为”命令将引用批处理的文件，而不是动作中指定的文件名和位置。

⑨ 文件命名：可在该选项组的6个选项中设置文件的命名规范，指定文件的兼容性，包括Windows、Mac OS和Unix。

⑩ 错误：指定出现错误后的处理方法。

设置完成后单击“确定”，Photoshop就会使用所选动作将文件夹中的所有图像进行处理。在批处理的过程中，如果要中止操作，可以按下“Esc”键。

11.2.2 使用Photomerge命令

Photomerge命令可以将同一个取景位置拍摄的多幅照片组合成一张全景效果的照片。选择“文件>自动>Photomerge”菜单项，如图11-11所示。

① 自动：Photoshop会分析源图像并应用“透视”或“圆柱”版面（具体取决于哪一版面能够生成更好的复合图像）。

② 透视：将源图像中的一个图像指定为参考图像来复合图像，然后交换其他图像以使匹配图层的重叠内容。

③ 圆柱：在展开的圆柱上显示各个图像来减少在“透视”布局中出现的扭曲现象。

④ 球面：对齐并转换图像，使其映射球体内部。如果是360° 全景拍摄的照片，选择该选项可创建360° 全景图。

⑤ 拼贴：对齐图层并匹配重叠内容，不修改图像中对象的形状。

⑥ 调整位置：对齐图层并匹配重叠内容，但不会变换任何源图层。

⑦ 使用：下拉列表中选择“文件”，单击“浏览”按钮，使用指定的文件生成Photomerge合成图像；选择“文件夹”选项，使用储存在文件夹中的所有图像创建Photomerge合成图像，该文件夹中的文件会出现在下面的列表框中。

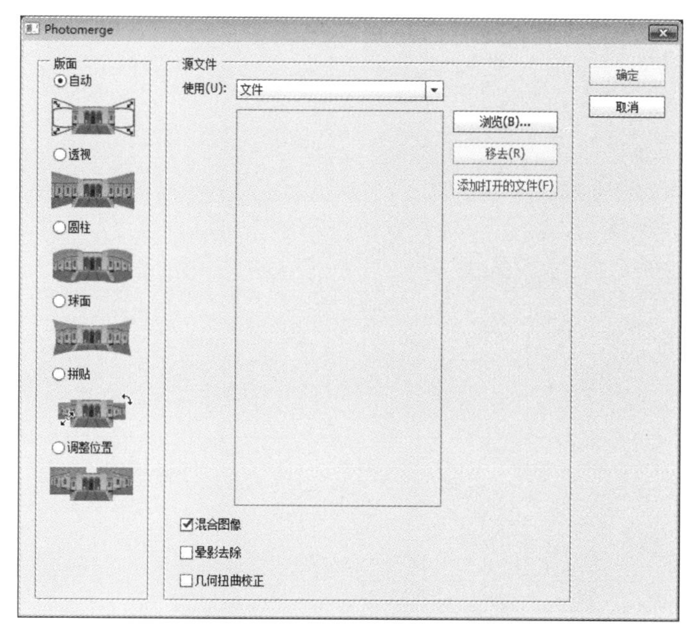

图11-11 “Photomerge”对话框

⑧ 混合图像：勾选该选项，可以找出图像间的最佳边界，并根据这些边界创建接缝，以使图像的颜色相匹配。取消选择将进行简单的矩形混合。

⑨ 几何扭曲校正：修整桶形、枕形或鱼眼失真的图像。

11.2.3 自动裁剪并修齐图像

在扫描图像时，可能有一些老照片或者图像未放平整，扫描的图像会不整齐，有时会几张图像一起扫描到一个文件中，还需要进行裁剪。“裁剪并修齐照片”工具会自动拆分图像以及裁剪、修齐图像。

点击“文件>自动>裁剪并修齐照片”菜单，Photoshop会自动将此文件中的所有图像分成独立的文件，之后再进行单独保存。

11.3 数据驱动图形

利于数据驱动图形，可以快速准确地生成图像的多个版本以用于印刷项目或Web项目。例如，以模板设计为基础，使用不同的文本和图像来制作多种不同的Web文件。

11.3.1 定义变量

变量用来定义模版中的哪些元素将发生变化。在Photoshop中可以定义3种类型的变量：可见性变量、像素替换变量和文本替换变量。要定义变量，需要首先创建模版图像，然后点击“图像>变量>定义”菜单项，打开“变量”对话框，如图11-12所示。

① 可见性变量：显示或隐藏图层的内容。

② 像素替换变量：用其他图像文件中的像素来替换图层中的像素。

③ 文本替换变量：替换文字图层中的文本字符串。必须在“图层”面板中的下拉列表中选择文本图层，才能在变量面板显示。图11-13所示。

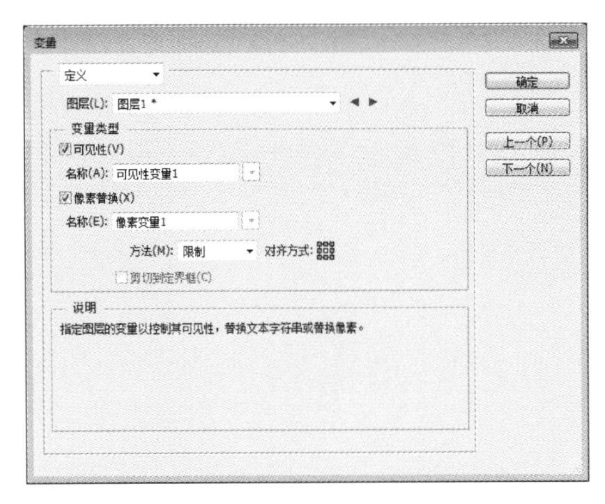

图11-12 “变量”对话框

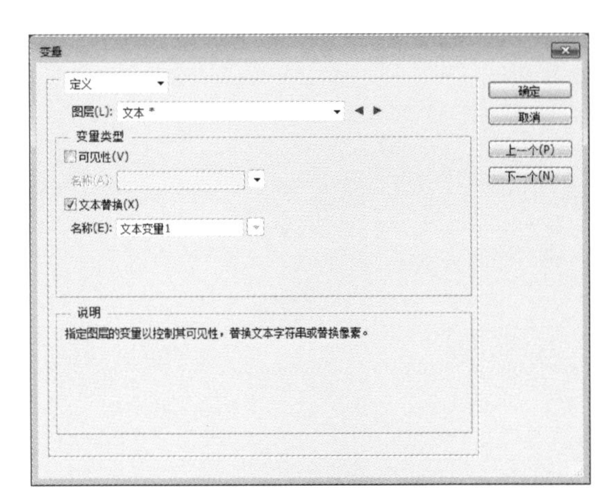

图11-13 “变量”对话框

11.3.2 定义数据组

数据组是变量及其相关数据的集合。点击“图像>变量>数据组”菜单项，打开“数据组”对话框，如图11-14所示。

① 数据组：单击按钮可以创建数据组。单击按钮切换数据组。选择要删除的数据组，点击按钮即可删除。

② 变量：编辑变量数据。像素变量可选择替换与不替换，替换则点击“选择文件”，然后选择替换的图像文件。可见性变量，选择“可见”，可显示图层内容，选择“不可见”隐藏图层内容。对于“文本替换”变量，在“值”文本框中输入一个文本字符串。

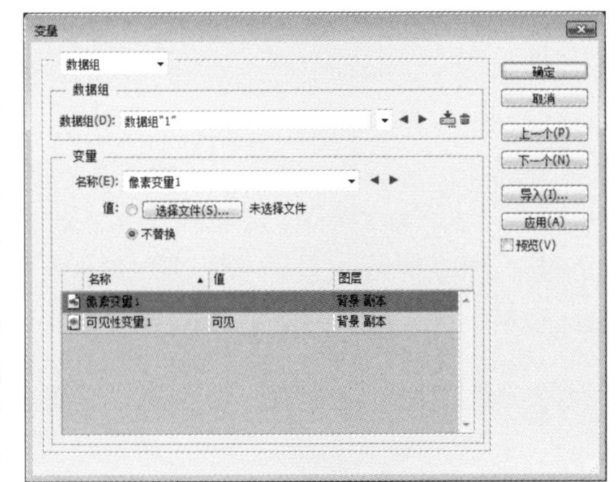

图11-14 “数据组”对话框

11.3.3 预览与应用数据组

创建模板图像和数据组后，点击“图像>应用数据组”菜单项，打开“应用数据组”对话框，如图11-15所示。勾选“预览”选项，可预览图像。选择要应用的数据组，单击“应用”按钮，可将数据组应用到图像。应用数据组将覆盖原始文档。也可以在“变量”对话框的“数据组”页中应用和预览数据组。

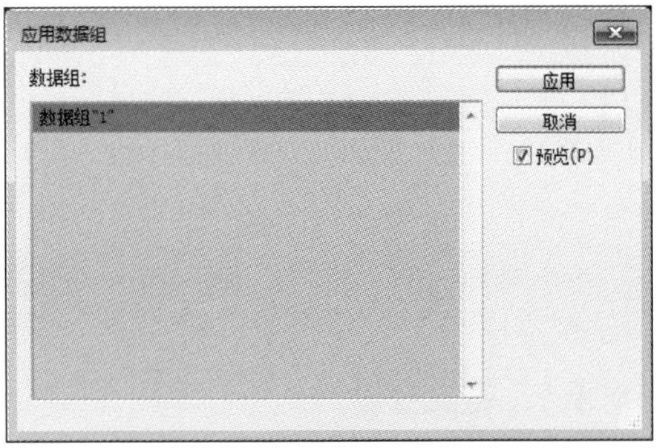

图11-15 “应用数据组”对话框

11.3.4 导入与导出数据组

点击“文件>导入>变量数据组”菜单项，单击“导入”，如图11-16所示。点击“图像>变量>数据组”菜单项，然后单击“导入”按钮也可导入数据组。使用文本文件第一列的内容（列出的第一个变量的值）命名每个数据组。否则，将数据组命名为“数据组1、数据组2，等等”。

定义变量及一个或多个数据组后，点击“文件>导出>数据组作为文件”菜单项，对话框如图11-17所示。按批处理模式使用数据组将图像导出为PSD文件。

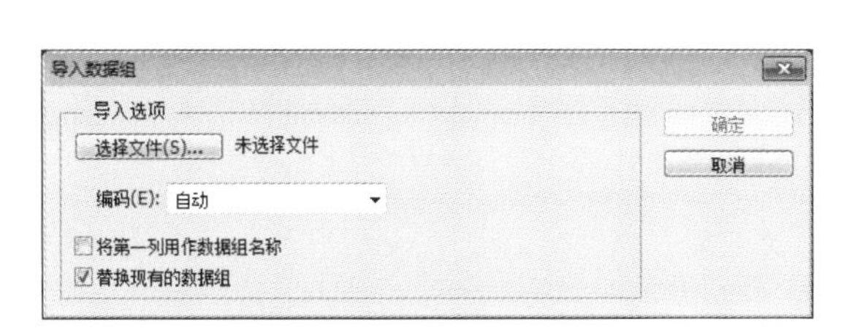

图11-16 “导入数据组”对话框

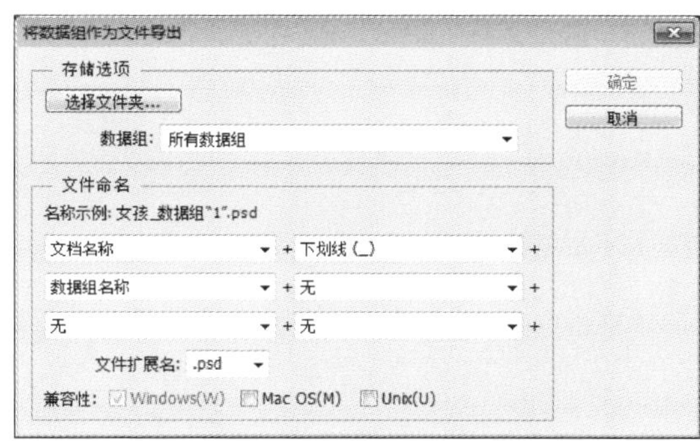

图11-17 “导出数据组”对话框

11.4 动画

在Photoshop中可以利用时间轴做简单的动画。动画是在一段时间内显示的一系列图像或帧，当每一帧都有一定的变化时，快速地连续播放会形成动画效果。

11.4.1 认识“动画”面板

点击“窗口>时间轴”菜单项，如果打开的时间轴为视频模式，点击按钮可切换为动画帧模式，如图11-18所示。在“时间轴”面板显示动画中的每一帧的缩略图，使用面板下部的工具可以设置循环、选择、复制、删除及预览动画。

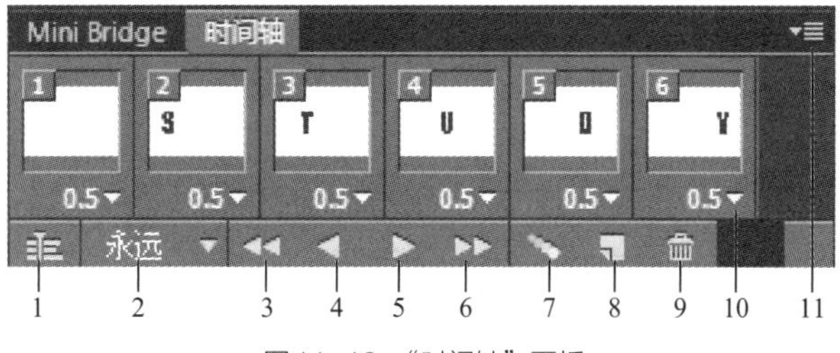

图11-18 “时间轴”面板

① 转换为视频时间轴：转换为视频时间轴面板。

② 循环选项：设置动画的播放次数。

③ 选择第一帧：选择序列中的第一帧。

④ 选择上一帧：选择当前帧的前一帧。

⑤ 播放动画：点击该按钮，可在窗口中播放动画，再次点击可停止播放动画。

⑥ 选择下一帧：选择当前帧的后一帧。

⑦ 过度动画帧：在两帧中间添加一系列帧，使两帧能够均匀过渡。

⑧ 复制所选帧：可以复制选定的帧并添加帧到面板中。

⑨ 删除所选帧：删除当前所选帧。

⑩ 帧延迟时间：设置当前帧的播放时间。

⑪“动画”面板扩展菜单：“动画”面板中的其他选项。

11.4.2 制作GIF图像

利用Photoshop时间轴帧动画工具，可以制作GIF图像，操作步骤如下：

① 点击“文件>新建”快捷键“Ctrl+N”新建文件，参数如图11-19所示。设置好后单击“确定”。

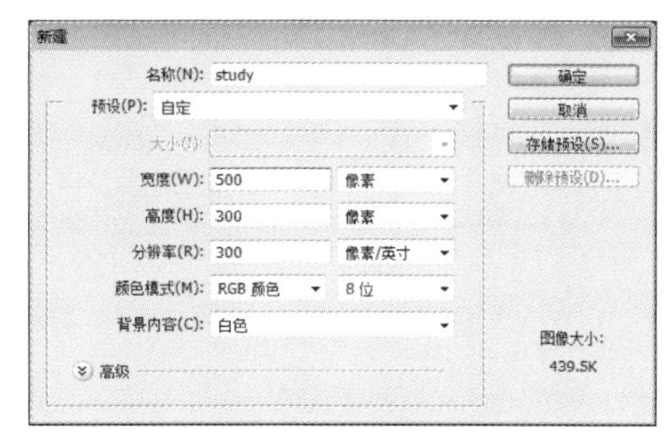

图11-19 新建文件

② 选择文本工具T，依次输入“S”“T”“U”“D”“Y”，点击“窗口>字符”参数如图11-20所示，注意每个字母为单独一图层，如图11-21所示。

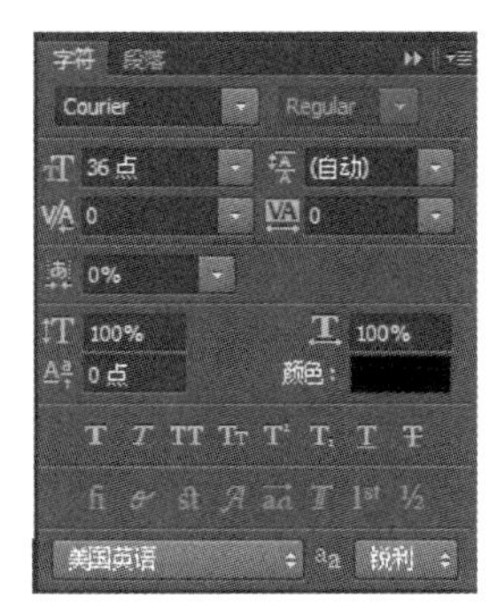

图11-20　修改字符

图11-21　文字输入

③ 打开时间轴帧动画面板，复制9个帧，如图11-22所示。

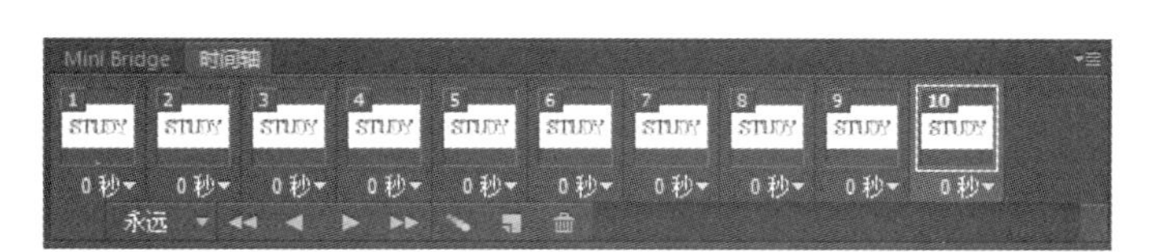

图11-22　复制

④ 选择第1帧，在“图层”面板中隐藏所有字母图层。如图11-23所示。

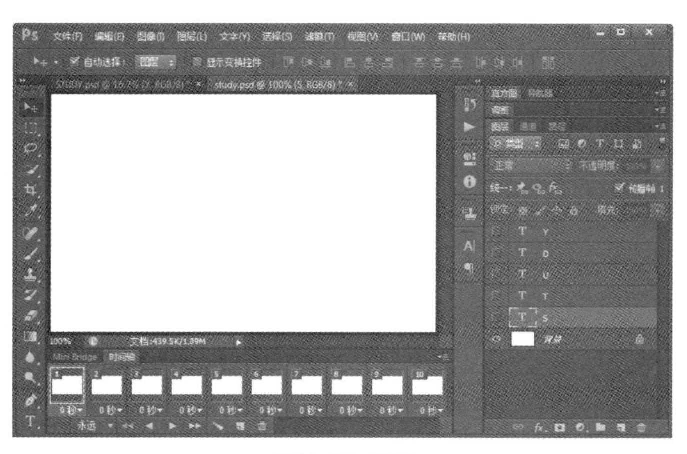

图11-23　效果

⑤ 选择第2帧，在“图层”面板中显示“S”字母图层，其他图层隐藏；选择第3帧，在“图层”面板中显示“T”字母图层，其他图层隐藏；选择第4帧，在“图层”面板中显示“U”字母图层，其他图层隐藏；选择第5帧，在“图层”面板中显示“D”字母图层，其他图层隐藏；选择第6帧，在“图层”面板中显示“Y”字母图层，其他图层隐藏；选择第7帧，隐藏所有字母图层；选择第8帧，显示所有图层；选择第9帧，隐藏所有字母图层；选择第10帧，显示所有图层，如图11-24所示。

图11-24　效果

⑥ 修改帧延迟时间。选择第1帧，按住“Shift”，再选择第9帧，点击“修改帧延迟时间”把时间修改为“0.2秒”；选择第10帧，把时间修改为“2秒”如图11-25所示。点击“播放”按钮可进行浏览动画。

⑦ 导出GIF图像。点击“文件>存储为Web所用格式”，弹出对话框如图11-26所示，选择GIF，单击“存储”，选择要保存的位置单击“保存”，完成导出，如图11-27所示。

图11-25 修改帧延迟时间

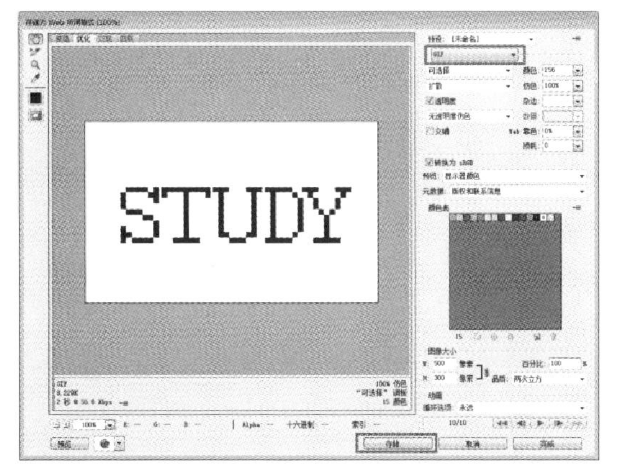

图11-26 “存储为Web所用格式”对话框

图11-27 保存文件

11.4.3 制作时间轴动画

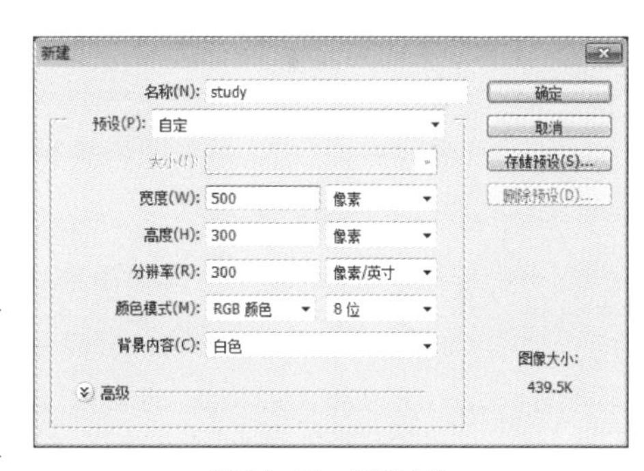

图11-28 新建文件

① 点击“文件>新建”快捷键“Ctrl+N”新建文件，参数如图11-28所示。设置好后单击“确定”。

② 选择文本工具T，依次输入“S”“T”“U”“D”“Y”，点击“窗口>字符”参数如图11-29所示，注意每个字母为单独一图层，如图11-30所示。

③ 点击“窗口>时间轴”菜单项，如图11-31所示，单击图标，点击“创建视频时间轴”，点击后字母显示在时间轴上，如图11-32所示。

图11-29 修改字符

图11-30 文字输入

图11-31　时间轴图标

图11-32　时间轴显示

④ 调整动画时间。拖动轨道的时间轴到“03:00f-20f”，如图11-33所示。

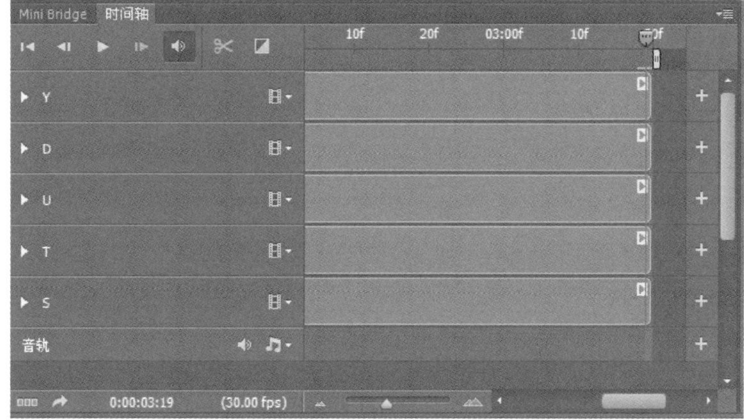

图11-33　时间轴显示

⑤ 在“S”时间轴加入关键帧，调节透明度。点击“S”时间轴，把时间指示器放在“00:00”，启用“不透明度”，加入关键帧，在“图层”面板中把不透明度调为“0%”，如图11-34所示。右键关键帧，选择“保留差值”，关键帧由菱形变为方形，如图11-35所示；在“06f”插入关键帧，右键关键帧选择“保留差值”，在“图层”面板中把不透明度调为“100%”；在“12f”插入关键帧，右键关键帧选择“保留差值”，在“图层”面板中把不透明度调为“0%”。

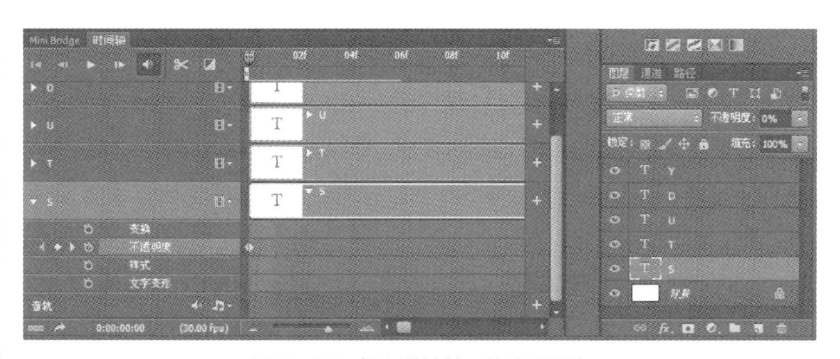

图11-34　插入关键帧、修改透明度

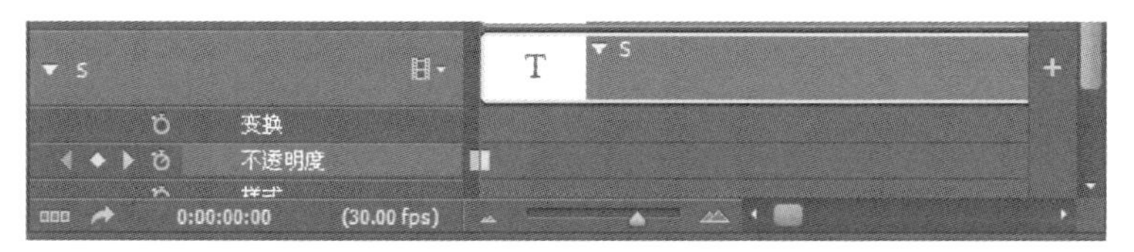

图11-35　保留差值

⑥ 在“T”时间轴加入关键帧，调节透明度。点击“T”时间轴，把时间指示器放在“00:00”，启用“不透明度”，加入关键帧，在“图层”面板中把不透明度调为“0%”，右键关键帧选择“保留差值”；在“12f”插入关键帧，右键关键帧选择“保留差值”，在“图层”面板中把不透明度调为“100%”；在“18f”插入关键帧，右键关键帧选择“保留差值”，在“图层”面板中把不透明度调为“0%”，如图11-36所示。

⑦ 在“U”时间轴加入关键帧，调节透明度。点击“U”时间轴，把时间指示器放在“00:00”，启用“不透明度”，加入关键帧，在“图层”面板中把不透明度调为“0%”，右键关键帧选择“保留差值”；在“18f”插入关键帧，右键关键帧选择“保留差值”，在“图层”面板中把不透明度调为“100%”；在“24f”插入关键帧，右键关键帧选择“保留差值”，在“图层”面板中把不透明度调为“0%”，如图11-37所示。

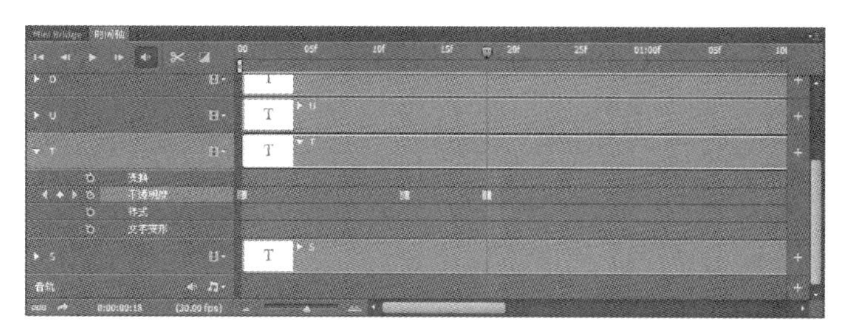

图11-36　插入关键帧

⑧ 在“D”时间轴加入关键帧，调节透明度。点击“D”时间轴，把时间指示器放在“00:00”，启用“不透明度”，加入关键帧，在“图层”面板中把不透明度调为“0%”，右键关键帧选择“保留差值”；在“24f”插入关键帧，右键关键帧选择“保留差值”，在“图层”面板中把不透明度调为“100%”；在“1:00f”插入关键帧，右键关键帧选择“保留差值”，在“图层”面板中把不透明度调为“0%”，如图11-38所示。

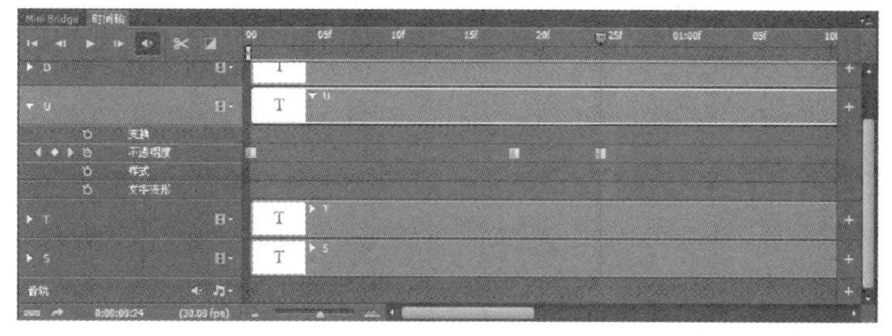

图11-37　插入关键帧

⑨ 在“Y”时间轴加入关键帧，调节透明度。点击“Y”时间轴，把时间指示器放在“00:00”，启用“不透明度”，加入关键帧，在“图层”面板中把不透明度调为“0%”，右键关键帧选择“保留差值”；在“1:00f”插入关键帧，右键关键帧选择“保留差值”，在“图层”面板中把不透明度调为“100%”；在“1:00f-06f”插入关键帧，右键关键帧选择“保留差值”，在“图层”面板中把不透明度调为“0%”，如图11-39所示。

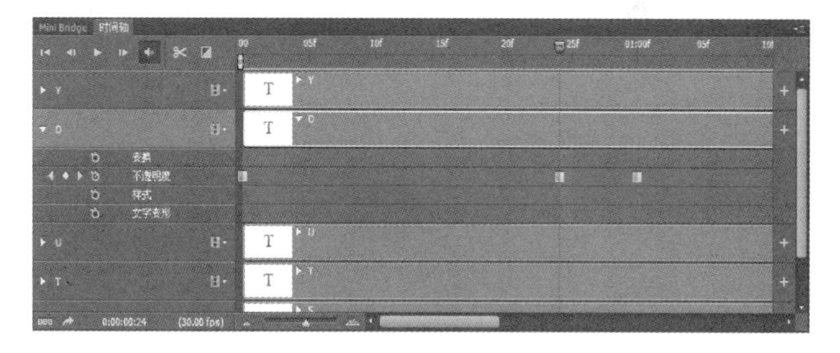

图11-38　插入关键帧

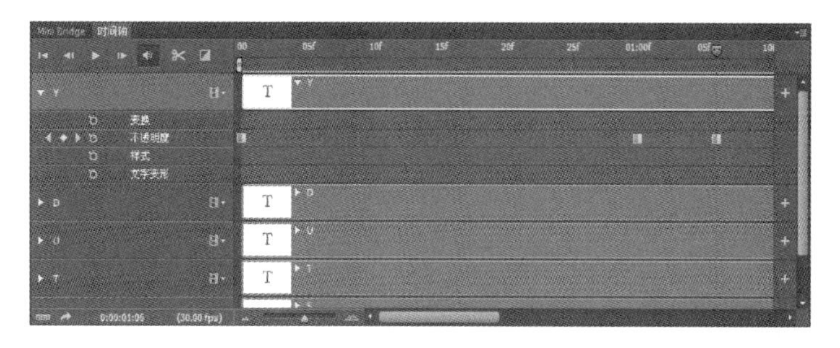

图11-39　插入关键帧

⑩ 分别在“S、T、U、D、Y”时间轴加入关键帧，调节透明度。在“1:00f-12f”插入关键帧，右键关键帧选择“保留差值”，在“图层”面板中把不透明度调为“100%”；在“1:00f-18f”插入关键帧，右键关键帧选择“保留差值”，在“图层”面板中把不透明度调为“0%”；在“1:00f-24f”插入关键帧，右键关键帧选择“保留差值”，在“图层”面板中把不透明度调为“100%”，如图11-40所示。

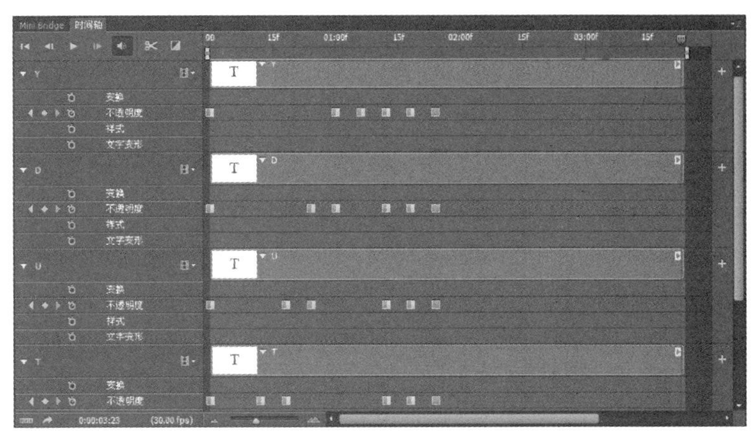

图11-40　插入关键帧

⑪ 导出视频。点击“文件>导出>渲染视频”，对话框如图11-41所示。选择保存的位置，单击“渲染”，视频导出完成。

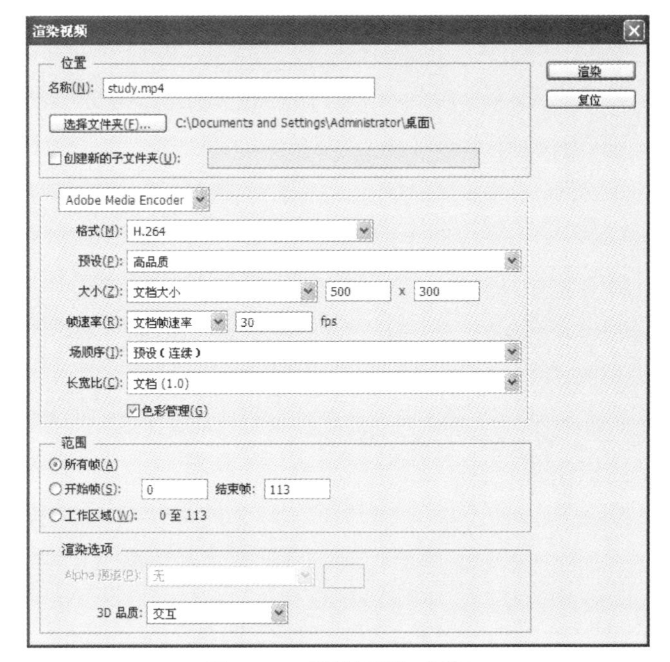

图11-41　“渲染视频”对话框

11.5　图像优化

在Photoshop中对图像进行优化，以减小文件的大小，尤其在网页上传图像时，较小的文件可以更快速地传输。

点击“文件>存储为Web所用格式”菜单项，打开对话框如图11-42所示。优化完文件格式有“JPEG”“GIF”“PNG-8”“PNG-24”“WBMP”。

① 显示选项：单击“原稿”选项栏，可在窗口中显示没有优化的图像；单击“优化”选项栏，可在窗口中显示应用了当前优化设置的图像；单击“双联”选项栏，可显示原稿和优化后的图像；单击“四联”选项栏，可显示三种优化图像，如图11-43所示。

② 优化菜单：包含“存储设置”“删除设置”“优化文件大小”“重组视图”“链接切片”“编辑输出设置”等。

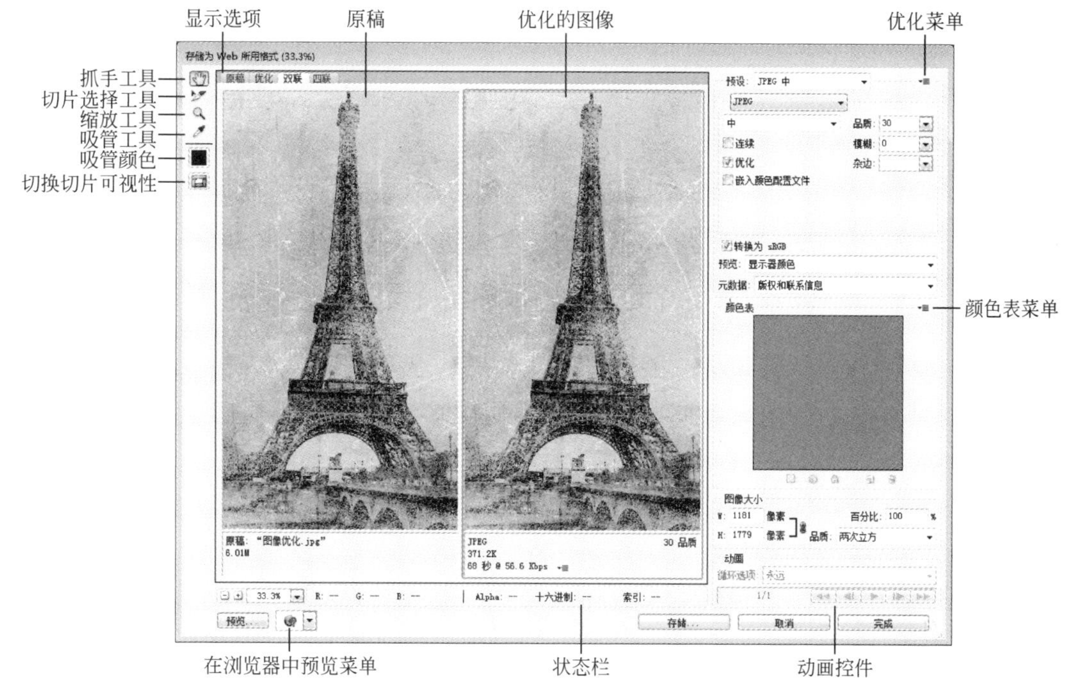

图11-42 “存储为Web所用格式”对话框

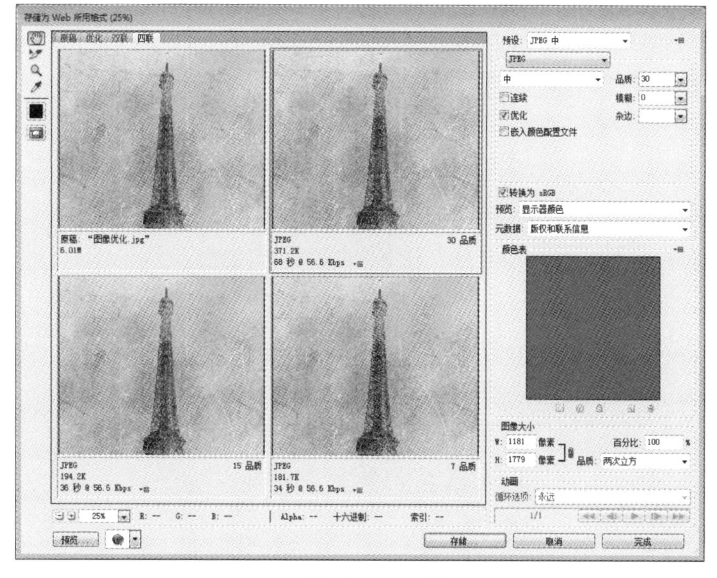

图11-43 四联

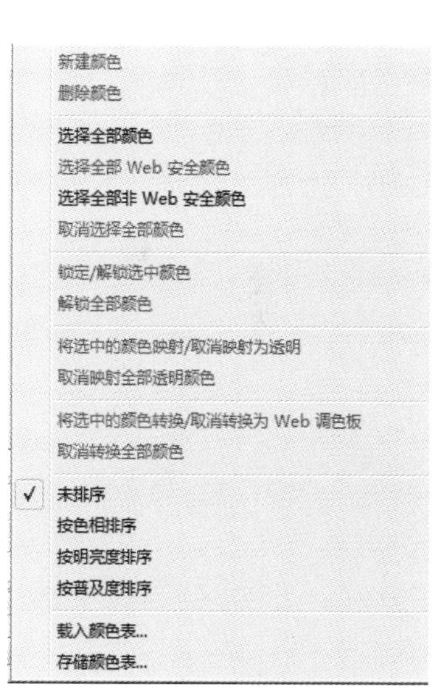

图11-44 颜色表菜单

③ 颜色表菜单：包含“新建颜色”“删除颜色”“选择全部颜色”等，如图11-44所示。

④ 颜色表：图像优化为“GIF”“PNG-8”和“WBMP”格式时，可在颜色表中对图像颜色进行优化设置。

⑤ 图像大小/百分比：调整图像的像素尺寸；调整与原稿大小的百分比。

⑥ 状态栏：鼠标划过预览中的图像时，在状态栏中显示颜色值等信息。

⑦ 在浏览器中预览菜单：单击此按钮，可在浏览器中预览优化后的图像，在预览窗口中还会显示图像的信息。

实例1 批量修改图片

运用动作、批处理等工具，批量修改图像。10张需要批量处理的图像如图11-45所示。操作步骤如下。

图11-45　需要批处理的图像

① 打开“素材\11\实例1”中的素材图片，点击“窗口>动作”菜单项，新建动作，如图11-46所示。命名后单击“记录”。

② 点击“滤镜>转换为智能滤镜”菜单项，效果如图11-47所示。

③ 点击“滤镜>风”菜单项，参数如图11-48所示。

④ 修改滤镜的混合模式，双击滤镜图层按钮，弹出对话框参数如图11-49所示。

⑤ 点击“动作”面板“停止”按钮，完成动作的录制，关闭文件。

⑥ 点击“文件>自动>批处理”菜单项，对话框参数如图11-50所示。

图11-46　新建动作

图11-47　智能滤镜

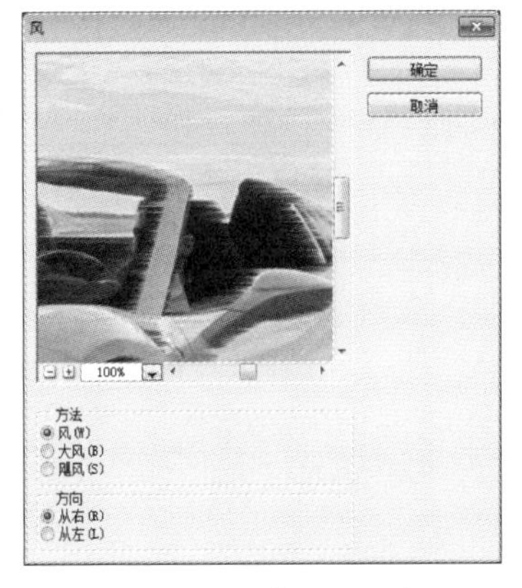

图11-48 “风”滤镜参数

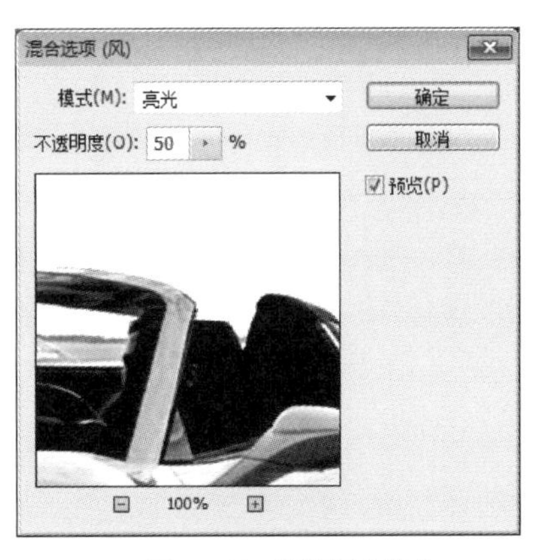

图11-49　滤镜混合模式

图11-50 “批处理”对话框

⑦ 完成，如图11-51所示。

图11-51 完成

实例2 动画——雪

① 把“素材\11\实例2”中的三个文件在Photoshop中打开，如图11-52所示。

图11-52 打开文件

② 把雪花的两个文件拖入到雪景的文件中，左侧与底部对齐，文件大小不做调整，如图11-53所示。

③ 在“图层”面板中，把雪花的两个图层模式从“正常”改为“滤色”，如图11-54所示。

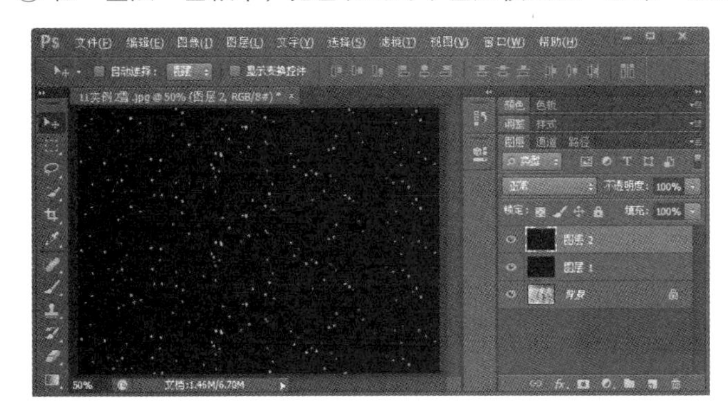

图11-53　拖入文件

图11-54　滤色

④ 点击“窗口>时间轴”菜单项，创建视频时间轴，如图11-55所示。

⑤ 点击按钮，设置时间轴帧速率为15，如图11-56所示。

⑥ 调整轨道长度，把后面的帧固定到14帧。然后选择图层1，选择“位置”，在起始点和终点各点一下前面的菱形图标，添加关键帧，如图11-57所示。在终点点击“图层”面板的“图层1”，把图像往下移动，顶部和左侧与背景素材对齐，如图11-58所示。

⑦ 点击“时间轴”面板的图层2，选择“位置”，在起始点和终点各点一下前面的菱形图标，如图11-59所示。在终点点击“图层”面板的“图层2”，把图像往下移动，顶部和左侧与背景素材对齐，与图层1操作相同。

图11-55　创建视频时间轴

图11-56　修改时间轴帧速率

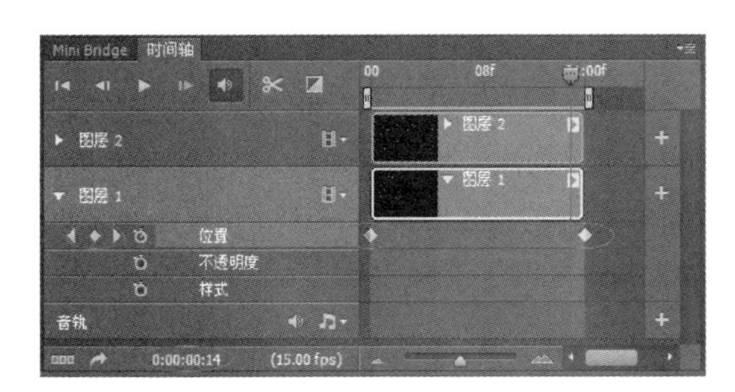

图11-57　添加位置关键帧

图11-58　拖动图像

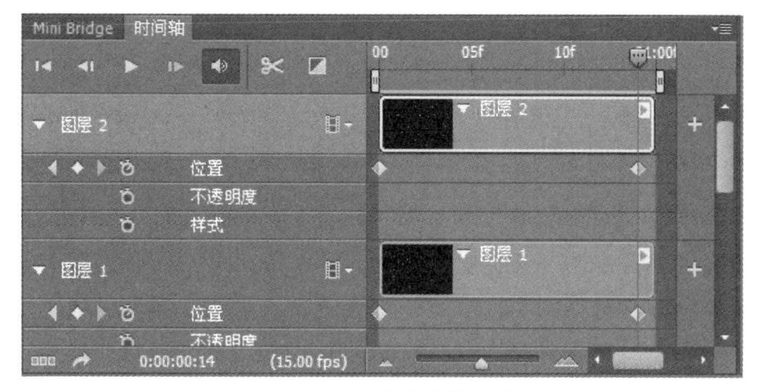

图11-59　添加位置关键帧

⑧ 点击“播放”按钮预览一下效果，如图11-60所示。

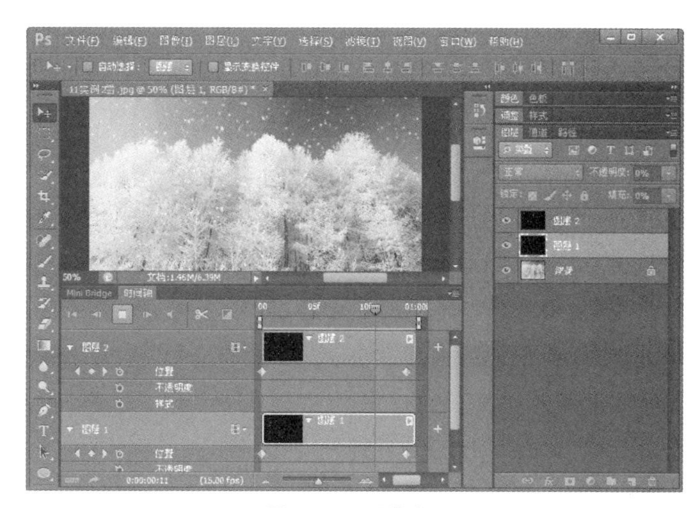

图11-60　预览动画

⑨ 储存文件。点击“文件>存储为Web所用格式”，然后选择GIF，下面“循环选项”选择“永远”，单击“存储”保存，然后选择保存的位置，并命名，如图11-61所示。

⑩ 完成。最终效果为图11-62所示。

图11-61　储存文件

图11-62　最终效果

参考文献

[1] 李金明，李金荣. 中文版Photoshop CS6完全自学教程[M]. 北京：人民邮电出版社，2012.
[2] 张凡. Photoshop CS6中文版基础与实例教程[M]. 北京：机械工业出版社，2013.
[3] 李立新. 中文版Photoshop CS6图像处理实用教程[M]. 北京：清华大学出版社，2013.
[4] 张丹丹，毛志超. 中文版Photoshop入门与提高[M]. 北京：人民邮电出版社，2012.